高等学校计算机类专业实践系列教材

计算机网络基础

主 编 朱春燕 徐云娟 黄燕虹

副主编 陈尚霞 梅孜孜 孙小云

西安电子科技大学出版社

内 容 简 介

全书分为上、下两篇，即基础理论篇和实训篇。基础理论篇包括第 1～8 章，主要介绍了计算机网络的基本概念及网络体系结构、物理层、数据链路层、局域网技术、网络层、传输层、应用层、计算机网络安全等内容；实训篇包括 8 个实验，包括双绞线的制作、光纤熔接、交换机的基本配置、网络指令的使用、路由器配置、DNS 服务器配置、家庭无线局域网搭建、网络安全配置等。

本书内容丰富、图文并茂、简明扼要，具有较强的实用性，适合作为高等院校计算机类专业计算机网络基础课程的教材或非计算机类专业的网络普及教材，也可作为计算机网络培训教材或计算机网络技术人员的自学参考书。

图书在版编目(CIP)数据

计算机网络基础 / 朱春燕，徐云娟，黄燕虹主编. -- 西安：西安电子科技大学出版社，2024.3
(2024.5 重印)
ISBN 978-7-5606-7243-4

Ⅰ. ①计… Ⅱ. ①朱… ②徐… ③黄… Ⅲ. ①计算机网络 Ⅳ. ①TP393

中国国家版本馆 CIP 数据核字 (2024) 第 060996 号

策　　划　刘玉芳　刘统军
责任编辑　刘玉芳
出版发行　西安电子科技大学出版社 (西安市太白南路 2 号)
电　　话　(029)88202421 88201467　　邮　　编　710071
网　　址　www.xduph.com　　电子邮箱　xdupfxb001@163.com
经　　销　新华书店
印刷单位　陕西天意印务有限责任公司
版　　次　2024 年 3 月第 1 版　2024 年 5 月第 2 次印刷
开　　本　787 毫米 × 1092 毫米　1/16　印　张　14.5
字　　数　323 千字
定　　价　42.00 元
ISBN 978-7-5606-7243-4 / TP
XDUP 7545001-2

前　　言

计算机网络基础是一门理论和实践高度结合的课程。本书遵循基本理论和原理知识适度够用、浅显易懂的原则，重视计算机网络实训技能的培养，除介绍计算机网络的基本概念、通信基础、网络技术应用、计算机网络安全外，还包括网络组建的基础实验。在本书的编写过程中，编者力求体现教材的系统性、先进性和实用性。本书在内容设计上，既有可供教师在课堂上讲授的理论与典型案例，又有可供学生在课后动手练习的实训题目，二者相结合，有利于激发学生的学习积极性与创造性，从而学到更多有用的知识和技能。

本书的主要特色如下:

(1) 采用理实一体化的教学方式，既有理论内容，又有需要学生独立思考、上机操作的内容。

(2) 有丰富的教学案例，并配有教学课件、习题答案等多种教学资源。

(3) 重点、难点突出，便于学生学习。

本书的内容分为上、下两篇。上篇为基础理论篇，包括第1～8章。第1章介绍了计算机网络的基础知识及网络体系结构与协议；第2、3、5、6、7章综合OSI体系结构和TCP/IP体系结构的特点，按照网络体系结构从下至上的顺序分别对计算机网络的物理层、数据链路层、网络层、传输层和应用层进行了介绍，从贴近实际的网络应用着手，结合网络通信的过程对各层的主要特点、原理及相关技术进行了介绍；第4章介绍了典型的有线局域网及无线局域网技术；第8章主要介绍了计算机网络安全技术。下篇为实训篇，包括8个实验，通过模拟环境实现交换机和路由器硬件设备的配置等，每个实验都包括完整的工作流程，以体现课程的实践性和应用性。各章后面都有本章小结和思考与练习，以便读者对本章所学内容进行总结和练习。

本书的编者都是常年在一线进行计算机网络教学和研究的教师，具有丰富的教学经验。本书的具体编写分工为：第1章和第8章由孙小云编写，第2章和第3章由梅孜孜编写，第4章和第6章由陈尚霞编写，第5章由朱春燕编写，第7章由徐云娟编写，实训篇由黄燕虹编写，全书由朱春燕统稿。

由于编者水平有限，书中难免存在疏漏之处，恳请广大读者批评指正。

编　者

2023年11月

目　录

上篇　基础理论篇

下篇 实训篇

上篇　基础理论篇

第1章　计算机网络概述

本章首先在介绍计算机网络发展历史的基础上对计算机网络的定义、组成、分类、拓扑结构以及网络标准化等进行详细介绍，然后介绍计算机网络体系结构与开放系统互连参考模型等。

- 了解计算机网络的发展历史
- 理解计算机网络的定义
- 熟悉计算机网络的分类
- 熟悉常见的网络拓扑结构
- 了解一些重要的标准化组织
- 掌握 OSI/RM 开放系统互连参考模型
- 掌握 TCP/IP 参考模型

1.1　计算机网络的产生与发展

计算机网络的发展与计算机技术和通信技术的发展密不可分。早期的每台计算机都是独立于其他计算机存在的，以个体为单位进行工作。例如，如果打印机安装在一台计算机上，则只有该计算机上的用户才能使用它打印文档。随着计算机应用的广泛和深入，人们发现这种方式既不高效，也不经济，资源浪费非常严重。那么有什么办法能够让一台计算机上的用户使用另一台计算机上的资源呢？为了解决这个问题，计算机网络应运而生。

1.1.1　计算机网络的产生

计算机网络的产生可以追溯到 20 世纪 50 年代，当时计算机技术和通信技术都处于发展初期。在这个时期，计算机技术主要用于科学计算和数据处理，而通信技术则集中应用于电话通信和电报传输等方面。

随着计算机技术和通信技术的不断发展，人们开始意识到将两者结合起来可以实现更广泛的应用和更高效的数据传输。当时美国国防部高级研究计划署 (ARPA) 为了满足军事和情报通信的需求，开始探索和发展一种分布式的通信系统，并资助一些大学和公司进行计算机网络的研究和开发，同时建立了一个名为 ARPANET 的军用网络。

ARPANET 的建设始于 1969 年，最初只有 4 个节点，即加州大学洛杉矶分校、加州大学圣芭芭拉分校、斯坦福研究院和犹他大学，这 4 个节点之间通过专门的接口信号处理机 (IMP) 和专门的通信线路进行相互连接。

ARPANET 中这 4 个节点之间的连接采用了包交换 (Packet Switching) 技术，这是 ARPANET 的主要技术特点之一。包交换技术使得数据可以在不同的通信节点之间分段传输，并在传输过程中进行错误检测和纠正，以确保数据的可靠传输。这种技术的采用使得 ARPANET 具有了抗毁性和可扩展性，为互联网的发展奠定了基础。

此外，ARPANET 的建设还推动了计算机网络的标准化和开放化的进程。ARPANET 的设计和实现采用了开放式的体系结构，使得不同的计算机系统可以方便地接入网络，进行数据交换和资源共享。这也为后续计算机网络的发展提供了借鉴和参考。

在 ARPANET 发展的同时，其他国家和组织也意识到了计算机网络的重要性，并开始探索和开发自己的计算机网络。欧洲的 Ethernet 是一个为了解决欧洲各国之间的通信问题而建立的计算机网络。日本的 JANET(Japan Academic Network) 也是一个重要的计算机网络，它是日本学术界为促进学术交流和合作而建立的。此外，还有加拿大的 CANET、英国的 MERCUR 等计算机网络也初见雏形。

总之，ARPANET 的出现和发展是计算机网络发展的重要里程碑。它的成功不仅促使了其他国家和组织纷纷建立自己的计算机网络，也为全球互联网的形成和发展奠定了基础。

1.1.2　计算机网络的发展

追溯计算机网络的发展史，它的演变可以概括为面向终端的计算机网络、计算机 - 计算机网络、开放式标准化网络和高速计算机网络 4 个阶段。

1. 面向终端的计算机网络

以单个计算机为中心的远程联机系统构成了面向终端的计算机网络。

这种网络通过一台中央主计算机连接大量的地理上处于分散位置的终端。终端一般只有输入 / 输出功能，不具备独立的数据处理能力。这类简单的“终端—通信线路—计算机”系统形成了计算机网络的雏形。早在 20 世纪 50 年代初，美国建立的半自动地面防空系统 (Semi-Automatic Ground Environment，SAGE) 就将远距离的雷达和其他测量控制设备的信息通过通信线路汇集到一台中心计算机进行集中处理，从而开创了把计算机技术和通信技术相结合的尝试。

随着终端数目的增多，为减轻承担数据处理的中心计算机的负载，在通信线路和中心计算机之间设置了一个前端处理机 (FEP，Front End Processor) 或通信控制器 (CCU，Communication Control Unit)，专门负责与终端之间的通信控制，从而出现了数据处理和通信控制的分工，更好地发挥了中心计算机的数据处理能力。另外，在终端较集中的地区，设置集中器或多路复用器。首先通过低速线路将附近集群的终端连至集中器或多路复用器，然后通过高速通信线路将调制解调器 (Modem) 作为连接远程中心计算机前端处理机的媒介，实现数字信号和模拟信号之间的转换，从而提高了通信线路的利用率，节约了远程通信线路的投资成本。远程联机系统构成如图 1-1 所示。

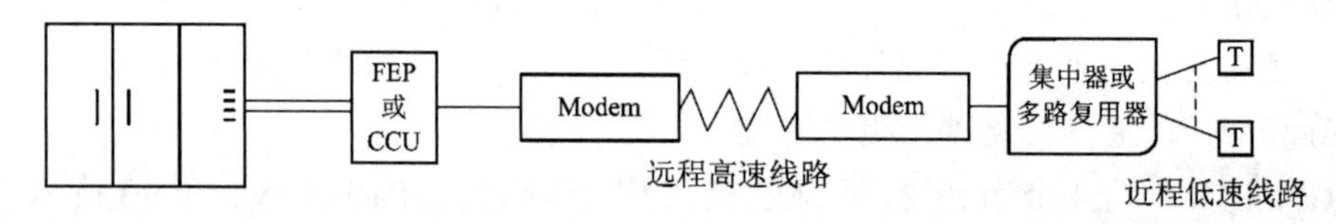

图 1-1　单计算机为中心的远程联机系统

2. 计算机 - 计算机网络

计算机 - 计算机网络的核心思想是资源共享，通过网络操作系统、应用系统和通信系统的协同工作，实现资源的自动管理和数据的透明传输。计算机之间可以直接进行通信和数据交换，无须通过专门的中心计算机进行中转。

计算机 - 计算机网络的出现，解决了面向终端的计算机网络中存在的通信质量和速度问题，实现了更快速、更可靠的数据传输和资源共享。

在这一阶段，各大计算机公司都推出了自己的网络体系结构和相应的软、硬件产品，以适应不断增长的网络需求。其中，IBM 公司的 SNA(System Network Architecture) 和 DEC 公司的 DNA(Digital Network Architecture) 是两个著名的例子。

SNA 是 IBM 公司开发的网络体系结构，它旨在提供一种集中式和主从式的网络结构，以满足大型企业的需求。SNA 包括了多个层次的协议和服务，从物理层到应用层都有涉及，使得 IBM 的计算机系统能够通过网络进行相互操作和通信。

DNA 是 DEC 公司开发的网络体系结构，它强调分布式和对称式的网络结构，以支持中小型企业的需求。DNA 提供了一种灵活的网络结构，使得不同的计算机系统能够相互协作和共享资源。

在这个时期，用户可以根据自己的需求选择购买计算机公司提供的网络产品，并通过专用线路或租用通信线路组建计算机网络。这些网络产品和服务为计算机网络的发展提供了重要的推动力，使得计算机网络的应用越来越广泛和深入。

3. 开放式标准化网络

虽然已有大量的计算机网络正在运行和提供服务，但是这种计算机网络存在不少弊病，即这些各自研制的网络没有统一的网络体系结构，难以实现互联。这种自成体系的系统称为“封闭”系统。为此，人们迫切希望建立一系列国际标准，渴望得到一个“开放”系统，这也是推动计算机网络走向国际标准化的一个重要因素。

正是出于这种动机，人们开始了对开放系统互连的研究。国际标准化组织 (International Standards Organization，ISO) 于 1984 年正式颁布了一个称为“开放系统互连基本参考模型”(Open System Interconnection Basic Reference Model，OSI/RM) 的国际标准 ISO 7498，简称 OSI 参考模型或 OSI/RM 模型。OSI/RM 模型由七层组成，所以也称为 OSI 七层模型。

OSI/RM 模型的提出，为计算机网络技术的发展提供了一个统一的参考模型和标准，使得不同厂商生产的计算机之间能够互联互通。厂商需要遵循 OSI/RM 模型的标准来生产计算机和网络设备，既推动了厂商之间的竞争和创新，也促进了计算机网络技术的发展和应用。

4. 高速计算机网络

20 世纪 90 年代，网络技术领域最具挑战性的议题之一是 Internet 与高速通信网技术、接入网技术、网络与信息安全技术的发展。作为全球性的信息网络，Internet 在当今经济、文化、科学研究、教育与人类社会生活中正日益扮演着越来越重要的角色。

Internet 是覆盖全球的信息基础设施之一。对于广大用户来说，Internet 犹如一个庞大的广域网。用户可以利用 Internet 实现全球范围内的电子邮件收发、WWW 信息查询与浏览、文件传输、语音与图像通信服务功能，对推动世界科学、文化、经济和社会的发展有不可估量的作用。

在 Internet 飞速发展与广泛应用的同时，高速计算机网络的发展也引起了人们越来越多的关注。高速计算机网络技术发展表现在多个方面，宽带综合业务数字网 (B-ISDN)、异步传输模式 (ATM)、高速局域网、交换局域网与虚拟网络等是其中的重要代表。

Internet 技术在企业内部网中的应用也推动了 Intranet 技术的发展，而企业间 Intranet 的电子商务活动又进一步促进了 Extranet 技术的进步。Internet、Intranet、Extranet 和电子商务已成为当前企业网应用的重点。更高性能的 Internet II 也处于积极发展的阶段。

1.1.3　现代网络的发展

近年来，出现了大量的计算机网络新技术和新应用，如物联网、移动网、5G 技术等。这些新应用和新技术正在不断地影响着人们的工作和生活，进而影响到整个社会的科技进步。

1. 物联网

物联网 (Internet of Things，IoT) 作为新一代信息技术的典型代表，其应用目前在全球范围内呈现出爆发式增长趋势，不同的物联网应用于不同的行业或领域，可以实现理想中的“万物互联”状态。

物联网又称传感网，是指利用射频识别技术 (RFID)、传感器、激光扫描器等信息传感设备，按照约定的协议，把任何物体与互联网连接起来进行信息交换和通信，以实现对物体的智能化识别、定位、跟踪、监控和管理的一种网络。

物联网的定义包含两层意思：一是物联网的基础仍然是互联网，它是在互联网的基础上延伸和扩展的网络；二是其用户终端延伸和扩展到了任何物体与物体之间，使任何物体之间都可以进行信息交换和通信。简而言之，物联网就是"物物相连的互联网"。

物联网作为一个网络系统，有其特有的体系结构。它包括感知层、网络层和应用层3个层次。

(1) 感知层。感知层利用RFID、传感器、摄像头、全球定位系统等传感技术和设备，随时随地获取物体的属性信息并传输给网络层。物体属性包括静态和动态两种，其中静态属性可以存储在电子标签中，使用阅读器读取；动态属性(如温度、湿度、速度、位置等)则需要使用传感器、摄像头或全球卫星定位系统等进行实时探测。

(2) 网络层。网络层通过各种网络将物体的信息实时、准确地传递给应用层。

(3) 应用层。应用层有一个信息处理中心，用来处理从感知层得到的信息，以实现物体的智能化识别、定位、跟踪、监控和管理等。

物联网的3层结构体现了物联网的基本特征，即全面感知、可靠传递和智能处理。

目前物联网的主要应用领域有智能家居、智能医疗、智能物流、智能交通、智能工业、智能农业等，物联网技术将以更迅捷的速度在各个领域得到应用和拓展。

2. 移动网

随着人类社会的不断发展，人与人之间的交流和信息传递方式也在不断变化。最初人们通过书信来沟通，后来发明了电话，使人们可以通过声音来进行语言交流。随着数字化时代的到来，人们对更快速、更高效的交流方式提出了迫切需求。移动网的出现深刻地改变了人们的生活方式和工作模式，已成为当今信息社会中不可或缺的组成部分。

1) 移动网的基本概念及特点

移动网是指使用移动设备(如手机、平板电脑等)通过无线通信技术连接到互联网，以实现各种应用和服务的技术和网络。与传统的固定网相比，移动网的最大特点就是"移动"。用户可以在任何时间、任何地点接入网络，随时随地进行信息交流。

移动网具有以下几个特点：

(1) 便携性：移动设备如智能手机、平板电脑等可以随身携带，可以随时随地接入网络，获取信息和服务。

(2) 即时性：移动网的信息传输和服务更加及时，用户不再错过任何重要信息或时效性信息。

(3) 高速传输：移动网的传输速度比较快，可支持高速数据传输。

(4) 多样化服务：移动网不仅提供语音服务，还支持图像、视频等多媒体应用。

(5) 覆盖范围广：移动网的覆盖范围非常广，可以覆盖城市、农村以及各种不同的使用场景。

总之，移动网是一种高度智能化、数字化的通信系统，其主要目标是满足用户日益增长的高速、安全、便捷的通信需求。

2) 移动网的技术架构

移动网系统主要由移动台(Mobile Station，MS)、基站子系统(Base Station Subsystem，

BSS)、移动网子系统 (Network SubSystem，NSS) 和操作支持子系统 (Operation Support Subsystem，OSS) 四部分组成。

MS 是全球移动通信系统 (GSM) 中用户使用的设备，也是用户能够直接接触的整个 GSM 中的唯一设备。MS 的类型不仅包括手持台，还包括车载台和便携式台。随着 GSM 标准的数字式手持台进一步向小型、轻巧和功能增加的趋势发展，手持台的用户将占整个用户的极大部分。

BSS 是 GSM 中与无线蜂窝网络方面关系最直接的基本组成部分。它通过无线接口直接与移动台相接，负责无线发送 / 接收和无线资源管理。BSS 与 NSS 中的移动业务交换中心 (Mobile Switching Center，MSC) 相连，用于实现移动用户之间或移动用户与固定网络用户之间的通信连接，信息的传送系统信号和用户等。当然，要对 BSS 部分进行操作维护管理，还要建立 BSS 与 OSS 之间的通信连接。

NSS 主要包含 GSM 系统的交换功能和用于用户数据与移动性管理、安全性管理所需的数据库功能，它对 GSM 移动用户之间通信和 GSM 移动用户与其他通信网用户之间通信起管理作用。

OSS 是 NSS 的一个重要系统，它承担着多项任务，包括移动用户管理、移动设备管理以及网络操作和维护等。OSS 的存在使得移动通信网的运行更加稳定、可靠，满足了用户对于高质量通信服务的需求。

3. 5G 技术

5G(5th Generation Mobile Communication Technology)，全称为第五代移动通信技术。它是继 4G(LTE-A、WiMax)、3G(UMTS、LTE) 和 2G(GSM) 系统之后的新一代蜂窝移动通信技术。

5G 技术的发展源于对移动数据需求的日益增长。随着移动互联网的迅猛发展，越来越多的设备接入到移动网络中，催生了各种新的服务和应用。相比于前一代移动通信技术，5G 技术具有以下明显的优势：

(1) 5G 技术提供了比 4G 更高的数据传输速率，最高速率可达 10 Gb/s，以满足日益增长的数据需求。相较于 4G，5G 能够在更宽的频谱范围内提供更快的传输速度，包括毫米波频段等高频谱。

(2) 5G 技术通过降低延迟来提高通信的实时性和可靠性。5G 信号的响应时间很短，延迟时间只有 1 ms 左右，相比于 4G 有大幅度的提升，能更好地支持需要实时操作或交互的应用程序，如在线游戏或应急救援等，它减少了信号传输的延迟，使得通信更加流畅和实时。

(3) 5G 技术注重能源效率和成本效益。通过采用更高效的信号传输和能源管理技术，5G 技术能够降低能源消耗，同时通过更灵活的网络架构和设备配置，降低建设和运营成本。

(4) 5G 技术提高了系统容量和大规模设备连接能力。通过采用大规模天线技术、网络切片等技术，5G 技术能够支持更多的设备连接，满足物联网、智能城市等领域的需求。

5G 系统性能目标是提供更好的移动宽带体验、满足不断增长的数据需求、支持更多的应用场景，比如智能家居、智慧城市、工业互联网、医疗健康、无人机、智能交通、物联网等。总的来说，5G 技术的应用前景非常广阔，将为各行业带来巨大的商业机会和发展潜力。

1.2 计算机网络的定义和分类

自 20 世纪 50 年代以单个计算机为中心的联机系统出现以来，计算机网络已有 70 多年的历史。计算机技术和通信技术的发展及相互渗透，促进了计算机网络的诞生和发展。通信领域利用计算机技术可以提高通信系统的性能，通信技术的发展又为计算机之间快速传输信息提供了必要的通信手段。在当今信息时代，计算机网络对信息的收集、传输、存储和处理起着非常重要的作用，其应用已渗透到社会的各个领域，信息高速公路更是离不开它。

1.2.1 计算机网络的定义

由于计算机网络是一种迅速发展的技术，因此国内外各种文献资料对它没有统一的定义。随着计算机网络技术的进步和应用范围的扩大，计算机网络技术的定义也在不断发展和完善。

关于计算机网络这一概念，从不同的角度出发，可以给出不同的定义。简单地说，计算机网络就是通过通信线路互相连接的许多独立工作的计算机构成的集合体。这里强调构成网络的计算机是独立工作的，是为了和多终端分时系统相区别。

(1) 从应用的角度来说，只要将具有独立功能的多台计算机连接起来，就能够实现各计算机之间的信息交流和共享，这种系统就是计算机网络。

(2) 从资源共享的角度来说，计算机网络就是一组具有独立功能的计算机及其外部设备，以用户相互通信和共享资源为目的而互连在一起的系统。

(3) 从技术的角度来说，计算机网络就是通过特定类型的传输介质 (如双绞线、同轴电缆和光纤等) 和网络通信设备互连在一起的计算机，并由网络操作系统管理的系统。

综上所述，计算机网络是将分布在不同地理位置上具有独立工作能力的多台计算机、终端及其附属设备通过通信设备和通信线路连接起来，由网络操作系统管理，能够相互通信和资源共享的系统。

1.2.2 计算机网络的分类

计算机网络根据不同的标准可以分为不同的类别，常见的分类有四种，即按覆盖范围分类、按拓扑结构分类、按传输技术分类和按交换方式分类，其中按覆盖范围和拓扑结构进行分类是最常用的。

1. 按覆盖范围分类

按覆盖范围分类，计算机网络可分为局域网 (LAN)、城域网 (MAN) 和广域网 (WAN)。

(1) 局域网 (Local Area Network，LAN)，LAN 一般通过专用高速通信线路将有限范围的各种计算机、终端与外部设备连接起来，形成网络，传输速率一般可达 10～1000 Mb/s，误码率一般低于 10^{-8}。LAN 通常由一个单位或组织搭建和使用，地理范围在几米至十几千米 (如一个实验室、一幢大楼、一个校园)，易于维护和管理。LAN 技术的应用范围十分广泛，其主要特点是覆盖范围小，用户数量少，配置灵活，传输速度快，误码率低。

(2) 城域网 (Metropolitan Area Network，MAN)，MAN 的设计目标在于满足位于 10～100 km 范围内的大量企业、机关和公司共享资源的需求。这样一座城市级的网络能够实现高效的数据、语音、图形、图像以及视频等多种信息的传输，为众多用户提供便利。MAN 的覆盖范围介于局域网和广域网之间，其作用是连接城市范围内的不同计算机，以促进信息交流与合作。

(3) 广域网 (Wide Area Network，WAN)，也称为远程网，它所覆盖的地理范围从几十平方千米到几千平方千米。WAN 一般是将不同城市、不同国家或几个州范围内的计算机资料整合起来，形成国际性的计算机网络。WAN 通常利用公用网络 (如公用数据网、公用电话网、卫星等) 将终端设备、传送设备以及节点交换设备连接起来，达到资源共享的目的。

2. 按拓扑结构分类

“拓扑”这个名词来源于数学，是指研究几何图形或空间时只考虑物体间的位置关系而不考虑其形状和大小的一门学科。网络拓扑是指忽略网络设备的型号，只关注网络空间形状，或者其物理和逻辑上的排列方式。网络的拓扑结构主要有星形拓扑、总线拓扑、环形拓扑、树状拓扑、混合型拓扑及网状拓扑。下面分别介绍几种典型网络拓扑结构的特点。

1) *星形拓扑结构*

星形拓扑结构是由中央节点和通过点到点通信链路连接到中央节点的各个站点组成的，中央节点往往是一个集线器，如图 1-2 所示。中央节点执行集中式通信控制策略，因此中央节点相当复杂，而各个站点的通信处理负担则很小。

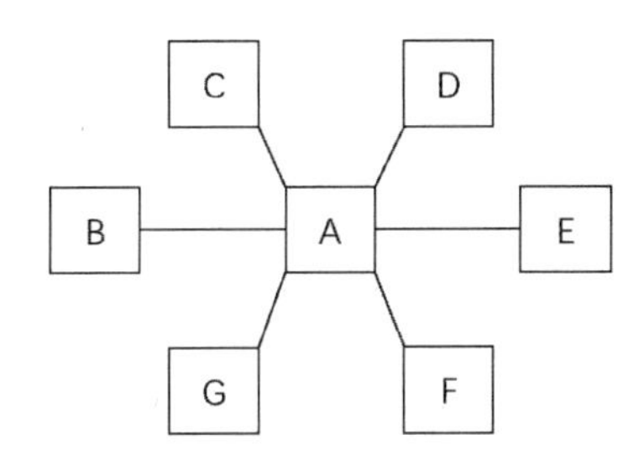

图 1-2　星形拓扑结构

星形拓扑结构具有以下优点：

(1) 控制简单。在星形网络中，任何一个站点只和中央节点相连接，因而介质访问控制方法很简单，访问协议也十分简单，易于网络的监控和管理。

(2) 故障诊断和隔离容易。在星形网络中，中央节点可以逐一地将连接线路隔离开来进行故障检测和定位，单个连接点的故障只影响一个设备，不会影响全网。

(3) 方便服务。中央节点可方便地为各个站点提供服务和重新配置网络。

星形拓扑结构具有以下缺点：

(1) 电缆长度和安装工作量可观。因为每个站点都要和中央节点直接连接，需要耗费大量的电缆，安装、维护的工作量也骤增。

(2) 中央节点的负担较重，形成“瓶颈”。中央节点一旦发生故障，则全网都将受到影响，因而对中央节点的可靠性和冗余度方面的要求很高。

(3) 各站点的分布处理能力较低。

2) 总线拓扑机构

总线拓扑结构采用一个广播信道作为传输介质，所有站点都通过相应的硬件接口直接连到这一公共传输介质上，该公共传输介质即称为总线。总线拓扑结构中任何一个站点发送的信号都沿着传输介质传播，而且能被其他站点所接收。总线拓扑结构如图 1-3 所示。因为总线拓扑结构所有站点共享一条公用的传输信道，所以一次只能由一个设备传输信号，通常采用分布式控制策略来确定哪个站点可以发送。

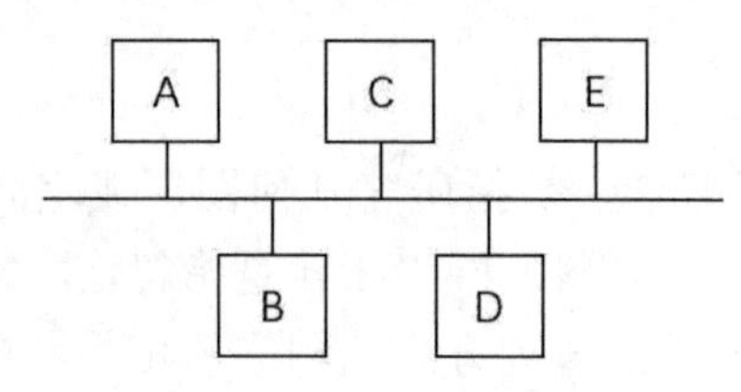

图 1-3　总线拓扑结构

总线拓扑结构具有以下优点：

(1) 总线结构所需要的电缆数量少。

(2) 总线结构简单，又是无源工作，因此有较高的可靠性。

(3) 易于扩充，增加或减少用户比较方便。

总线拓扑结构具有以下缺点：

(1) 总线的传输距离有限，通信范围受到限制。

(2) 故障诊断和隔离较困难。

(3) 分布式协议不能保证信息的及时传送，不具有实时功能，大业务量降低了网络速度。

(4) 站点必须是智能的，且要有介质访问控制功能，但也因此增加了站点的硬件和软件开销。

3) 环形拓扑结构

环形拓扑结构由站点和连接站点的链路组成一个闭合环，如图 1-4 所示。其每个站点能够接收从一条链路传来的数据，并以同样的速率串行地把该数据沿环送到另一条链路上。这种链路可以是单向的，也可以是双向的。数据以分组形式发送，如图 1-4 中的 A 站希望发送一个报文到 C 站，就要先把报文分成若干个分组，每个分组除了数据还要加上某些控制信息，其中包括 C 站的地址。A 站依次把每个分组送到环上，开始沿环传输，C 站识别到带有其地址的分组时，便将其中的数据复制下来。由于多个设备连接在一个环上，因此需要使用分布式控制策略来进行控制。

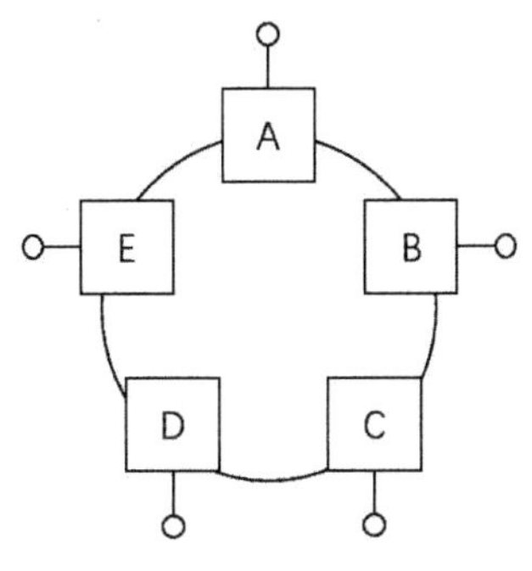

图 1-4　环形拓扑结构

环形拓扑结构具有以下优点：

(1) 电缆长度短。环形拓扑网络所需的电缆长度和总线拓扑网络相似，但比星形拓扑网络要短得多。

(2) 可使用光纤。光纤的传输速率很高，十分适合环形拓扑的单方向传输。

(3) 所有计算机都能公平地访问网络的其他部分，网络性能稳定。

环形拓扑结构具有以下缺点：

(1) 节点的故障会引起全网故障。这是因为环上的数据传输要通过接在环上的每一个节点，一旦环中某一节点发生故障，就会引起全网的故障，故障检测困难。

(2) 环中节点的加入和撤出过程较复杂。

(3) 环形拓扑结构的介质访问控制协议都采用令牌传递的方式，在负载很轻时，信道利用率相对来说比较低。

4) 树状拓扑结构

树状拓扑结构可以看作总线拓扑结构和星形拓扑结构的扩展，其形状像一棵倒置的树，顶端是树根，树根以下带分支，每个分支还可再带子分支，如图 1-5 所示。其树根负责接收各站点发送的数据，然后再以广播形式发送到全网。

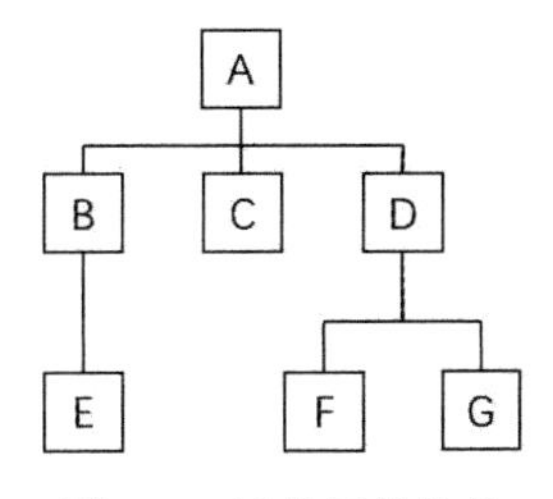

图 1-5　树状拓扑结构

树状拓扑结构具有以下优点：

(1) 易于扩展。这种结构可以延伸出很多分支和子分支，这些新节点和新分支都能容易地加入网内。

(2) 故障隔离较容易。如果某一分支的节点或线路发生故障，则很容易将故障分支与整个系统隔离开来。

树状拓扑结构的缺点为：各个节点对根的依赖性太大，如果根发生故障，则全网不能正常工作。从这一点来看，树状拓扑结构的可靠性类似于星形拓扑结构。

5) 混合型拓扑结构

将以上某两种单一拓扑结构混合起来，取两者的优点构成的拓扑结构称为混合型拓扑结构。图 1-6(a) 是星形拓扑和环形拓扑混合构成的“星 - 环”拓扑结构，图 1-6(b) 是星形拓扑结构和总线拓扑结构的混合。这种混合拓扑结构的配置由一批接入环中或总线的集中器组成，由集中器再按星形结构连至每个用户站。

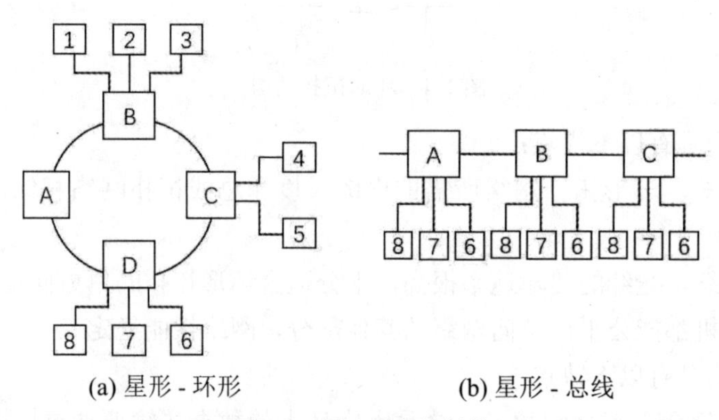

(a) 星形 - 环形　　(b) 星形 - 总线

图 1-6　混合型拓扑结构

混合型拓扑结构具有以下优点：

(1) 故障诊断和隔离较为方便。一旦网络发生故障，只要诊断出哪个集中器有故障，将该集中器与全网隔离即可。

(2) 易于扩展。在需要扩展用户时，既可以加入新的集中器，也可在设计时在每个集中器留出一些备用的可插入新站点的连接口。

(3) 安装方便。网络的主电缆只需要连通这些集中器即可，这种安装与传统电话系统的电缆安装很相似。

混合型拓扑结构具有以下缺点：

(1) 管理难度增加：由于混合型拓扑结构中包含多种不同的拓扑结构，因此需要更多的网络管理员来管理整个网络，增加了管理的难度。

(2) 可扩展性差：由于混合型拓扑结构中需要使用多种不同的网络设备，因此网络的可扩展性差，难以实现大规模的网络扩展。

(3) 兼容性问题：不同拓扑结构之间的设备可能存在不兼容的情况，需要进行额外的兼容性测试和配置。

6) 网状拓扑结构

网状拓扑结构广泛应用于广域网，由于每个节点之间有多条通路，因此在数据流的传输过程中可以绕过失效的部件或过忙的节点，选择最适当的路径，如图 1-7 所示。它的缺点是结构复杂、成本较高，涉及的网络协议也较复杂；优点是不受瓶颈问题和失效问题的影响，可靠性高，仍然受到了用户的欢迎。

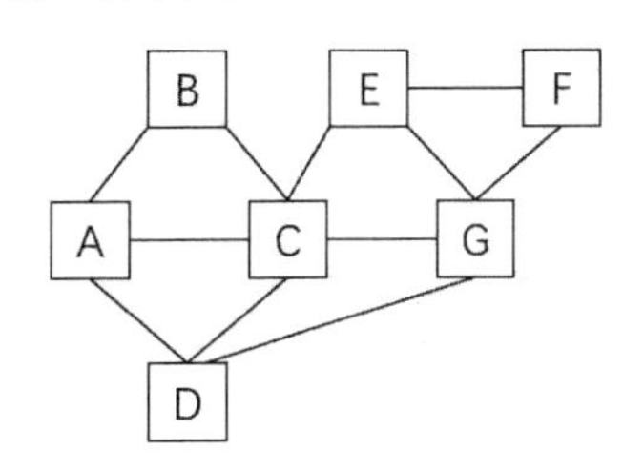

图 1-7　网状拓扑结构

3. 按传输技术分类

按网络传输技术分类，计算机网络可以分为广播式网络 (Broadcast Network) 和点到点网络 (Point-to-Point Network)。

(1) 广播式网络。所谓广播式网络，是指网络中的所有计算机共享一条通信信道。广播式网络在通信时具备两个特点：第一，任何一台计算机发出的消息都能被连接到该网络总线的其他计算机接收到；第二，该网络仅允许一个节点在任意时刻使用信道。

(2) 点到点网络。点到点网络是由多对计算机之间的多条连接所构成的。为了能从源地到达目的地，网络上的数据分组可能会经过一台或多台中间设备；发送时通常存在多条路径可供选择，且这些路径的长度可能各不相同。简而言之，点到点网络是一种通过中间设备直接将数据发送到目标计算机，而其他计算机无法接收该消息的网络形式。

4. 按交换方式分类

按网络的交换方式进行分类，计算机网络可以分为电路交换网、报文交换网、分组交换网和信元交换网。

(1) 电路交换网。电路交换与传统的电话转接相似，即在两台计算机相互通信时，使用一条实际的物理链路，在通信过程中自始至终使用这条线路进行信息传输，直至传输完毕。

(2) 报文交换网。报文交换网的原理类似于电报，转接交换机将接收的信息存储起来，当所需要的线路空闲时，再将该信息转发出去。这样就可以充分利用线路的空闲，减少“拥塞”，但是由于不是及时发送，因此会增加延时。

(3) 分组交换网。通常一个报文包含的数据量较大，因为转接交换机需要有较大的存储，较长的传输时长，所以实时性差。于是，人们又提出了分组交换，即把每个报文分成有限长度的小分组，发送和交换均以分组为单位，接收端把收到的分组再拼装成一个完整的报文。

(4) 信元交换网。随着线路质量和速度的提高，新的交换设备和网络技术的出现，以及人们对视频、语音等多媒体信息传输的需求，在分组交换的基础上又发展出了信元交换。信元是大小固定不变的数据分组，信元交换采用异步传输模式网络。

1.3 计算机网络的体系结构

计算机网络体系结构是一种用于描述计算机网络结构的模型，它是各层协议以及层次之间端口的集合。

1.3.1 网络体系结构

1. 网络协议的组成

一个网络协议由语法、语义和同步 (定时) 组成。

(1) 语法：规定了数据与控制信息的格式或结构。

(2) 语义：规定了发送者发送控制信息的类型、接收者应答时的操作类型以及过程中涉及的协议类型。

(3) 同步：规定了双方实现的顺序信息以及变化状态，包括速度匹配、排序等。

2. 计算机网络层次结构

根据 ARPANET 的研制经验，在处理异常复杂的计算机网络协议时，为了降低协议设计和调试过程的复杂性，采用了层次结构的方法，如图 1-8 所示。

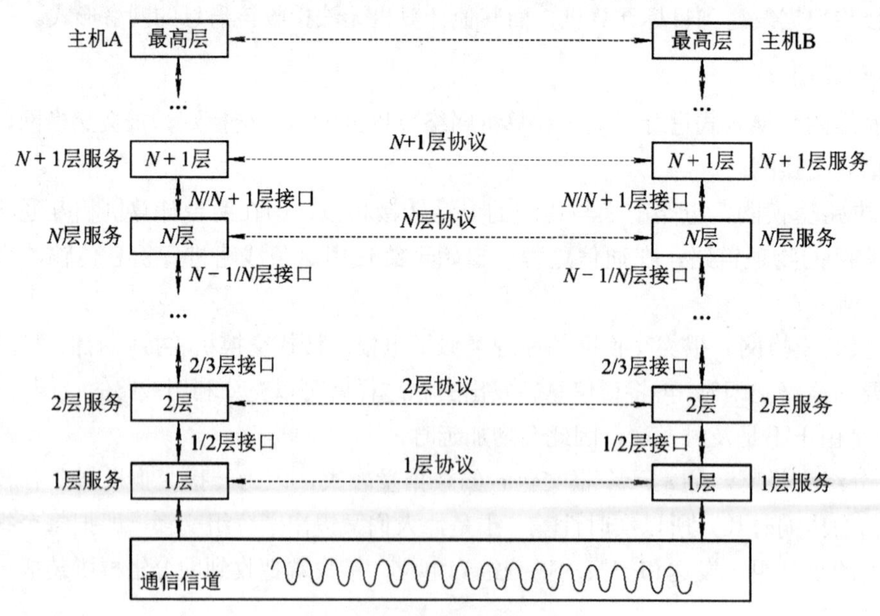

图 1-8　计算机网络层次结构

计算机网络采用层次化结构的优越性包括以下几点：

(1) 各层之间相互独立。高层并不需要知道底层是如何实现的，而仅需要知道该层通过层间的接口所提供的服务。

(2) 灵活性好。当任何一层发生变化时，只要接口保持不变，则在这层以上或以下各层均不受影响。另外，当不再需要某层提供的服务时，甚至可将这层取消。

(3) 各层都可以采用最合适的技术来实现，各层实现技术的改变不影响其他层。

(4) 易于实现和维护。整个系统已被分解为若干个易于处理的部分，这种结构使得一个庞大而又复杂系统的实现和维护变得容易控制。

(5) 有利于网络标准化。因为每一层的功能和所提供的服务都已有了精确的说明，所以标准化变得比较容易。

具体地说，层次结构应包括以下几方面含义：

(1) 第 N 层要实现本层的功能，前提是使用第 $N-1$ 层的功能。这个过程描述为：第 $N-1$ 层为第 N 层提供服务。

(2) 第 N 层的实体在实现自身定义的功能时，只使用第 $N-1$ 层提供的服务。

(3) 第 N 层向第 $N+1$ 层提供服务，此服务不仅包括第 N 层本身所具有的功能，还包括所有下层服务提供的功能总和。

(4) 最底层扮演着提供服务的基础角色，它仅提供服务而不涉及具体应用。最高层则代表用户角色，它是利用服务的最终层次。中间的各层既扮演着下层的用户，同时也是上层服务的提供者。换言之，这些中间层既接收来自下层的服务，又向上层提供服务。

(5) 仅在相邻层间有接口，下层所提供服务的具体实现细节对上层完全屏蔽。

1.3.2　OSI/RM 参考模型

OSI 参考模型定义了开放系统的层次结构、层次之间的相互关系及各层所包含的服务。它是作为一个框架来协调和组织各层协议的制定的，也是对网络内部结构最精练的概括与描述。

根据以上原则，OSI 参考模型将网络通信的过程划分为七个层次，从低到高分别是物理层、数据链路层、网络层、传输层、会话层、表示层、应用层，每个层次都有特定的功能和协议，各层之间通过接口进行通信，如图 1-9 所示。

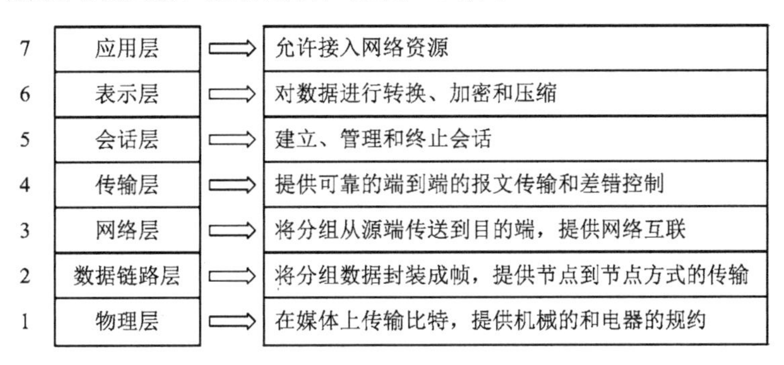
7
应用层
允许接入网络资源
6
表示层
对数据进行转换、加密和压缩
5
会话层
建立、管理和终止会话
4
传输层
提供可靠的端到端的报文传输和差错控制
3
网络层
将分组从源端传送到目的端，提供网络互联
2
数据链路层
将分组数据封装成帧，提供节点到节点方式的传输
1
物理层
在媒体上传输比特，提供机械的和电器的规约

图 1-9　OSI 七层参考模型

(1) 物理层。

物理层规定了激活、维持、关闭通信端点之间的机械特性、电气特性、功能特性以及

过程特性。该层为上层协议提供了一个传输数据的物理媒体，其作用是传输二进制信号，典型设备代表如 Hub(集线器)。在这一层，数据的单位为比特 (bit)。

物理层协议的代表包括 EIA/TIA RS-232、EIA/TIA RS-449、V.35、RJ-45 等。

(2) 数据链路层。

数据链路层在不可靠的物理介质上提供可靠的传输。该层的作用包括物理地址寻址，数据的成帧，流量控制，数据的检错、重发等。数据链路层包括 LLC 和 MAC 子层，其中 LLC 负责与网络层通信，协商网络层的协议，MAC 负责对物理层的控制。该层的典型设备是交换机 (Switch)。在这一层，数据的单位称为帧 (Frame)。

数据链路层协议的代表包括 SDLC(同步数据链路控制)、HDLC(高级数据链路控制)、PPP、Ethernet、Frame-Relay 等。

(3) 网络层。

网络层负责对子网间的数据包进行路由选择、对路由表进行建立和维护，以及对数据包进行转发，同时还可以实现拥塞控制、网际互联等功能。该层的典型设备是路由器 (Router)。在这一层，数据的单位为数据包 (Packet)。

网络层协议的代表包括 IP、ARP、RIP(路由信息协议)、OSPF(开放最短路径优先协议) 等。

(4) 传输层。

传输层是第一个端到端，即主机到主机的层次。传输层负责将上层数据分段并提供端到端的、可靠的或不可靠的传输。此外，传输层还要处理端到端的差错控制和流量控制问题。在这一层，数据的单位为数据段 (Segment)。

传输层协议的代表是 TCP 和 UDP。

(5) 会话层、表示层和应用层。

会话层管理主机之间的会话进程，即负责建立、管理、终止进程之间的会话。会话层还通过在数据中插入校验点来实现数据的同步。

表示层对上层数据或信息进行变换以保证一个主机的应用层信息可以被另一个主机的应用程序理解。表示层的数据转换包括数据的加密、压缩、格式转换等。

应用层是为操作系统或网络应用程序提供访问网络服务的接口。应用层协议的代表包括 Telnet、FTP、HTTP、SNMP 等。

1.3.3 TCP/IP 模型

OSI 参考模型的提出在计算机网络发展史上具有里程碑的意义，但是，OSI 参考模型的定义过分繁杂、实现困难，是一个概念模型。TCP/IP 模型则是一种实际的协议簇，用于在不同网络间实现信息传输。

TCP/IP 协议簇是目前最流行的商业化网络协议，它是由 ARPA 赞助的研究网络 ARPANET 发展而来的。

与 OSI 参考模型不同，TCP/IP 模型将网络体系结构划分为应用层、传输层、互联层和网络接口层四层。TCP/IP 模型用该协议簇中最重要的两个协议，即传输控制协议 (TCP)

和网际协议 (IP) 来命名。TCP/IP 模型各层及对应的协议簇如图 1-10 所示。

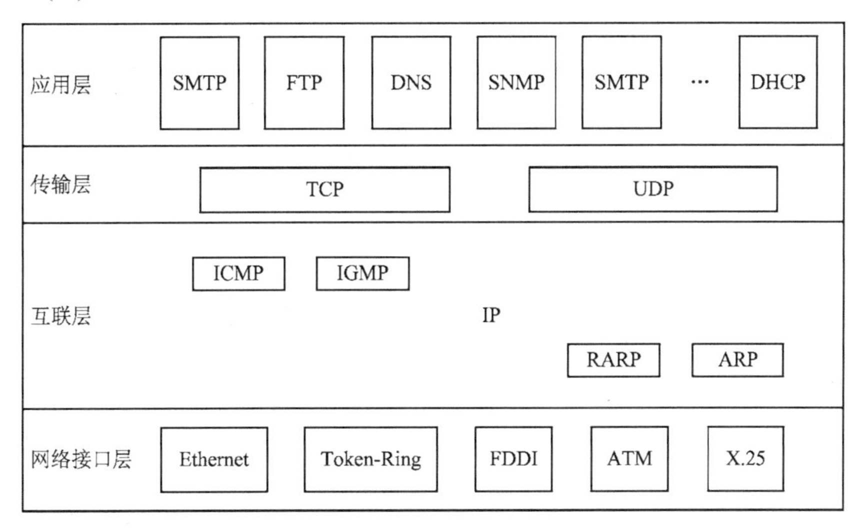

图 1-10　TCP/IP 模型

(1) 网络接口层。

在 TCP/IP 模型中，网络接口层是其最底层，负责通过网络发送和接收 IP 数据报。TCP/IP 模型并未对网络接口层使用的协议作出强硬的规定，它允许主机连入网络时使用多种现成的和流行的协议，如局域网协议或其他一些协议。

(2) 互联层。

TCP/IP 模型中的互联层对应 OSI 参考模型中的网络层。互联层也称为网际层，包括 IP(网际协议)、ICMP(网际控制报文协议)、IGMP(网际组报文协议)、ARP(地址解析协议) 以及 RARP(逆向地址解析协议)。在该层中，IP 协议扮演着核心角色。作为一种无连接协议，IP 不负责下层传输的可靠性，但 IP 协议提供了路由功能，其目标是将发送的消息有效地传输到其目的地。IP 网络中的消息单位为 IP 数据报 (IP datagram)。

(3) 传输层。

TCP/IP 模型中的传输层对应 OSI 参考模型中的传输层。传输层提供了端到端的数据传输，把数据从一个应用传输到它的远程对等实体。传输层还可以同时支持多个应用。这一层包括两个协议：TCP(传输控制协议) 和 UDP(用户数据报协议)。传输层负责数据报文传输过程中端到端的连接，并负责提供流控制、错误检测和排序服务。

TCP 提供面向连接的、可靠的数据传送，负责数据抑制、拥塞控制以及流量控制。UDP 提供一种无连接的、不可靠的、尽力而为的传输服务。因此，当用户需要快速传输数据 (如视频通信) 时，可以选择使用 UDP 作为传输协议。然而，对于那些对数据的安全性和完整性要求较高的用户，选择 TCP 协议作为传输协议更为适合。对于那些需要快速传输并且能够容忍一定数据丢失的应用，UDP 是合适的选择。

(4) 应用层。

TCP/IP 模型中的应用层对应 OSI 参考模型中的会话层、表示层和应用层。一个应用就是一个用户进程，它通常与其他主机上的另一个进程合作。在这一层中定义了很多协议，如 FTP(文件传输协议)、HTTP(超文本传输协议) 和 SMTP(简单邮件传输协议) 等。所有的应用服务都通过该层使用网络。

通过对比上述所介绍的 OSI 参考模型和 TCP/IP 模型，可以清楚地看到它们之间的对应关系，如图 1-11 所示。

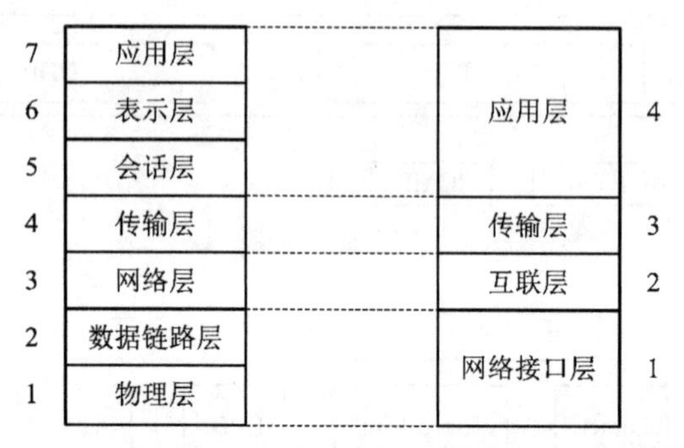

图 1-11　OSI 参考模型与 TCP/IP 模型层次体系对应关系

本 章 小 结

本章主要介绍网络基础知识。开始学习的时候把本章作为网络知识的摘要，当学完本书后再次阅读本章，则可将其作为网络知识的总结。

本章首先介绍了计算机网络的理论知识，包括计算机发展史、计算机网络的分类、计算机网络体系结构、网络协议及组成、分层结构的原则和方法等；其次介绍了两种主要的网络体系结构的模型，即 OSI 参考模型和 TCP/IP 模型。

本章的重点是计算机网络体系结构以及两个网络模型，难点是分层结构的原则和方法。

思 考 与 练 习

一、选择题

1. 接入 Internet 的计算机必须共同遵守 (　　)。

A. CPI/IP 协议　　B. PCT/IP 协议

C. PTC/IP 协议　　D. TCP/IP 协议

2. 完成路径选择功能是在 OSI 模型的 (　　)。

A. 物理层　　B. 数据链路层

C. 网络层　　D. 传输层

3. 计算机网络建立的主要目的是实现计算机资源的共享。计算机资源主要指计算机 (　　)。

A. 软件与数据库　　B. 服务器、工作站与软件

C. 硬件、软件与数据　　D. 通信子网与资源子网

4. 在下面给出的协议中，(　　) 是 TCP/IP 的应用层协议。

A. TCP　　B. RARP

C. DNS　　D. IP

5. 开放互连 OSI 参考模型描述 (　　) 层协议网络体系结构。

A. 四　　B. 五

C. 六　　D. 七

二、填空题

1. 计算机网络按网络的覆盖范围，可分为 __________、__________ 和 __________。

2. 从计算机网络组成的角度看，计算机网络从逻辑功能上可分为 __________ 和 __________ 子网。

3. 计算机网络常见的拓扑结构有 __________、__________、总线拓扑、__________ 和网状拓扑。

4. 计算机网络协议的三要素是 __________、__________ 和 __________。

5. TCP/IP 协议从下向上分为 __________、__________、__________ 和 __________4 层。

三、简答题

1. 计算机网络的发展可划分为哪几个阶段？说出它们的名称及特点。

2. 计算机网络的拓扑结构有哪些？它们各有什么优缺点？

3. 什么是网络体系结构？可结合具体模型分析。

4. 计算机网络协议的三要素是什么？各有什么含义？

5. 与计算机网络相关的标准化组织有哪些？

参考答案

第2章 物 理 层

本章导读

物理层位于 OSI 参考模型的最底层，它直接面向实际承担数据传输的物理介质（即通信信道），主要功能是实现比特流的透明传输，为数据链路层提供数据传输服务。物理层的传输单位为比特，即二进制位的“0”或“1”。

本章将介绍物理层接口与标准、传输介质、数据通信技术、数据编码以及常用的网络设备。

学习目标

- 理解并掌握物理层的基本概念、主要功能和基本特性
- 熟悉各种网络互联设备
- 理解比特率、波特率和信道容量的定义
- 了解各类传输介质的基本特性
- 熟练应用计算机信道容量的两个公式
- 掌握数字数据的数字信号编码

2.1 物理层接口与标准

物理层是 OSI 参考模型的最底层，它向下直接与传输介质相连，向上与数据链路层相邻并为其提供服务，如图 2-1 所示。

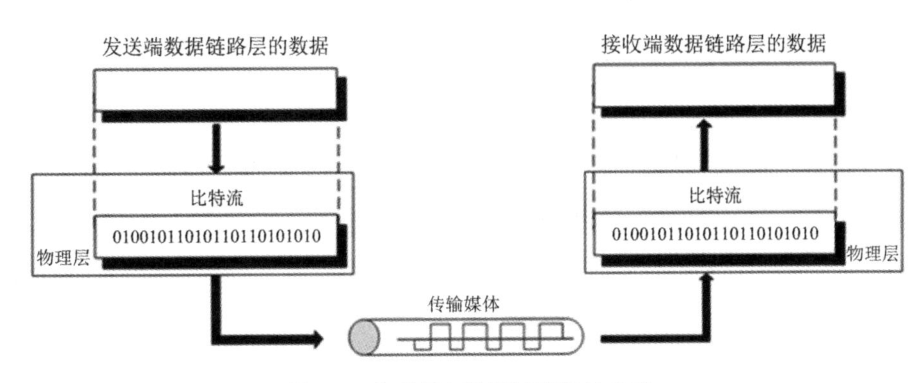

图 2-1　物理层与数据链路层的关系

物理接口是实现通信的具体硬件或软件接口，协议则是定义数据传输规则和约定的标准。在计算机通信中，需要根据具体的硬件设备和通信要求选择合适的物理接口和协议，以确保数据传输的可靠性和高效性。

2.1.1　物理层接口

物理层接口是物理层中设备之间的连接接口，是计算机通信中最低层次的一种接口。它的主要任务是实现比特流的传输，即按照协议要求将数据比特流在传输介质上进行传输。

物理层接口的特性包括以下 4 个方面。

(1) 机械特性：描述物理接口的外观和尺寸，包括连接器的形状、大小、排列方式等，如图 2-2 所示。

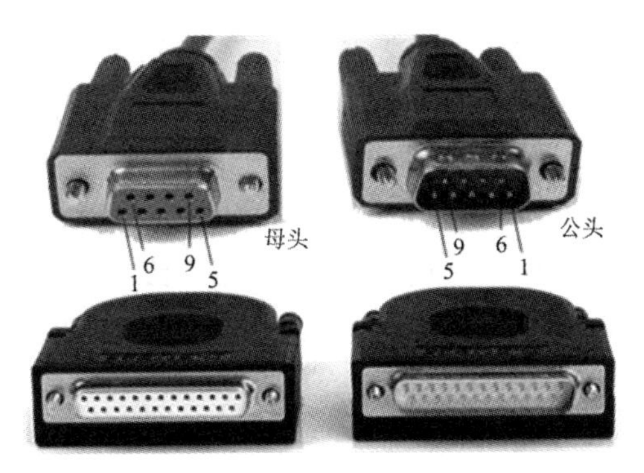

图 2-2　常见连接器机械特性

(2) 电气特性：描述物理接口中导线的电气连接特性，包括电压、电流、信号线数等。

(3) 功能特性：描述物理接口中各条信号线的用途，即信号线的功能定义。

(4) 规程特性：描述物理接口传输比特流的全过程，以及各项用于传输的事件发生的合法顺序。

常用的物理层接口包括以下几种：

(1) Ethernet 接口：以太网接口，用于连接局域网中的计算机和设备，实现高速数据传输。常见的 Ethernet 接口类型包括 RJ-45 和 SFP+ 等。

(2) 光纤接口：连接光纤线缆的光纤头，可实现高速、长距离的数据传输。常见的光纤接口类型包括 SC、LC、FC 等。

(3) 无线接口：无线网卡和无线路由器上的接口，用于连接无线网络，实现无线数据传输。常见的无线接口类型包括 PCIe、USB 等。

(4) 串行接口：如 RS-232C、RS-485 等，常用于设备间远距离数据传输。

(5) 并行接口：如 USB 接口、HDMI 接口等，用于高速数据传输。

2.1.2 物理层接口标准

1. EIA 制定的物理接口标准

美国电子工业协会 EIA 制定的物理层接口标准主要包括 RS 系列标准。其中，RS-232C 是 EIA 制定的一种串行物理接口标准，被广泛应用于计算机串行接口和通信设备之间的数据传输。RS-232C 标准采用 DB-9 或 DB-25 连接器，传输速率范围从 150 Baud～19 200 Baud，最大传输距离为 15 m。此外，EIA 还制定了其他 RS 系列标准，如 RS-449、RS-485 等。

2. ITU-T 制定的物理层接口标准

国际电信联盟电信标准化部门 ITU-T 制定的物理层接口标准主要有 V 系列标准、X 系列标准等。

V 系列标准是一种用于连接电子设备的接口标准，包括多种不同的接口类型，如 VGA、DVI、HDMI 等。V 系列标准是一种比较复杂的接口标准，它涉及数据终端设备与调制解调器或网络控制器之间的接口规范。V 系列标准中还定义了一些其他接口标准，如 V.24、V.28、V.10、V.11、V.i20 等，这些标准用于定义接口电路和接口电气特性。此外，V 系列标准还包括一系列传输设备标准，如 V.21、V.22、V.23、V.32、V.32bis、V.22bis、V.26bis、V.34、V.34bis、V.61、V.70、V.90 等，这些标准用于定义不同类型的传输设备及其技术规范。

X 系列标准是 ITU-T 提出的应用于广域网的通信接口标准，主要用于连接数据终端设备和数据通信设备。其中，X.1～X.39 标准主要应用于终端形式、接口设计、服务设施和设备特性的规范等方面，如 X.25 标准规定了数据包的封装和传送协议；X.40～X.199 标准则主要应用于网络结构管理、传输技术及规范、信号发送等方面。

此外，X 系列标准还可以应用于调制解调器，如 V.90 调制解调器标准。该标准规定了 56 kb/s 的数据传输速率，即可以在普通电话线的带宽条件下实现高效、快速的数据传输。

2.2 传输介质及网络设备

在计算机网络中，用于连接网络设备的传输介质很多，一般可分为有线传输介质和无线传输介质两大类。常用的有线传输介质有双绞线、同轴电缆和光纤。常用的无线传输介质有无线电波、微波、红外线。传输介质的选择和连接是物理层设计中的重要工作之一。

2.2.1　有线传输介质

1. 双绞线

双绞线电缆 (简称双绞线) 是局域网布线中最常用到的一种传输介质，尤其在星形网络拓扑中，双绞线是必不可少的布线材料，如图 2-3 所示。

图 2-3　带水晶头的双绞线

双绞线一般由两根绝缘铜导线相互缠绕而成，每根铜导线的绝缘层上分别涂有不同的颜色，以示区别。两根具有绝缘保护层的铜导线按一定密度互相绞合，能够有效地降低外界电磁场对信号的干扰。

双绞线可分为屏蔽双绞线 (Shielded Twisted Pair，STP) 和非屏蔽双绞线 (Unshielded Twisted Pair，UTP) 两大类，如图 2-4 所示。

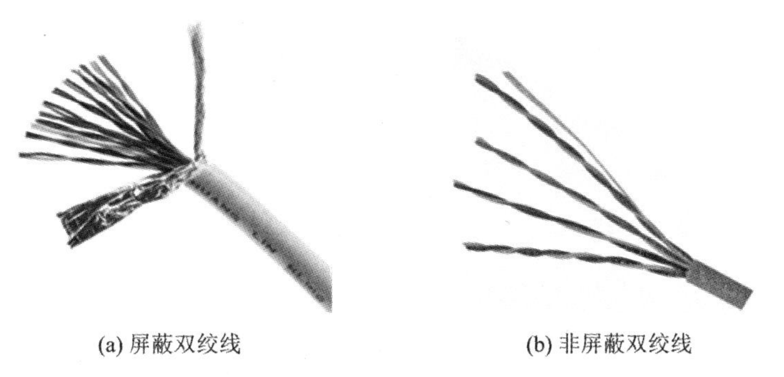

(a) 屏蔽双绞线　　(b) 非屏蔽双绞线

图 2-4　屏蔽双绞线和非屏蔽双绞线

STP 的外面由一层金属材料包裹，以减小辐射，防止信息被窃听，也可阻止外部电磁干扰的进入。因此，STP 具有较高的数据传输速率，但 STP 的价格相对较高，安装时要比 UTP 困难。

UTP 外面只需一层绝缘胶皮，因而重量轻、易弯曲、易安装，组网灵活，非常适用于结构化布线，因此在无特殊要求的计算机网络布线中，常使用 UTP。

由于使用 STP 的成本比较高，所以 UTP 得到了更为广泛的应用。下面仅对 UTP 作简要介绍，如表 2-1 所示。

表 2-1　UTP 双绞线分类

双绞线类型	描　　述
3 类 (cat 3)	传输频率为 16 MHz，最高传输速率为 10 Mb/s，主要应用于语音、10BASE-T 的以太网和 4 Mb/s 的令牌环网，最大网段长度为 100 m
4 类 (cat 4)	传输频率为 20 MHz，用于语音传输及最高传输速率为 16 Mb/s 的数据传输，以及基于令牌的局域网和 10BASE-T/100BASE-T 的以太网
5 类 (cat 5)	该类电缆增加了绕线密度，外套一种高质量的绝缘材料，线缆最高传输频率为 100 MHz；用于语音传输和最高传输速率为 100 Mb/s 的数据传输，主要用于 100BASE-T 和 1000BASE-T 网络。这是最常用的以太网电缆，5 类双绞线是目前网络布线的主流，广泛用于现代局域网中
超 5 类	支持千兆位以太网，支持 1000 M 带宽以太网，超 5 类双绞线对信号的干扰只有 5 类的 1/4
6 类 (cat 6)	具有传输距离长、传输损耗小、耐磨、抗压强等特性，广泛应用于服务器机房的布线，以及保留升级千兆以太网能力的水平布线

2. 同轴电缆

同轴电缆分为基带同轴电缆 (阻抗 50 Ω) 和宽带同轴电缆 (阻抗 75 Ω)。基带同轴电缆又可分为粗缆和细缆两种，都用于直接传输数字信号；宽带同轴电缆用于频分多路复用的模拟信号传输，也可用于不使用频分多路复用的高数字信号和模拟信号传输。闭路电视所使用的 CATV 电缆就是宽带同轴电缆。同轴电缆结构如图 2-5 所示。

图 2-5　同轴电缆结构

同轴电缆适用于点到点和多点连接。基带 50 Ω 电缆每段可支持数百台设备，在大型系统中还可以用适配器将各段连接起来，以扩大覆盖范围；宽带 75 Ω 电缆可以支持数千台设备。

同轴电缆的传输距离取决于传输的信号形式和传输的速率，典型基带同轴电缆的最大距离限制在几千米，在同样数据速率条件下，粗缆的传输距离较细缆的长。宽带同轴电缆的传输距离可达几十千米。此外，同轴电缆的抗干扰性能比双绞线强。

3. 光纤

光纤是光导纤维的简称，它由能传导光波的超细石英玻璃纤维外加保护层构成。多条光纤组成一束，就构成一条光缆。相对于金属导线来说，光纤具有重量轻、线径细的特点，如图 2-6 所示。

根据使用的光源和传输模式，光纤可分为多模光纤 (Multimode Fiber) 和单模光纤 (Single-mode Fiber) 两种：

图 2-6　光纤

(1) 多模光纤采用发光二极管产生的可见光作为光源，纤芯的直径比光波波长大很多。在多模光纤中，多路光线以不同的角度进入纤芯，它们的传播路径均不相同，也就是说，光束是以多种模式在纤芯内不断反射而向前传播的，如图 2-7(a) 所示。多模光纤的传输距离一般在 550 m 以内。

(2) 单模光纤采用注入式激光二极管作为光源，激光的定向性较强。单模光纤的纤芯直径非常接近于光波的波长，光线能以单一的模式无反射地沿轴向传播，如图 2-7(b) 所示。单模光纤的传输距离一般在 3000 m 以内。

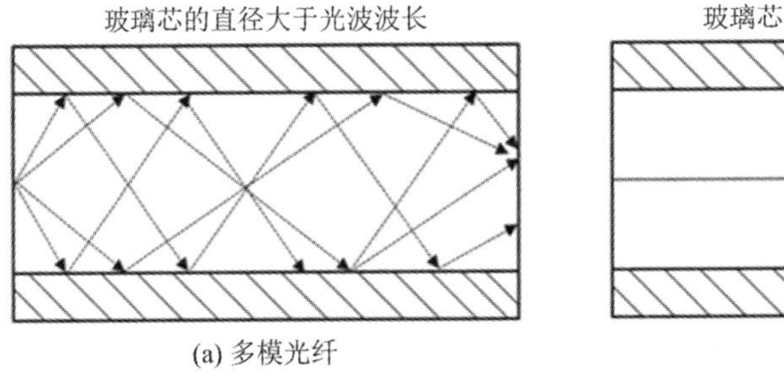
玻璃芯的直径大于光波波长
玻璃芯的直径接近光波波长

(a) 多模光纤　　(b) 单模光纤

图 2-7　光纤传播示意图

光纤主要用于长距离的数据传输和网络的主干线。与其他有线介质相比，光纤具有以下优点：

(1) 光纤有较大的带宽，通信容量大。

(2) 光纤的传输速率快，能超过千兆位 / 秒。

(3) 光纤的传输衰减小，连接的范围更广。

(4) 光纤不受外界电磁波的干扰，因而电磁绝缘性能好，适宜在电气干扰严重的环境中使用。

(5) 光纤不易受到串音干扰，不易被窃听或截取数据，因而安全保密性好。

在大多数企业环境中，光纤主要用作数据分布层设备间的高流量点对点连接和拥有多栋建筑物的校园或园区建筑物互连的主干布线。

2.2.2　无线传输介质

无线传输介质是指信号通过空气 (或真空) 传输，其载体主要包括无线电波、微波、红外线等，这些载体都属于电磁波的一种。无线传输介质通过电磁波的频率来加以区分。频率由低向高次序分别为无线电波、微波、红外线、可见光、紫外线 (UV)、伦琴射线 (X 射线) 与伽马射线 (γ 射线)。

1. 无线电波

无线电波主要用于无线电广播、电视和移动通信等。中低频无线电波的频率在 1 MHz 以下，沿着地球表面传播。高频、甚高频和特高频无线电波的频率为 1 MHz～1 GHz。

2. 微波

微波是指频率在 300 MHz～300 GHz 的电磁波。微波的频率较高，波长较短，因此具有更高的方向性。其典型工作频率为 2 GHz、4 GHz、8 GHz 和 12 GHz。

微波主要应用于卫星通信、电视转播、军事等领域。

3. 红外线

红外线方向性好、便宜、易于制造但不能通穿过固体物质，被广泛应用于短距离通信。

2.2.3 常见的网络设备

网络设备主要有网卡、交换机 (Switch)、路由器 (Router)、防火墙 (Fire Wall)、网关 (Gate Way)。

1. 网卡

网络接口卡 (Network Interface Card，NIC) 又称网卡或网络适配器，是主机和网络的接口，用于协调主机与网络间数据、指令或信息的发送与接收，如图 2-8 所示。

图 2-8　网卡

网卡的主要作用是实现计算机与网络之间的数据传输和通信，具体包括以下几个方面的功能：

(1) 数据封装与解封装。网卡将计算机中的数字信号转换为网络中的模拟信号，并通过网络传输数据。在发送数据时，网卡对数据进行封装和编码；在接收数据时，网卡对接收到的数据进行解码和解封，并将数据传递给计算机中的其他组件进行处理。

(2) 数据传输与通信。网卡能够实现数据的接收、处理和发送等功能。在网络中，每个设备都有一个唯一的 MAC 地址，网卡通过 MAC 地址来标识每个设备，从而实现数据的传输和路由。

(3) 连接计算机与网络。网卡使得用户可以通过电缆或无线相互连接，实现计算机与网络之间的连接。它是实现计算机在网络中通信的关键组件之一。

2. 交换机

交换机是一种专门用于信号转发的网络设备，其核心功能在于维护着一张 MAC 地址表，通过这个表，可以为接入交换机的任意两个网络节点提供独享的通路。

交换机主要包括二层交换机和三层交换机两种类型。二层交换机工作于数据链路层，其本质上相当于网桥，所以又称为多端口网桥。它可以识别数据包中的 MAC 地址信息，并根据 MAC 地址进行转发。三层交换机带路由功能，同时工作于数据链路层和网络层。三层交换机在网络层对数据包的处理与路由器相似。

交换机如图 2-9 所示。

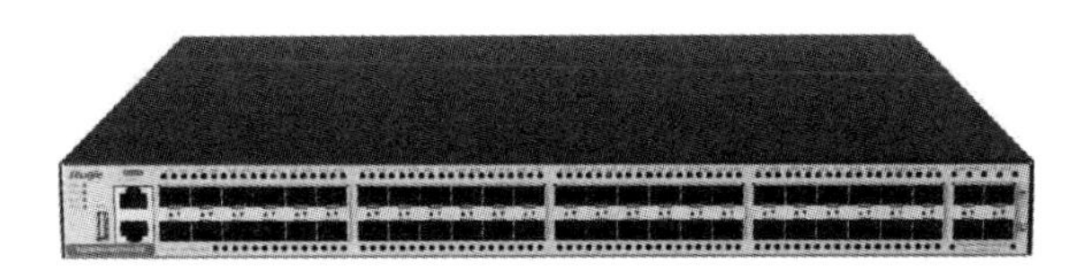

图 2-9　交换机

3. 路由器

路由器是一种连接多个相同或不同类型网络的网络互联设备。它具有按某种准则自动选择一条到达目的子网的最佳传输路线的能力，用来连接两个及以上复杂网络，主要用于广域网之间或广域网与局域网的互联。

路由器能够根据网络层的信息选择最佳路径，将数据分组从一个网络转发到另一个网络。路由器的主要功能如下：

(1) 路由选择。路由选择是指在数据传输过程中，路由器接收到数据后通过选择最佳路径，将数据准确传递到目标地址的过程。

(2) 连接网络。连接网络是指路由器可将不同类型的网络互相连接，实现不同网络之间的通信和数据交换。

(3) 划分子网。路由器可以从逻辑上把网络划分成多个子网段，以便于数据转发和网络控制。

(4) 隔离广播。路由器可自动过滤网络中的广播信息，有效避免“广播风暴”(指当广播数据充斥网络无法处理，并占用大量网络带宽，导致正常业务不能运行，甚至瘫痪)的产生，提升网络的性能和稳定性。

路由器如图 2-10 所示。

图 2-10　路由器

4. 网关

网关又称网间连接器、协议转换器。在互联的、不同结构的网络中的主机之间相互通信时，由网关完成这两种网络的数据报格式的相互转换，以实现不同网络协议的翻译和转换工作。网关能够连接多个高层协议完全不同的局域网。因此，网关是连接局域网和广域网的首选设备。网关如图 2-11 所示。

图 2-11　网关

按照网关的应用功能不同，网关可分为协议网关、应用网关和安全网关 3 种。

(1) 协议网关：在多个使用不同协议及数据格式的网络间提供数据转换功能，通常用于异构网络之间的连接。

(2) 应用网关：在使用不同数据格式的环境中进行数据翻译的专用系统，通常用于处理特定应用的数据转换和通信。

(3) 安全网关：综合运用多种技术手段，对网络上的信息进行安全过滤以及控制的安全设备的总称。它通常包括防火墙、入侵检测系统、内部过滤系统等安全组件。

5. 防火墙

防火墙是一种位于计算机及其连接的网络之间的软件或硬件解决方案 (硬件防火墙将隔离程序直接固化到芯片上)。防火墙实际上是一种隔离技术，是在两个网络通信时执行的一种访问权限控制，它能将非法用户或数据拒之门外，最大限度地阻止网络上黑客的攻击，从而保护网络内部免受入侵。防火墙主要由服务访问规则、验证工具、包过滤和应用网关 4 个部分组成。防火墙如图 2-12 所示。

图 2-12　防火墙

2.3　数据通信技术

2.3.1　信息、数据与信号

1. 信息

在计算机网络中，通信的目的是交换信息 (Information)。不同领域中对信息有不同的定义，一般认为信息是人对现实世界事物存在方式或运动状态的某种认识，也是人们通过通信系统传递的内容。信息的载体可以是数字、文字、语音、图形、图像和动画等。任何事物的存在都伴随着相应信息的存在。信息不仅能反映事物的特征、运动和行为，而且能够借助媒体传播和扩散。

在计算机、外围设备及计算机网络中进行信息的处理、存储和传输时，首先需要把信息表示成数据。通常在网络中传输的二进制代码被称为数据，因此可以认为数据是信息的载体，是信息的表现形式，而信息是数据的具体含义。

数据的形式有两种：模拟数据和数字数据。

(1) 模拟数据：用连续的物理量表示，如声音是典型的模拟数据，温度、压力的变化也是一个连续的值。

(2) 数字数据：用离散的物理量表示，一般是由“0”“1”构成的二进制代码组成的数字序列。

2. 信号

信号 (Signal) 是数据在传输过程中的电信号表示形式。信号可以分为模拟信号和数字信号两种类型。

(1) 模拟信号：在时间或幅度上连续变化的信号，如图 2-13(a) 所示，它可以表示各种连续变化的物理量，如温度、压力、声音等。另外，语音信号、模拟电视图像也是典型的模拟信号。

(2) 数字信号：在时间和幅度上都用离散数字表示的信号，如图 2-13(b) 所示，数字信号在传输和处理过程中具有抗干扰能力强、可靠性高的特点，在现代通信等领域得到了广泛应用。

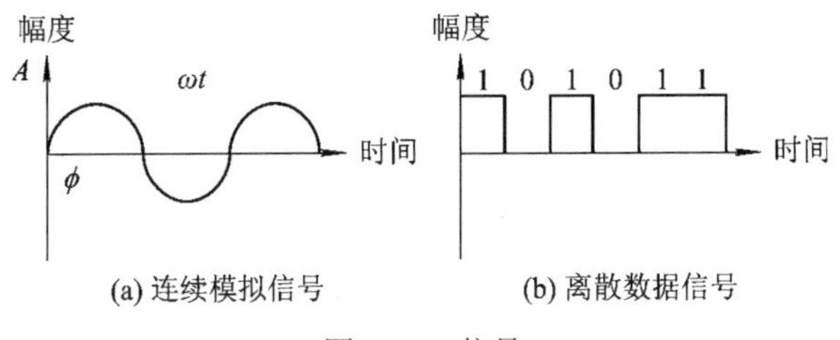

(a) 连续模拟信号　(b) 离散数据信号

图 2-13　信号

2.3.2　数据通信系统的基本结构

按照在传输介质上传输的信号类型，可以将数据通信系统分为模拟通信系统和数字通信系统两种。传输模拟信号的系统称为模拟通信系统，而传输数字信号的系统称为数字通信系统。

1. 模拟通信系统

模拟通信系统通常由信源、调制器、信道、解调器、信宿以及噪声源组成，如图 2-14 所示。信源是指产生和发送信息的一端；信宿是指接收信息的一端。信源产生的原始模拟信号一般要经过调制后再送入信道传输。普通的电话、广播、模拟电视等都属于模拟通信系统。

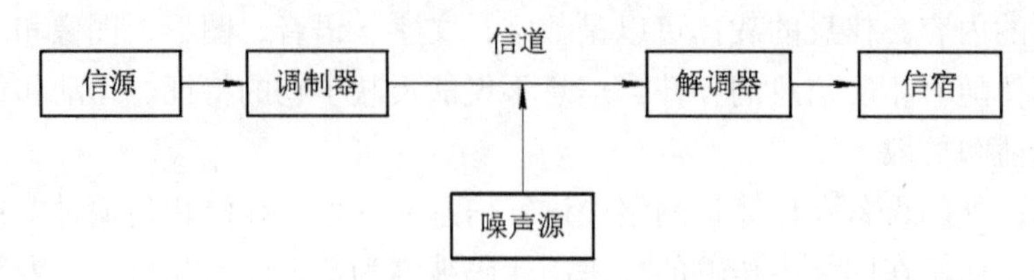

图 2-14　模拟通信系统的结构模型

2. 数字通信系统

数字通信系统一般由信源、信源编码器、信道编码器、调制器、信道、解调器、信道译码器、信源译码器、信宿和噪声源组成，如图 2-15 所示。计算机通信系统、数字电话、数字电视等都属于数字通信系统。

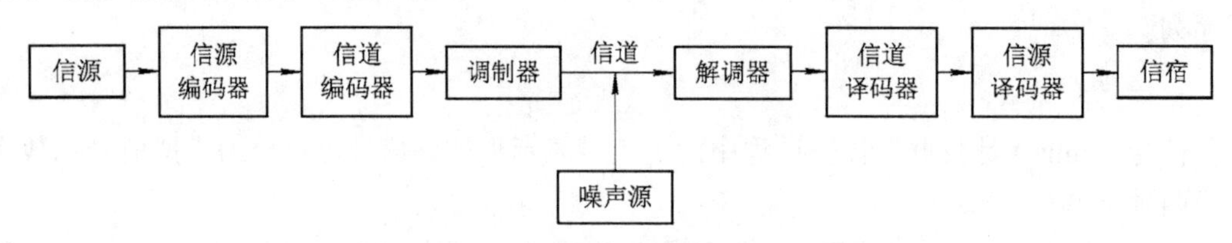

图 2-15　数字通信系统的结构模型

在数字通信系统中，信源送出的既可能是模拟信号，也可能是数字信号。信源编码器的作用有两个：

(1) 实现数 / 模 (D/A) 转换，将信源送出的模拟信号变成数字信号。

(2) 实现数据压缩，降低数字信号的传输速率，减少信号传输时占用的带宽。

由于信道上存在各种噪声的干扰，可能导致接收端接收到错误的信号，为了能够自动检测或者纠正错误，可以采用信道编码器对信源编码器输出的信号进行差错控制编码，来提高通信系统的抗干扰能力，降低误码率。信道译码是信道编码的逆过程。

从信道编码器输出的数字信号是基带信号，不适合远距离传输。调制器的作用就是把基带信号调制成频带信号。因此，解调是调制的逆过程。

2.3.3　通信信道

数据通信的任务是传输数据信息，希望达到传输速度快、出错率低、信息量大、可靠性高，并且既经济又便于使用、维护等目标。

1. 数据传输速率

数据传输速率 R 是指每秒能传输的二进制信息的位数，单位为比特 / 秒 (b/s)，有时也用 bps(Bits Per Second) 来表示。数据传输速率描述了数据通信系统的传输能力，又称为比特率，其值可由下式确定：

$$R = \frac{1}{T} \cdot \mathrm{lb}N$$

式中：T 为一个数字脉冲信号的宽度 (全宽码情况) 或重复周期 (归零码情况)，单位为 s；

N 为一个码元(一个数字脉冲称为一个码元)所取的有效离散值个数，也称调制电平数，N 一般取 2 的整数次方值。

若一个码元仅可取 0 和 1 两种离散值，则该码元只能携带一位二进制信息；若一个码元可取 00、01、10 和 11 四种离散值，则该码元就能携带两位二进制信息。以此类推，若一个码元可取 N 种离散值，则该码元便能携带 lb$N$ 位二进制信息。

注：当一个码元仅取两种离散值时，$R=\frac{1}{T}$ 表示数据传输速率等于码元脉冲的重复频率。由此，可以引出另一个技术指标——信号传输速率，也称码元速率、调制速率或波特率，单位为波特(Baud)。

调制速率表示单位时间内通过信道传输的码元个数，即数据传输过程中，在线路上每秒钟传送的波形个数，也就是信号经调制后的传输速率。若信号码元的宽度为 T s，则调制速率定义为

$$B=\frac{1}{T}$$

在有些调幅和调频方式的调制解调器中，一个码元对应一位二进制信息，即一个码元有两种有效离散值，此时调制速率和数据传输速率相等。但在调相的四相信号方式中，一个码元对应两位二进制信息，即一个码元有四种有效离散值，此时调制速率只是数据传输速率的一半。由以上两式合并可得到调制速率和数据传输速率的对应关系：

$$R=B\cdot \mathrm{lb}N$$

一般在二元调制方式中，R 和 B 都取同一值，习惯上二者是通用的。但在多元调制的情况下，必须将它们区别开来。

【例 1】 采用四相调制方式，即 $N=4$，且 $T=833\times10^{-6}$ s，求出数据传输速率和调制速率。数据传输速率为

$$R=\frac{1}{T}\cdot \mathrm{lb}N=\frac{1}{833\times10^{-6}}\cdot \mathrm{lb}4=2400\ \mathrm{b/s}$$

调制速率为

$$B=\frac{1}{T}=\frac{1}{833\times10^{-6}}=1200\ \mathrm{Baud}$$

通过例 1 可见，尽管数据传输速率和调制速率都是描述通信速度的指标，但它们是完全独立的概念。如果将调制速率比喻为公路上每单位时间经过的卡车数量，那么数据传输速率就是每单位时间内通过的卡车所携带的货物箱数量。如果每辆卡车只装载一箱货物，那么单位时间内经过的卡车数与单位时间内经过的货物箱数是相等的。但是，如果每辆卡车装载两箱货物，那么单位时间内经过的货物箱数将是单位时间内经过的卡车数的两倍。

2. 信道容量

信道容量(C)用于表征一个信道传输数据的能力，是指单位时间内信道上所能传输的最大比特数，单位为 b/s。信道容量是信道传输数据能力的极限；而数据传输速率则表示实际的数据传输速率。这就像公路上的最大限速值与汽车实际速度之间的关系。信道分为

有噪声干扰和无噪声干扰两种情况。

(1) 无噪声干扰情况。奈奎斯特 (Nyquist) 首先给出了无噪声情况下调制速率的极限值 B 与信道带宽 H 的关系：

$$B = 2 \cdot H$$

其中，H 是信道带宽，也称频率范围，即信道能传输的上、下限频率的差值，单位为 Hz。由此可推出在无噪声干扰情况下，信道容量的奈奎斯特公式：

$$C = B \cdot \mathrm{lb}N = 2 \cdot H \cdot \mathrm{lb}N$$

其中，N 仍然表示携带数据的码元可能取的离散值的个数。

由以上两式可见，对于特定的信道，其调制速率不可能超过信道带宽的两倍，但若能提高每个码元可能取的离散值的个数，则数据传输速率便可成倍提高。

【例 2】 普通电话线路的带宽约为 3 kHz，则其调制速率的极限值为 6 KBaud。若每个码元可能取的离散值的个数为 16($N = 16$)，则信道容量是多少？

$$C = 2 \cdot 3K \cdot \mathrm{lb}16 = 24\ \mathrm{kb/s}$$

(2) 有噪声干扰情况。实际的信道总会受到各种噪声的干扰，香农 (Shannon) 研究了受随机噪声干扰的信道的情况，给出了计算信道容量的香农公式：

$$C = H \cdot \mathrm{lb}(1 + S / N)$$

其中，S 表示信号功率，N 为噪声功率，S/N 则为信噪比。由于实际使用信道的信噪比都要足够大，故常用 SNR(信噪比) 来代替 S/N，单位为分贝 (dB)。SNR 与 S/N 的关系如下：

$$\mathrm{SNR} = 10\mathrm{lb}(S / N)$$

由此可推出在有噪声干扰情况下，信道容量的香农公式：

$$C = H \cdot \mathrm{lb}(1 + 10^{\frac{\mathrm{SNR}}{10}})$$

【例 3】 信噪比为 30 dB，带宽为 3 kHz 的信道的信道容量是多少？

$$C = 3K \cdot \mathrm{lb}(1 + 10^{\frac{30}{10}}) = 3K \cdot \mathrm{lb}1001 \approx 30\ \mathrm{kb/s}$$

由此可见，只要提高信道的信噪比，便可提高信道的信道容量。

需要强调的是，上述两个公式计算得到的只是信道数据传输速率的极限值，实际使用时必须留有充足的余地。

3. 误码率

误码率是衡量数据通信系统在正常工作情况下的传输可靠性的指标，是指二进制位在传输过程中传输出错的比特数占传输总比特数的概率。设传输的二进制数据总数为 N 位，其中出错的位数为 N_e，则误码率表示为

$$P_e = \frac{N_e}{N}$$

在计算机网络中，一般要求误码率低于 10^{-9}，即平均每传输 10^9 位数据仅允许错一位。

若误码率达不到这个指标，可以通过差错控制方法进行检错和纠错。

4. 通信方式

在计算机内部各部件之间、计算机与各种外部设备之间，以及计算机与计算机之间都是以通信的方式传递、交换数据信息的。通信有两种基本方式，即串行通信方式和并行通信方式。通常情况下，并行通信方式用于近距离通信，串行通信方式用于较远距离的通信。在计算机网络中，串行通信方式更具有普遍意义。

(1) 并行通信方式。并行通信是指用多条数据线同时传输多个二进制位数据，如图 2-16 所示。

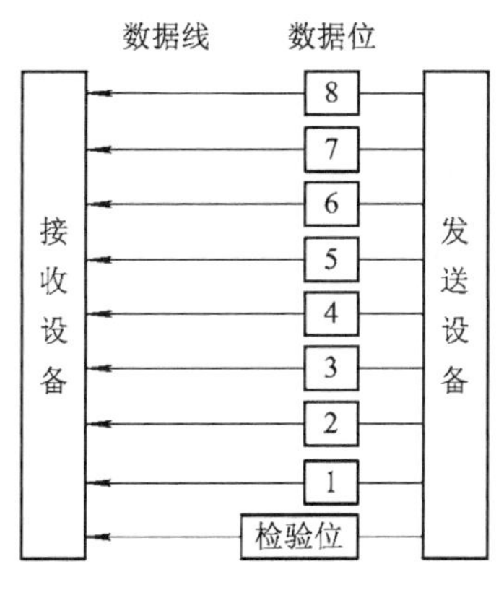

图 2-16　并行数据传输

并行传输时，需要一根至少有 8 条数据线 (一个字节是 8 位) 的电缆将两个通信设备连接起来。当进行近距离传输时，这种方法具有传输速度快、处理简单的优点；然而，当进行远距离数据传输时，线路费用就变得难以承受。在这种情况下，使用已有的电话线路来进行数据传输则更为经济合算。发送设备将 8 个数据位通过 8 条数据线传送给接收设备，还可附加一位数据校验位。接收设备可同时接收到这些数据，不需作任何变换就可直接使用。

在计算机内部的数据通信通常以并行方式进行，并行的数据传输线也叫总线，如并行传送 8 位数据就叫 8 位总线，并行传送 16 位数据就叫 16 位总线。尽管并行数据总线的物理形式有好几种，但其核心功能始终是实现数据的快速传输和通信。例如：计算机内部通过印制电路板实现的数据总线、连接软 / 硬盘驱动器的扁平带状电缆、连接计算机外部设备的圆形多芯屏蔽电缆等。

(2) 串行通信方式。串行通信是指数据以串行方式在单条信道上传输，一次只传输 1 bit。

在串行通信中，数据通常从发送端 (发送设备) 通过并行方式转换为串行方式，然后逐位传输到接收端 (接收设备)，在接收设备中再将串行数据转换为并行方式。这个转换过程可通过并 - 串转换硬件实现，如图 2-17 所示。

根据信号传送方向，串行通信方式可进一步分为单工通信、半双工通信和全双工通信三种。

单工通信是指信号只能沿一个方向传输，发送端只能发送不能接收，而接收端只能接收不能发送，任何时候都不能改变信号的传送方向，如图 2-18 所示。例如，无线电广播和有线电视都属于单工通信方式。

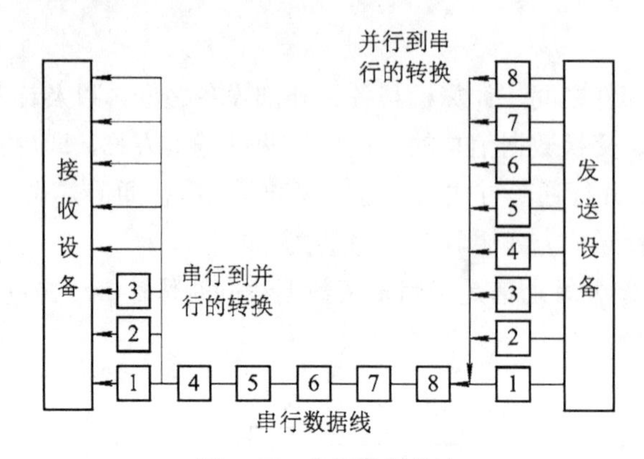

图 2-17　串行数据传输

图 2-18　单工通信

半双工通信是指信号可以沿两个方向传送，但同一时刻，一个信道只允许单方向数据传送，即两个方向的传输只能交替进行。当改变传输方向时，需要通过开关装置进行切换，如图 2-19 所示。例如，对讲机系统和无线电收 / 发报机系统都属于半双工通信方式。

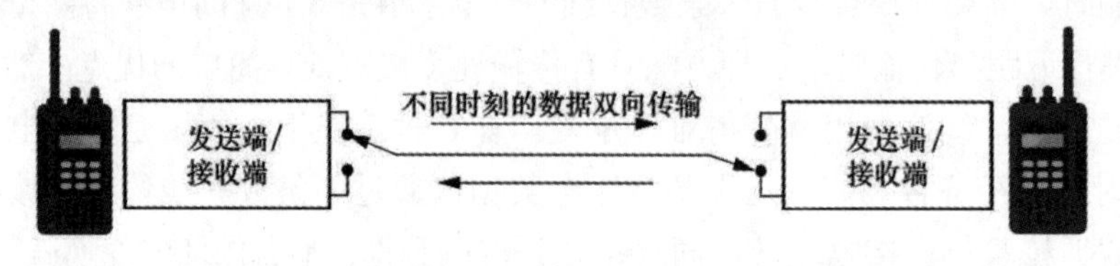

图 2-19　半双工通信

全双工数据通信允许数据同时在两个方向上传输，是两个单工通信方式的结合，它要求发送端和接收端都有独立的接收和发送能力，如图 2-20 所示。

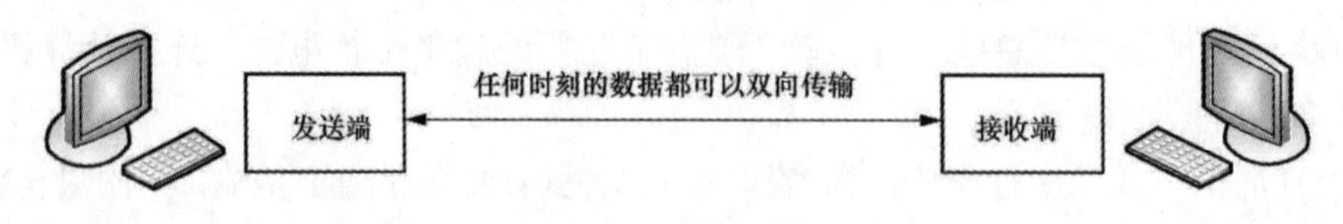

图 2-20　全双工通信

2.3.4　多路复用技术

在数据通信系统或计算机网络系统中，传输介质的带宽或容量往往超过传输单一信号的需求，为了有效地利用通信线路，通常希望一个信道同时传输多路信号，这就是多路复用技术 (Multiplexing)。常用的多路复用技术有三种：频分多路复用 FDM(Frequency Division Multiplexing)、时分多路复用 TDM(Time Division Multiplexing) 和波分多路复用 WDM(Wavelength

Division Multiplexing)。

1. FDM

在物理信道的可用带宽超过单个原始信号所需带宽情况下，可将该物理信道的总带宽分割成若干个与传输单个信号带宽相同(或略宽)的子信道，每个子信道传输一路信号，这就是FDM。为了防止不同信道的信号相互干扰，FDM使用保护带来隔离频谱区。

FDM的工作原理是：几路数字信号被同时送入载波频率不同的调制器中，经过调制后，每一路数字信号被调制到不同频率的子频带上，这样就可以将多路信号合起来放在一条信道上传输。接收方则先利用带通滤波器将收到的多路信号分开，再利用解调器将分路后的信号恢复成调制前的信号。FDM如图2-21所示。

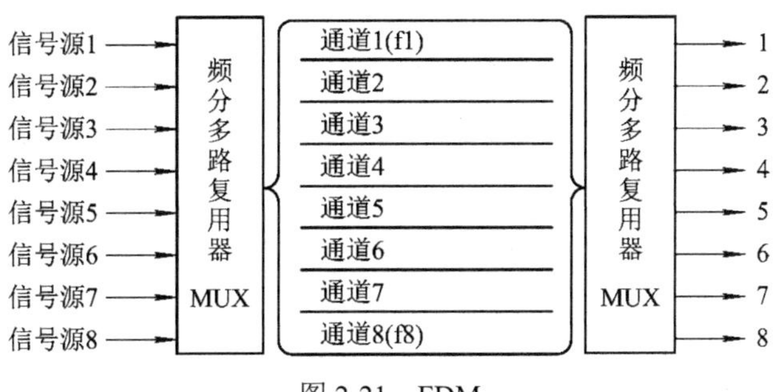

图2-21 FDM

FDM技术主要用于宽带模拟通信系统。例如，有线电视系统的带宽可以达到300～400 MHz。如果以6 MHz带宽作为一个子频带，那么模拟电视线路可以划分成50～80个独立信道，同时传输50多路模拟电视信号。

2. TDM

TDM是以信号传输的时间作为分割对象，将传输时间分为若干个时间片(time-slot，又称时隙)，给每个用户分配一个或几个时间片，使不同信号在不同时间段内传送，在用户占有的时间片内，用户使用通信信道的全部带宽来传输数据。TDM如图2-22所示。

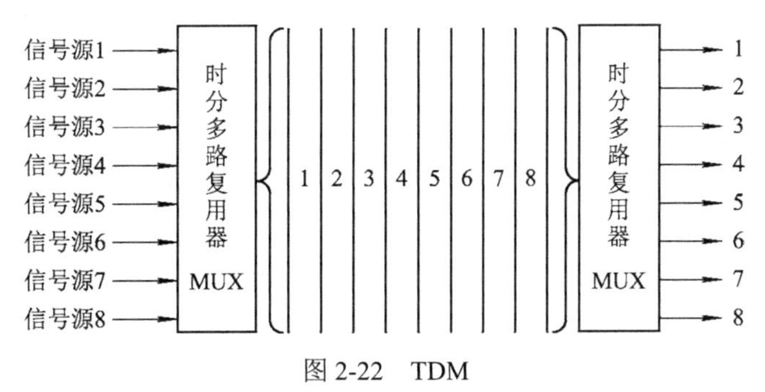

图2-22 TDM

TDM不仅仅局限于传输数字信号，也可以同时交叉传输模拟信号。此外，对于模拟信号的传输，有时可以把TDM和FDM结合起来使用。在一个传输系统中，信号可以利用FDM将通道频分成许多条子通道，每条子通道再利用TDM进一步细分。在宽带局域网络中可以使用这种混合技术。

3. WDM

WDM 主要用于全光纤网组成的通信系统。由于光波的频率很高，习惯上用波长而不用频率来表示光波，因此称其为波分复用。

在 WDM 中,不同的用户使用不同波长的光波来传送数据。WDM 的基本原理如图 2-23 所示。假定发送端有 3 条光的光波汇合到一个组合器 (Combiner) 中，每条光纤的光波具有不同的波长，3 束光波被组合到一条共享光纤上，传输到接收端，在接收端又被分离器分离到与发送端相同数量的 3 条光纤上。每条光纤上的过滤器能够过滤出某一波长的光波，而其他波长的光波被过滤掉。

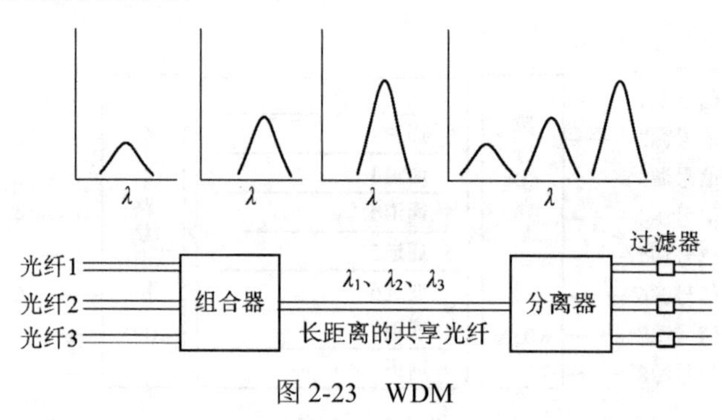

图 2-23　WDM

2.3.5　异步传输和同步传输

在数据通信系统中，当发送方和接收方采用串行通信方式时，必须要解决数据传输的同步问题。同步是指接收方必须按照发送方发送比特的起止时刻和速率来接收数据，否则会造成数据接收错误。实现收 / 发双方之间同步的技术有两种：异步传输和同步传输。

1. 异步传输

在异步传输方式中，一次只传输一个字符 (每个字符由 5～8 位数据组成)。每个字符的传输以一位起始位引导，一位或两位停止位结束。起始位固定为“0”，占一位持续时间；停止位为“1”，占 1～2 位的持续时间。在没有数据发送时，发送方可连续发送停止位 (称空闲位)。接收方根据“1”至“0”的跳变来判别一个新字符的开始，然后接收字符中的所有数据位。这种通信方式简单且经济，但每个字符有 2～3 位的额外开销，因此数据传输效率有所降低。异步传输方式如图 2-24 所示。

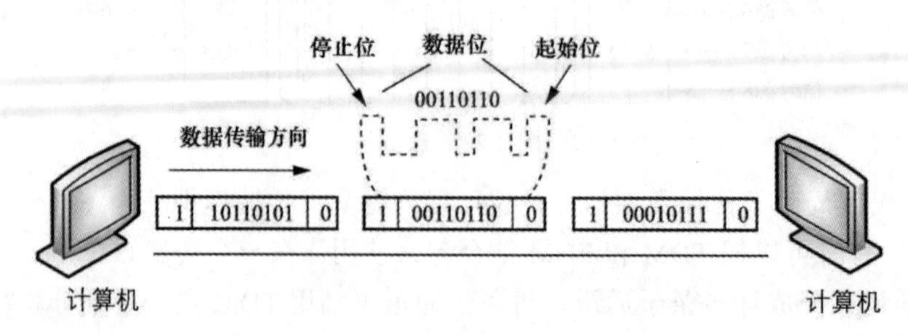

图 2-24　异步传输方式

2. 同步传输

采用同步传输方式时，为使接收方能准确判定数据块的开始和结束，发送方会在每个数据块的开始处和结束处各加一个帧头和一个帧尾，帧头到帧尾的数据块称为一帧(Frame)。帧头和帧尾的具体设计取决于数据块是面向字符的还是面向位的。同步传输方式如图 2-25 所示。

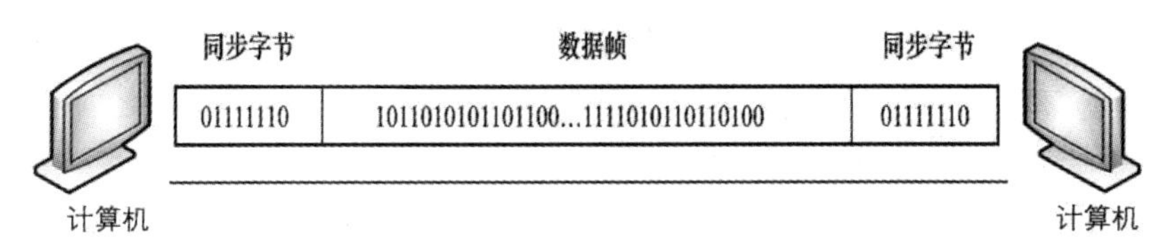

图 2-25 同步传输方式

2.4 数 据 编 码

网络中的通信信道可以分为模拟信道和数字信道，分别用于传输模拟信号和数字信号，相应地，传输的数据也分为模拟数据与数字数据两类。为了正确地传输数据，必须对原始数据进行相应的编码或调制，将原始数据转换为与信道传输特性相匹配的数字信号或模拟信号后，才能送入信道传输。数据的编码与调制如图 2-26 所示。数字数据经过数字编码后可以变成数字信号，经过数字调制 (ASK、FSK、PSK 等) 后可以成为模拟信号；而模拟数据经过脉冲编码调制 (PCM) 后可以变成数字信号，经过模拟调制 (AM、FM、PM 等) 后成为适合于模拟信道传输的模拟信号。

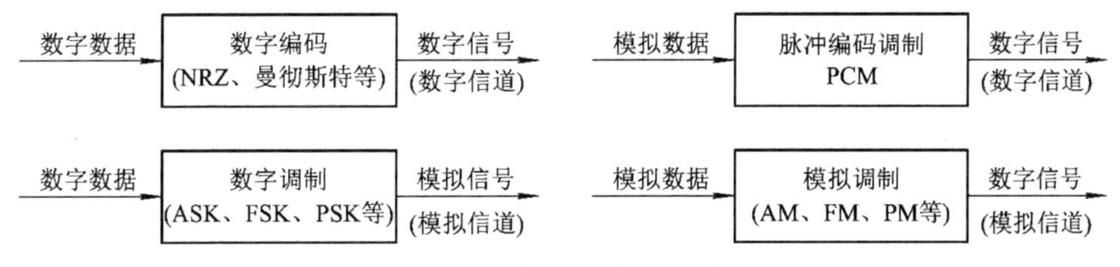

图 2-26 数据的编码与调制

2.4.1 数字数据的数字信号编码

数字信号可以直接采用基带传输。所谓基带，就是指二进制比特序列的矩形脉冲信号所占的固有频带，称为基本频带。基带传输就是在线路中直接传送数字信号的电脉冲。

在基带传输时，需要解决数字数据的数字信号表示以及收发两端之间的信号同步问题。对于传输数字信号来说，最简单、最常用的方法是用不同的电压电平来表示两个二进制数字，即数字信号由一系列矩形脉冲组成。下面介绍几种基本的数字信号脉冲编码方案。

1. 不归零码

不归零码 (NonReturn to Zero，NRZ)，是指在一个码元时间内，电压均无须回到零位。这种编码方式属于全宽码，即一个码元占用一个单元脉冲的宽度。不归零码分为单极性不归零码和双极性不归零码。

(1) 单极性不归零码。无电压 (也就是无电流) 用来表示数字“0”，而恒定的正电压用来表示数字“1”。每一个码元时间的中间点是采样时间，判决门限设定为半幅度电平 (即 0.5)。若接收信号的值在 0.5 与 1.0 之间，就判为“1”码；若信号值在 0 与 0.5 之间，就判为“0”码，如图 2-27 所示。每秒钟发送的二进制码数称为“码速”。

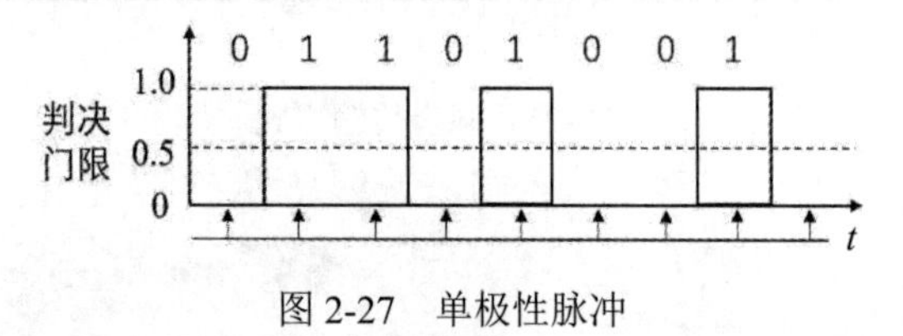

图 2-27　单极性脉冲

(2) 双极性不归零码。“1”码和“0”码都有电流，但是“1”码对应正电流，“0”码对应负电流，正、负电流的幅度相等、方向相反，故称为双极性码。此时的判决门限为零电平，接收端使用零判决器或正负判决器进行判决，接收信号的值若在零电平以上为正，判为“1”码，若在零电平以下为负，判为“0”码，如图 2-28 所示。

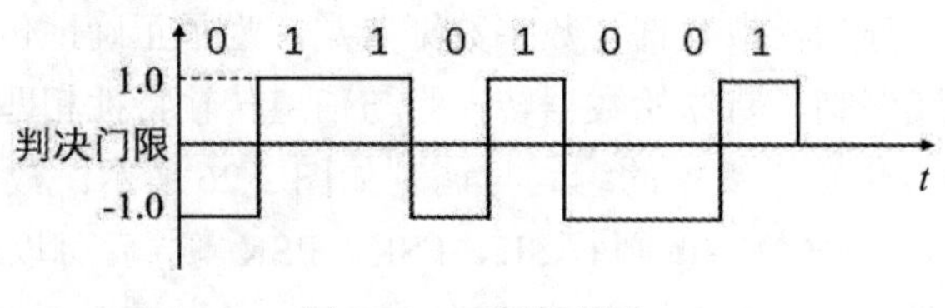

图 2-28　双极性脉冲

2. 归零码

不归零码的码元之间没有明确的间隙，不易区分识别，而归零码的脉冲较窄，每一位二进制信息传输后均返回零电平，可以有效改善传输过程中码元之间的间隙问题，使得接收端能够更容易地区分，识别每一位码元。归零码包括单极性归零码和双极性归零码两种形式。

(1) 单极性归零码。当发“1”码时，发出正电流，但持续时间短于一个码元的时间宽度，即发出一个窄脉冲；当发“0”码时，则完全不发送电流，因此称这种码为单极性归零码，如图 2-29 所示。

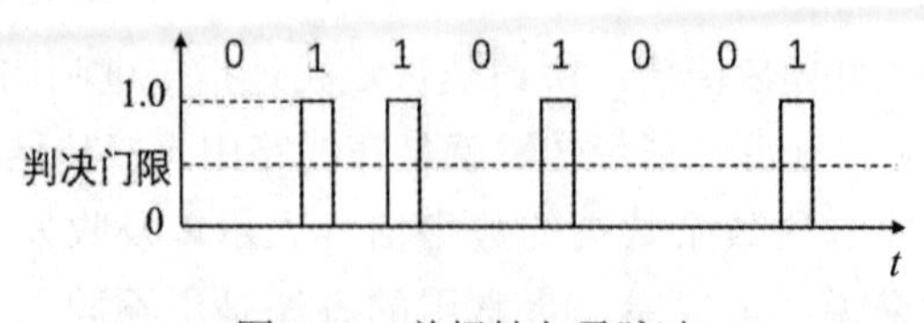

图 2-29　单极性归零脉冲

(2) 双极性归零码。其中“1”码发正的窄脉冲，“0”码发负的窄脉冲，两个码元之间的间隔时间要大于每一个窄脉冲的宽度，在接收端，取样时间通常对准脉冲的中心，以确保准确检测脉冲的极性，如图2-30所示。

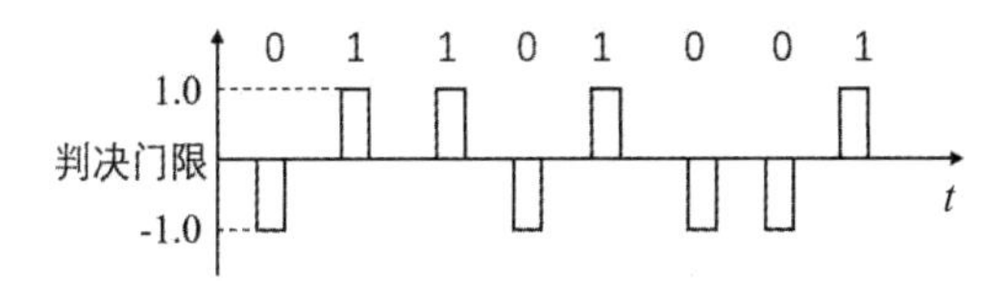

图2-30 双极性归零脉冲

基带传输的另一个重要问题就是同步问题。接收端和发送端发来的数据序列在时间上必须保持同步，以便能准确地区分和接收发来的每位数据。在计算机通信与网络中，广泛采用的同步方法有位同步和群同步两种。

位同步要求接收端对每一位数据都要和发送端保持同步。在数据通信中，习惯上把位同步称为“同步传输”。实现位同步的方法可分为外同步法和自同步法两种。

自同步法是指能从数据信号波形中直接提取同步信号的方法。典型例子就是著名的曼彻斯特编码和差分曼彻斯特编码。这两种编码都是在传输代码信息的同时，也将时钟同步信号一起传输到对方。

(1) 曼彻斯特编码。其特点是每一位数据的中间有一跳变，这个跳变既作为时钟信号，又作为数据信号。从高到低的跳变用“1”表示，从低到高的跳变用“0”表示，如图2-31所示。

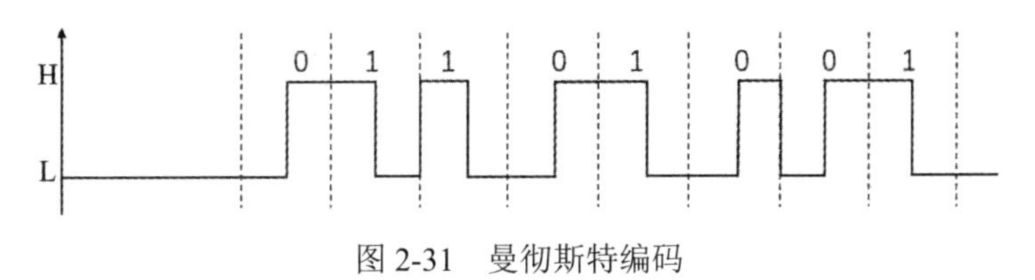

图2-31 曼彻斯特编码

(2) 差分曼彻斯特编码。其特点是每一位数据中间的跳变仅提供时钟定时，而用每位开始时有无跳变用“0”或“1”表示，“0”表示有跳变，“1”表示无跳变，如图2-32所示。

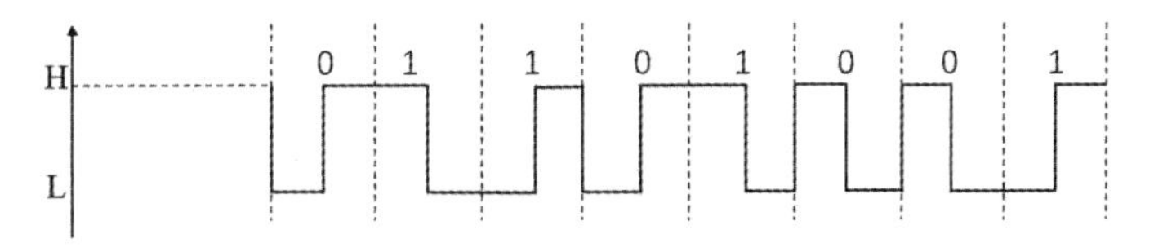

图2-32 差分曼彻斯特编码

从曼彻斯特编码和差分曼彻斯特编码的脉冲波形中可以看出，这两种双极性编码的每一个码元都被调制成两个电平，所以数据传输速率只有调制速率的1/2，即对信道的带宽有更高的要求。但它们具有自同步能力和良好的抗干扰性能，在局域网中仍被广泛使用。

2.4.2 模拟数据的数字信号编码

鉴于数字信号具有传输失真小、误码率低、传输速率高等优点，因此经常需要将模拟数据，如语音和图像转换为数字信号，以便通过计算机进行处理。脉冲编码调制 (Pulse Code Modulation，PCM) 是将模拟数据数字化的主要方法，它在发送端把连续输入的模拟数据变换为在时域和振幅上都离散的量，然后将其转化为代码形式传输。脉冲编码调制一般通过采样、量化和编码 3 个步骤将连续的模拟数据转换为数字信号，如图 2-33 所示。

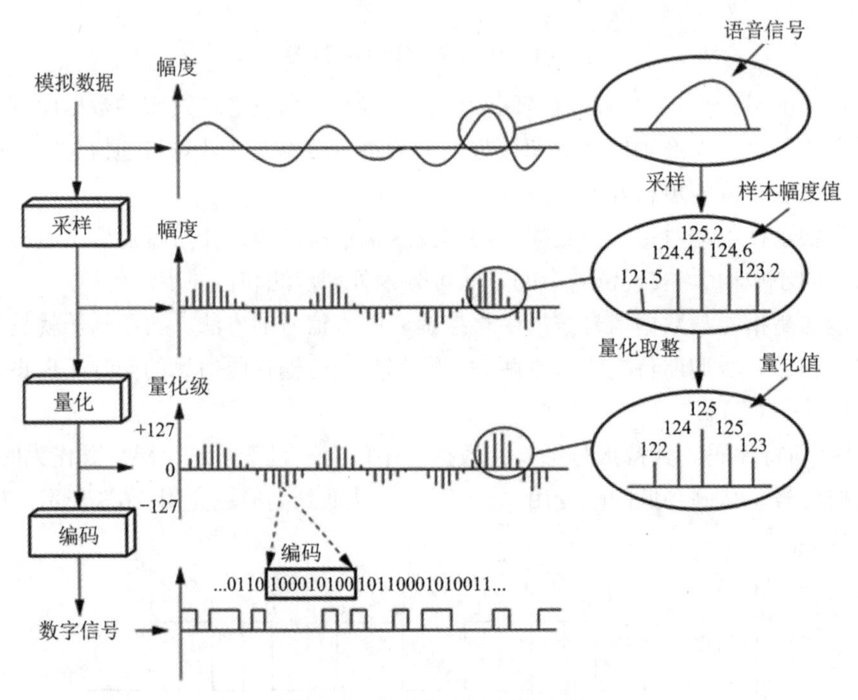

图 2-33 脉冲编码调制的步骤

(1) 采样。模拟信号是电平连续变化的信号。采样是指每隔一定的时间，采集模拟信号的瞬时电平值作为样本，这一系列连续的样本可以表示模拟数据在某一区间随时间变化的值。采样频率以奈奎斯特采样定理为依据，即当以等于或高于模拟信号最高频率两倍的速率进行采样时，就可以恢复出原模拟信号的所有信息。

(2) 量化。量化是将采样样本幅度进行离散化处理的过程，就是把采样所得的样本幅度值和量化之前规定好的量化级相比较，经过量化后的样本幅度为离散值，不是连续值。

根据系统的精确度要求，量化级可以分为 8 级、16 级或者更多级。为便于用数字电路实现，量化级数一般取 2 的整数次幂。

(3) 编码。编码是指用相应位数的二进制代码表示已经量化的采样样本的级别。例如，如果有 256 个量化级，就需要使用 8 个比特进行编码。经过编码后，每个样本都由相应的编码脉冲序列表示。

模拟数据 (例如语音) 经过 PCM 编码转换成数字信号后，就可以和计算机中的数字数据统一采用数字传输方式进行传输。数字传输具有下列优点：

(1) 抗干扰性强。在模拟通信中，当外部干扰和机内噪声叠加在有用信号上时，就很难完全将干扰和噪声去掉，从而使输出信号的信噪比降低。而当数字信号在传输过程中出现上述情况时，通过数字信号再生的方法，很容易将干扰和噪声消除。例如，当发送数字信号“1”时，即使干扰噪声与有用信号叠加，只要结果值不小于某一门限电平，仍可再生为“1”；同样，当发送“0”信号时，干扰和噪声电平只要小于这一门限电平，该信号就能再生为“0”。

(2) 保密性好。信息被数字化后，产生一个二进制数字编码序列，可以将它进行加密处理，由于他人无法知道密码序列，因此无法破译原始信息，这样就大大提高了通信系统的保密性。

(3) 易于集成化：数字信号在传输过程中便于进行信号处理、存储和交换等操作，使得数字传输方式在集成电路中更易于实现系统的集成化。

(4) 便于远距离传输：数字信号在传输过程中不易受到衰减和干扰的影响，因此，非常适合进行远距离传输。此外，数字信号还可以通过调制等技术进一步增强其抗干扰能力，增加传输距离。

2.4.3 数字数据的模拟信号编码

数字编码就是将数字信号转换成为适合于信道传输的波形的过程。在数字数据的模拟编码中，常见的调制方法有三种：调幅、调频、调相。

(1) 调幅：将不同的数据信息 (0 或 1) 调制成频率相同、幅度不同的载波信号。例如，“1”表示高幅值信号，“0”表示低幅值信号。

(2) 调频：将不同的数据信息 (0 或 1) 调制成幅度相同、频率不同的载波信号。例如，“1”表示高频率信号，“0”表示低频率信号。

(3) 调相：利用相邻载波信号的相位变化值来表示相邻信号是否具有相同的数据信息值，此时幅度和频率均保持不变。例如，“1”表示相位发生变化 (反相)，“0”表示相位不变。

本 章 小 结

物理层所涉及的数据通信技术是建立计算机网络的重要基础。它利用物理传输介质为数据链路层提供物理连接，负责处理数据传输率以便透明地传送比特流。

本章主要介绍了物理层接口与标准、传输介质与设备、数据通信技术、数据编码。

思 考 与 练 习

一、选择题

1. 在同一时刻，通信双方可以同时发送数据的信道通信方式为 (　　)。

A. 半双工通信　　　　B. 单工通信

C. 数据报　　　　D. 全双工通信

2. 在常用的传输介质中，(　　) 的带宽最宽，信号传输衰减最小，抗干扰能力最强。

A. 光纤　　B. 同轴电缆

C. 双绞线　　D. 微波

3. 设数据传输速率为 4800 b/s，采用十六相调制，则调制速率为 (　　)。

A. 4800 Baud　　B. 3600 Baud

C. 2400 Baud　　D. 1200 Baud

4. 在光纤中采用的多路复用技术是 (　　)。

A. 时分多路复用 (TDM)　　B. 频分多路复用 (FDM)

C. 波分多路复用 (WDM)　　D. 码分多路复用 (CDMA)

5. 下列关于曼彻斯特编码的叙述中，(　　) 是正确的。

A. 为确保收 / 发同步，将每个信号起始边界作为时钟信号

B. 将时钟与数据取值都包含在信号中

C. 这种模拟信号的编码机制特别适合传输语音

D. 每位的中间不跳变时表示信号的取值为 1

二、填空题

1. 脉冲编码调制的过程可以分为三个过程，即 __________、__________ 和 __________。

2. __________ 信号的电平是连续变化的。

3. FDM 是指 __________。

4. 在同一个信道上的同一时刻，能够进行双向数据传送的通信方式是 __________。

5. 利用 __________，数字数据可以用模拟信号来表示。

三、简答题

1. 常用的传输介质有哪些？其特点是什么？

2. 控制字符 SYN 的 ASCII 编码为 0010110，试画出 SYN 的 NRZ、曼彻斯特编码与差分曼彻斯特编码。

3. 已知数字数据编码“01100010”，请分别画出其“非归零码”“曼彻斯特编码”“差分曼彻斯特编码”。

4. 对于带宽为 6 MHz 的信道，若用 4 种不同的状态来表示数据，在不考虑噪声的情况下，该信道的最大传输率是多少？

5. 信道带宽为 3 kHz，信噪比为 30 dB，则每秒能发送的比特数不会超过多少？

参考答案

第 3 章　数据链路层

本章导读

数据链路层是 OSI 参考模型中的第二层，位于物理层和网络层之间，它在物理层提供服务的基础上向网络层提供服务，即将源机网络层的数据可靠地传输到相邻节点的目标机网络层。数据链路层通过一系列复杂而高效的功能，确保了数据的可靠传输，为建立和维护稳定、高效的通信网络提供了基础支持。

本章将介绍数据链路层的差错控制、基本数据链路协议以及数据链路层控制协议。

- 掌握差错控制的原理及方式
- 了解几种常用的检错码、纠错码
- 掌握基本数据链路协议
- 掌握滑动窗口尺寸的计算
- 理解 BSC 协议报文格式
- 理解 HDLC 协议和 PPP 协议

3.1　数据链路层的基本概念

3.1.1　帧和数据链路的概念

1. 帧的概念

帧是数据链路层的协议数据单元，它封装了网络层传递下来的数据，并添加了必要的控制信息，以便在传输过程中进行错误检测和纠正。

2. 数据链路的概念

链路是一条无源的点到点的物理线路段，中间没有任何其他交换节点，一条链路只是一条通路的一个组成部分，通常也称作物理链路。

数据链路是指把实现通信协议的硬件和软件加到链路上。数据链路层把物理层传输来的数据封装成帧发送到链路上，而把接收到的帧取出来并解封后，再交给上层的网络层，如图 3-1 所示。

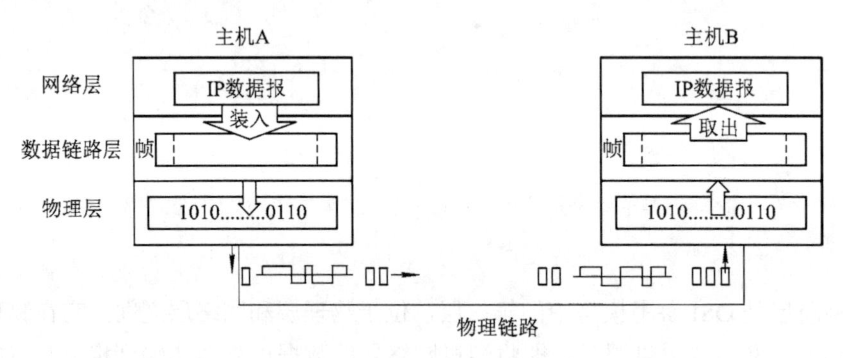

图 3-1　数据链路层通信模型

3.1.2　数据链路层的功能

数据链路层的主要功能是加强物理层传输原始比特流，将物理层提供的可能出错的物理连接转变为逻辑上无差错的数据链路，使之对网络层表现为一条无差错的链路。

数据链路层在物理层的基础上向网络层提供服务，其具体功能包括：

1. 链路管理

链路管理是指数据链路的建立、维持和释放。当两个节点开始通信时，发送方必须确认接收方处于准备接收数据的状态。为实现这一点，双方需要交换必要的信息以建立数据链路连接。在数据传输过程中，需要维持数据链路的稳定。当通信完成后，需要释放数据链路。

2. 帧同步

在数据传输过程中，比特流是连续传输的，没有任何分隔符来指示每一帧的边界，帧同步就是使接收方能从接收到的比特流中准确地区分帧的起始与终止。

3. 差错控制

在数据通信过程中，可能会因物理链路性能和网络通信环境等因素而出现一些传输错误，但为了确保数据通信的准确性，必须尽量降低这些错误的发生率。差错控制通过添加校验码、重传机制等，实现当接收端检测出有差错的帧时，能够及时纠正。

4. 透明传输

透明传输是指数据传输过程中，采取适当的措施使接收方不会将数据误认为是某种控制信息。为了实现透明传输，通常采用特定的编码方案和技术，以确保数据和控制信息的正确区分。

5. 寻址

寻址是指数据链路层中，收 / 发双方需要知道对方的地址或标识，以便正确地发送和接收数据。

3.2 差错控制

差错控制是指在数字通信中利用编码技术对传输中产生的差错进行控制，以提高数据传输正确性和有效性的技术。

3.2.1 差错控制概述

差错控制是指在数据通信过程中能发现并纠正差错，把差错控制在尽可能小的范围内。

信号在物理信道中传输时，线路本身的电气特性造成的随机噪声、信号幅度的衰减、频率和相位的畸变、电气信号在线路上产生反射造成的回音效应、相邻线路间的串扰以及各种外界因素 (如闪电、开关的跳火、电源的波动等) 等都会造成信号的失真。例如在数据通信中，有可能会使接收端接收到的二进制数位和发送端实际发送的二进制数位不一致，从而发生由“0”变成“1”或由“1”变成“0”的差错。

一般来说，传输中的差错主要是由噪声引起的。噪声有两大类：一类是信道固有的、持续存在的随机热噪声；另一类是由外界特定的短暂原因所造成的冲击噪声。

由热噪声引起的差错称为随机错，其是孤立的，与前后数据没有关系。由于物理信道在设计时，要保证尽可能减少热噪声的影响，因而由它导致的随机错通常较少。

冲击噪声呈突发状，由其引起的差错称为突发错。冲击噪声幅度可能相当大，无法靠提高信号幅度来避免冲击噪声造成的差错，它是传输中产生差错的主要原因。冲击噪声虽然持续时间很短，但在一定的数据传输速率条件下，仍然会影响到多个比特。

数据通信中若不加任何差错控制措施，直接用信道来传输数据是不可靠的。差错控制的首要任务就是进行差错检测。差错检测包含两个任务：差错控制编码和差错校验。数据信息位在向信道发送之前，先按照特定算法附加上一定的冗余位，构成一个码字后再发送，这个过程称为差错控制编码。接收端收到该码字后，检查信息位和附加的冗余位之间的关系，以检查传输过程中是否有差错发生，这个过程称为差错校验。

3.2.2 差错控制方法

利用差错控制编码来进行差错控制的方法基本上有两类：一类是自动请求重发 ARQ (Automatic Repeat Request)，另一类是前向纠错 FEC(Forward Error Correction)。在 ARQ 方式中，接收端检测出有差错时，就设法通知发送端重发，直到收到正确的码字为止。在FEC方式中，接收端不但能发现差错，而且能确定二进制码元发生错误的位置，从而加以纠正，因此，差错控制编码又可分为检错码和纠错码。检错码是指能自动发现差错的编码，纠错码是指不仅能发现差错而且能自动纠正差错的编码。

ARQ方式只使用检错码，但必须有双向信道才可能将差错信息反馈至发送方。同时，发送方要设置数据缓冲区，用以存放已发出去的数据，以便检测出差错后可以调出数据缓冲区的内容重新发送。

FEC方式依赖于纠错码，它可以不需要反向信道来传递请求重发的信息，发送方也不需要存放以备重发的数据缓冲区。但由于纠错码一般要比检错码使用更多的冗余位，即编码效率低，而且纠错设备也比检错设备复杂得多，因而除非在单向传输或实时要求特别高(FEC由于不需要重发，实时性较好)等场合外，数据通信中使用更多的还是ARQ差错控制方式。有些场合也可以将上述两者混合使用，即当码字中的差错个数在纠正能力以内时，直接进行纠正；当码字中的差错个数超出纠正能力时，则检出差错，并使用重发方式来纠正差错。

衡量编码性能好坏的一个重要参数是编码效率R，它是码字中信息位所占的比例。若码字中信息位为k位，编码时外加冗余位为r位，则编码后得到的码字长度为$n=k+r$位，由此编码效率R可表示为

$$R=\frac{k}{n}=\frac{k}{k+r}$$

显然，编码效率越高，即R越大，信道中用来传送信息码元的有效利用率就越高。奇偶校验码和循环冗余校验码是两种最常用的差错控制编码方法。

1. 奇偶校验

奇偶校验码是一种通过增加冗余位使码字中“1”的个数为奇数或偶数的编码方法，它是一种检错码。

奇偶校验又分为奇校验和偶校验：

(1) 如果在传输的字节数据中保证1的个数为奇数，则为奇校验。

(2) 如果在传输的字节数据中保证1的个数为偶数，则为偶校验。

1) 垂直奇偶校验

垂直奇偶校验又称纵向奇偶校验，它能检测出每列中所有奇数个错，但检测不出偶数个错，因而对差错的漏检率接近1/2。垂直奇偶校验的编码效率为

$$R=\frac{p}{p+1}$$

式中，p为码字的定长位数。

垂直奇偶校验如表3-1所示。

表 3-1　垂直奇偶校验

校验位		0 1 2 3 4 5 6 7 8 9
C_1		0 1 0 1 0 1 0 1 0 1
C_2		0 0 1 1 0 0 1 1 0 0
C_3		0 0 0 0 1 1 1 1 0 0
C_4		0 0 0 0 0 0 0 0 1 1
C_5		1 1 1 1 1 1 1 1 1 1
C_6		1 1 1 1 1 1 1 1 1 1
C_7		0 0 0 0 0 0 0 0 0 0
偶校验	C_0	0 1 1 0 1 0 0 1 1 0
奇校验		1 0 0 1 0 1 1 0 0 1

2) 水平奇偶校验

水平奇偶校验又称横向奇偶校验，它不但能检测出各段同一位上的奇数个错，而且能检测出突发长度小于等于 p 的所有突发错误。其漏检率比垂直奇偶校验方法低，但在实现水平奇偶校验时，一定要使用数据缓冲器。水平奇偶校验的编码效率为

$$R = \frac{q}{q+1}$$

式中，q 为码字的个数。

水平奇偶校验如表 3-2 所示。

表 3-2　水平奇偶校验

校验位	0 1 2 3 4 5 6 7 8 9	偶校验	奇校验
C_1	0 1 0 1 0 1 0 1 0 1	1	0
C_2	0 0 1 1 0 0 1 1 0 0	0	1
C_3	0 0 0 0 1 1 1 1 0 0	0	1
C_4	0 0 0 0 0 0 0 0 1 1	0	1
C_5	1 1 1 1 1 1 1 1 1 1	0	1
C_6	1 1 1 1 1 1 1 1 1 1	0	1
C_7	0 0 0 0 0 0 0 0 0 0	0	1

3) 水平垂直奇偶校验

水平垂直奇偶校验又称纵横奇偶校验，它能检测出所有 3 位或 3 位以下的错误、奇数个错、大部分偶数个错以及突发长度小于等于 $p+1$ 的突发错，可使误码率降至原误码率的百分之一到万分之一，还可以用来纠正部分差错，但是有部分偶数个错不能测出。水平垂直奇偶校验适用于中、低速传输系统和反馈重传系统。水平垂直奇偶校验的编码效率为

$$R = \frac{pq}{(p+1)(q+1)}$$

水平垂直偶校验如表 3-3 所示。

表 3-3　水平垂直偶校验

校验位	0 1 2 3 4 5 6 7 8 9	偶校验
C_1	0 1 0 1 0 1 0 1 0 1	1
C_2	0 0 1 1 0 0 1 1 0 0	0
C_3	0 0 0 0 1 1 1 1 0 0	0
C_4	0 0 0 0 0 0 0 0 1 1	0
C_5	1 1 1 1 1 1 1 1 1 1	0
C_6	1 1 1 1 1 1 1 1 1 1	0
C_7	0 0 0 0 0 0 0 0 0 0	0
偶校验 C_0	0 1 1 0 1 0 0 1 1 0	1

2. 循环冗余校验

奇偶校验码作为一种检错码虽然简单，但是漏检率太高。在计算机网络和数据通信中用得最广泛的检错码是漏检率低且便于实现的循环冗余码 (Cyclic Redundancy Code，CRC)。CRC 码又称多项式码。

任何一个由二进制数位串组成的代码，都可以唯一地与一个只含 0 和 1 两个系数的多项式建立一一对应的关系。例如，代码 1010111 对应的多项式为 $X^6+X^4+X^2+X+1$，同样，多项式 $X^5+X^3+X^2+X+1$ 对应的代码为 101111。

循环冗余校验是将所传输的数据除以事先约定的多项式，所得的余数作为校验码，附加在要发送数据的末尾。

循环冗余校验码进行的二进制序列的加法、减法、除法运算都是进行异或运算来实现的，它是一种不考虑加法进位和减法借位的运算。

在异或运算法则中，如果 a、b 两个值不相同，则异或结果为 1；如果 a、b 两个值相同，则异或结果为 0。在二进制下，异或的运算法则如下：

$$0\oplus0=0\quad 0\oplus1=1\quad 1\oplus0=1\quad 1\oplus1=0$$

循环冗余校验码运算规则如下：

(1) 首先约定好用来生成余数的 r 次多项式 $G(x)$；

(2) 把要发送的信息位 $K(x)$ 向左移动 r 位，得到 $x^r\cdot K(x)$；

(3) 通过异或运算，求得余数 $R(x)=x^r\cdot K(x)/G(x)$；

(4) 将所得余数作为冗余码添加到信息位 $K(x)$ 后，在信道上实际发送的数据 $T(x)=x^r\cdot K(x)+R(x)$。

【例 1】　假设需要传送的信息码元为 1101011011，即 $K(x)=x^9+x^8+x^6+x^4+x^3+x+1$，并用生成的 CRC 多项式 $G(x)=x^4+x+1$ 防止它出错，求发送的信息。

【解】

(1) $K(x)=1101011011$，生成多项式 $G(x)$ 的系数形成的位串为 10011，$G(x)$ 的最高次幂

为 $r = 4$。

(2) $x^4 \cdot K(x) = 1101011011.0000$

(3) 计算余数 $R(x)$：

```
                 1100001010  ←— 商数
10011  )1101011011,0000  ←— 被除数m(x)
        10011
         10011
         10011
              10110
              10011
                10100
                10011
                  1110 ←— 余数r(x)
  ↑
 除数
 G(x)
```

所以，信道上发送的信息 $T(x)$ 为

$$T(x) = x^r \cdot K(x) + R(x) = 1101011011.1110$$

目前广泛使用的生成多项式主要有以下四种：

CRC-ITU-T $= x^{16} + x^{12} + x^5 + 1$

CRC-16 $= x^{16} + x^{15} + x^2 + 1$

CRC-12 $= x^{12} + x^{11} + x^3 + x^2 + x + 1$

CRC-32 $= x^{32} + x^{26} + x^{23} + x^{22} + x^{16} + x^{12} + x^{11} + x^{10} + x^8 + x^7 + x^5 + x^4 + x^3 + x + 1$

由此可见，信道上发送的信息，若传输过程中无错，则接收方收到的信息也对应此多项式，即接收到的信息能被 $G(x)$ 整除。因而接收方校验过程就是将接收到的信息除以 $G(x)$。若余数为零，则认为传输无差错；若余数不为零，则传输有差错。

【例2】 若信息 1101011011.1110 经传输后，由于受噪声的干扰，在接收端变成 11010110110110，则求余数的除法如下：

```
                 1100001010  ←— 商数
10011  )1101011011,0110  ←— 被除数m(x)
        10011
         10011
         10011
              10110
              10011
                10111
                10011
                  1000 ←— 余数r(x)
  ↑
 除数
 G(x)
```

结果余数不为零，说明传输过程中信息出错。

理论上可以证明，循环冗余校验码的检错能力有以下特点：

(1) 可检测出所有奇数位错，即单个比特位发生错误的情况。

(2) 可检测出所有双比特的错，即两个连续的比特位同时发生错误的情况。

(3) 可检测出所有小于或等于校验位长度的突发错。

3.3 基本数据链路协议

差错控制方法中有多种协议和技术用于控制数据传输中的错误，常见的差错控制协议有停 - 等协议、顺序管道接收协议和选择重传协议。

3.3.1 停 – 等协议

停 - 等协议也称空闲重发请求方案，该方案规定发送方每发送一帧后就要停下来等待接收方的确认返回，仅当接收方确认正确接收后再继续发送下一帧。停 - 等协议的实现过程如下：

(1) 发送方每次仅将当前信息帧作为待确认帧保留在缓存中。

(2) 当发送方开始发送信息帧时，随即启动计时器。

(3) 当接收方收到无差错信息帧后，即返回一个确认帧。

(4) 当接收方检测到一个含有差错的信息帧时，便舍弃该帧。

(5) 若发送方在规定时间内收到确认帧，即将计时器清零，继而开始下一帧的发送。

(6) 若发送方在规定时间内未收到确认帧 (即计时器超时)，则会重发存于缓冲器中的待确认信息帧。

3.3.2 顺序管道接收协议

顺序管道接收协议也称连续重发请求方案。为了提高信道的有效利用率，就要允许发送方可以连续发送一系列信息帧，即不用等前一帧被确认便可发送下一帧。凡是被发送出去尚未被确认的帧，都可能出错或丢失而要求重发，因而都要保留下来。这就要求在发送方设置一个较大的缓冲存储空间 (称作重发表)，用以存放若干待确认的信息帧。当发送方收到对某信息帧的确认帧后，便可从重发表中将该信息帧删除，所以，连续重发请求方案的链路传输效率大大提高，但相应地需要更大的缓冲存储空间。由于允许连续发出多个未被确认的帧，帧号就不能仅采用一位 (只有 0 和 1 两种帧号)，而要采用多位帧号才能区分。

连续重发请求方案的实现过程如下：

(1) 发送方连续发送信息帧而不必等待确认帧的返回。

(2) 发送方在重发表中保存所发送的每个帧的备份。

(3) 重发表按先进先出 (First In First Out，FIFO) 队列规则操作。

(4) 接收方对每一个正确收到的信息帧返回一个确认帧。

(5) 每一个确认帧包含一个唯一的序号，随相应的确认帧返回。

(6) 接收方保存一个接收次序表，包含最后正确收到的信息帧的序号。

(7) 当发送方收到相应信息帧的确认后，从重发表中删除该信息帧的备份。

(8) 当发送方检测出失序的确认帧 (即第 N 号信息帧和第 $N+2$ 号信息帧的确认帧已返回，而 $N+1$ 号的确认帧未返回) 后，便重发未被确认的信息帧。换句话说，接收方只允许顺序接收，而发送方发现前面帧未收到确认信息，计时器已超时，不得不退回重发最后确认序号以后的帧。这种方法又称为“回退 *N*” (Go-back-*N*) 策略的重发请求法。

Go-back-*N* 策略的基本原理是：当接收方检测出失序的信息帧后，要求发送方重发最后一个正确接收的信息帧之后所有未被确认的帧，因为对接收方来说，由于这一帧出错，就不能以正确的顺序向它的高层递交数据，对其后发送来的 *n* 帧也就可能因为不能接收而丢弃。Go-back-*N* 法操作过程如图 3-2 所示。图中假定发送完 8 号帧后，发现 2 号帧的确认返回在计时器超时后还未收到，则发送方只能退回从 2 号帧开始重发。

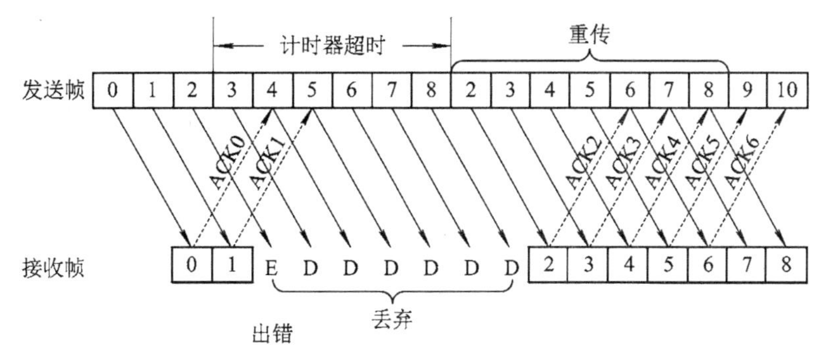

图 3-2 Go-back-*N* 法举例

为了提高信道的有效利用率，通常采用连续发送若干帧的方案。然而，这也带来了新的问题，即如何控制发送速度及如何处理可能的重传需求。一种解决方法是：使用窗口机制进行流量控制，通过设置发送窗口和接收窗口的尺寸，可以限制发送方已发送但尚未确认的帧的数量，同时允许接收方根据其处理能力动态调整接收帧的数量。

一般帧序号用有限位二进制数表示，到一定值后就反复循环。若帧号配 3 bit 二进制数，则帧号在 0～7 间循环。假设发送窗口尺寸为 2，接收窗口尺寸为 1，则发送过程如图 3-3 所示。图中发送方阴影部分表示当前打开的发送窗口，接收方阴影部分则表示打开的接收窗口。当传送过程进行时，打开的窗口位置一直在滑动，所以也称为滑动窗口 (Sliding Window)，或简称为滑窗。

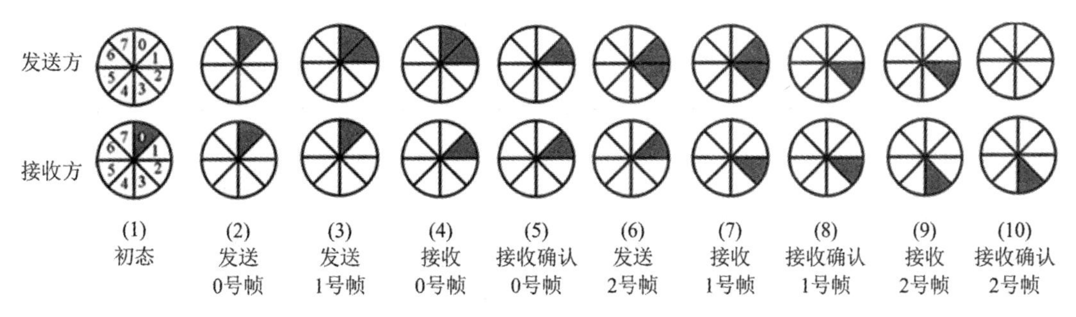

图 3-3 滑动窗口状态变化过程

(1) 初始态，发送方没有帧发出，接收方 0 号窗口打开，表示等待接收 0 号帧。

(2) 发送方已发送 0 号帧，此时发送方打开 0 号窗口，表示已发出 0 号帧但尚未收到确认返回信息。此时接收窗口状态同前，仍等待接收 0 号帧。

(3) 发送方在未收到 0 号帧的确认返回信息前，继续发送 1 号帧。此时，1 号窗口打开，表示 1 号帧也属于等待确认之列。至此，发送方打开的窗口数已达规定限度，在未收到新的确认返回帧之前，发送方将暂停发送新的数据帧。接收窗口此时状态仍未变。

(4) 接收方已收到 0 号帧，0 号窗口关闭，1 号窗口打开，表示准备接收 1 号帧。此时发送窗口状态不变。

(5) 发送方收到接收方发来的 0 号帧确认返回信息，关闭 0 号窗口，表示从重发表中删除 0 号帧。此时接收窗口状态不变。

(6) 发送方继续发送 2 号帧，2 号窗口打开，表示 2 号帧也纳入待确认之列。至此，发送方打开的窗口数已达规定限度，在未收到新的确认返回帧之前，发送方将暂停发送新的数据帧。

(7) 接收方已收到 1 号帧，1 号窗口关闭，2 号窗口打开，表示准备接收 2 号帧。此时发送窗口状态不变。

(8) 发送方收到接收方发来的 1 号帧收毕的确认信息，关闭 1 号窗口，表示从重发表中删除 1 号帧。此时接收窗口状态仍不变。

(9) 接收方已收到 2 号帧，2 号窗口关闭，3 号窗口打开，表示准备接收 3 号帧。

(10) 发送方收到接收方发来的 2 号帧收毕的确认信息，关闭 2 号窗口，表示从重发表中删除 2 号帧。此时接收窗口状态仍不变。

至此，发送方发送完 3 帧，发送窗口全部关闭，接收方 3 号窗口打开，表示等待接收的下一帧为 3 号帧。

3.3.3 选择重传协议

另一种效率更高的差错控制策略是选择重传协议，当接收方检测到某帧存在错误时，即使无法立即将后续正确的帧传递给接收方的高层，接收方仍然可以将这些正确的帧接收下来，并存放在一个缓冲区中。同时，接收方要求发送方重新发送出错的那一帧，一旦收到重新传来的帧，就可以将已存于缓冲区的其余帧一并按正确的顺序递交给高层。这种方法称为选择重传 (Selective Repeat)，其工作过程如图 3-4 所示。图中 2 号帧出错，接收方会发送一个否认返回信息 NAK2 给发送方，要求发送方重发 2 号帧。发送方得此信息后不用等待计时器超时就可重新发送 2 号帧了。显然，选择重传协议在某帧出错时减少了后面所有帧都要重传的浪费，但要求接收方有足够大的缓冲区空间来暂存未按顺序正确接收到的帧。

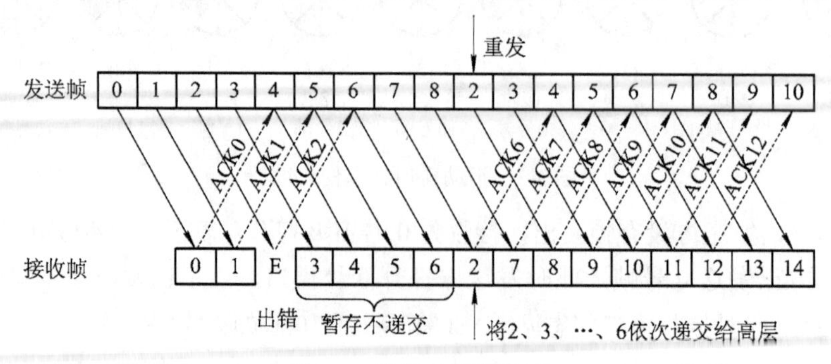

图 3-4　选择重发法举例

选择重传协议也可以看作一种滑动窗口协议，只不过其发送窗口和接收窗口都大于 1。若从滑动窗口的观点来统一看待停 - 等协议、Go-back-*N* 协议及选择重传三种协议，它们的差别仅在于各自窗口尺寸的大小不同。

停 - 等协议：发送窗口 = 1，接收窗口 = 1。

Go-back-*N* 协议：发送窗口＞1，接收窗口 = 1。

选择重传协议：发送窗口＞1，接收窗口＞1。

3.4 数据链路控制协议

数据链路控制协议也称链路通信规程，即 OSI 参考模型中的数据链路层协议。链路控制协议可分为异步协议和同步协议两大类。

异步协议以字符为独立的信息传输单位，在每个字符的起始处开始对字符内的比特实现同步，但字符与字符之间的间隔时间是不固定的 (即字符之间是异步的)。由于发送器和接收器中拥有近似于同一频率的两个约定时钟，能够在一段较短的时间内保持同步，因此可以用字符起始处同步的时钟来采样该字符中的各比特，而不需要对每个比特进行额外的同步操作。由于异步协议中每个传输字符都要添加起始位、校验位、停止位等冗余位，故信道利用率较低，一般用于数据速率较低的场合。

同步协议是以许多字符或许多比特组成的以数据块 (帧) 为传输单位，在帧的起始处同步，并在帧内维持固定的时钟。由于采用帧为传输单位，因此同步协议能更有效地利用信道，也便于实现差错控制、流量控制等功能。

根据同步机制的不同，同步协议又可分为面向字符的同步协议、面向比特的同步协议及面向字节计数的同步协议三种类型。

3.4.1 二进制同步通信协议

面向字符的同步协议是最早提出的同步协议，其典型代表是 IBM 公司的二进制同步通信 (Binary Synchronous Communication，BSC) 协议。随后，ANSI 和 ISO 都提出了类似的标准。

任何链路层协议均由链路建立、数据传输和链路拆除三部分组成。为实现建链、拆链等链路管理以及同步等各种功能，面向字符的同步协议除了处理正常传输的数据块和报文外，还需要一些控制字符。BSC 协议用 ASCII 和 EBCDIC 字符集定义的传输控制字符来实现相应的功能。

这些传输控制字符的标记、名称、ASCII 码值及功能如表 3-4 所示。

表 3-4 传输控制字符

标 记	名称	ASCII 码值	传输控制字符的功能
SOH(Start of Head)	序始	01H	用于表示报文的标题信息或报头的开始
STX(Start of Text)	文始	02H	标志标题信息的结束和报文文本的开始
ETX(End of Text)	文终	03H	标志报文文本的结束
EOT(End of Transmission)	送毕	04H	用于表示一个或多个文本块的结束，并拆除链路
ENQ(Enquity)	询问	05H	用于请求远程站给出响应，响应可能包括站的身份或状态
ACK(Acknowledge)	确认	06H	由接收方发出的作为对正确接收到报文的响应
DLE(Data Link Escape)	转义	10H	用于修改紧跟其后的有限个字符的意义。在 BSC 中实现透明方式的数据传输，或者当 10 个传输控制字符不够用时提供新的转义传输控制字符
NAK(Negative Acknowledge)	否认	15H	由接收方发出的作为对未正确接收到报文的响应
SYN(Synchronous)	同步	16H	在同步协议中，用以实现节点之间的字符同步，或用于在数据传输时保持该同步
ETB(End of Transmission Block)	块终	17H	用于表示当报文分成多个数据块时，一个数据块的结束

BSC 协议将在链路上传输的信息分为监控报文和数据报文两类。其中，监控报文又可分为正向监控和反向监控两种。每一种报文中至少包含一个传输控制字符，用以确定报文中信息的性质或实现某种控制作用。

数据报文一般由报头和文本组成。文本是要传送的有效数据信息，而报头是与文本传送及处理有关的辅助信息，报头有时也可省略。对于不超过长度限制的报文可只用一个数据块发送，对较长的报文则可分作多块发送，每一个数据块作为一个传输单位。接收方对于每一个收到的数据块都要给予确认，发送方收到返回的确认后，才能发送下一个数据块。

BSC 协议的数据块有以下四种格式：

(1) 不带报头的单块报文或分块传输中的最后一块报文：

SYN	SYN	STX	报文	ETX	BCC

(2) 带报头的单块报文：

SYN	SYN	SOH	报头	STX	报文	ETX	BCC

(3) 分块传输中的第一块报文：

SYN	SYN	SOH	报头	STX	报文	ETB	BCC

(4) 分块传输中的中间报文：

SYN	SYN	STX	报文	ETB	BCC

BSC 协议中所有发送的数据均跟在至少两个 SYN 字符之后，以使接收方能实现字

符同步。所有数据块在块终限定符 (ETX 和 ETB) 之后还有块校验符 (BCC，Block Check Character)，BCC 可以是垂直奇偶校验或 16 位 CRC，校验范围从 STX 开始到 ETX 或 ETB 为止。

当发送的报文是二进制数据而不是字符串时，二进制数据中形同传输控制字符的比特串将会引起传输混乱。为使二进制数据中允许出现与传输控制字符相同的数据 (即数据的透明性)，可在各帧中真正的传输控制字符 (SYN 除外) 前加上 DLE 转义字符。在发送时，若文本中也出现与 DLE 字符相同的二进制比特串，则可插入一个外加的 DLE 字符加以标记。在接收端则进行同样的检测，若发现单个 DLE 字符，则可知其后为传输控制字符；若发现连续两个 DLE 字符，则可知其后的 DLE 为数据，在进一步处理前将其中一个删去。

正、反向监控报文有以下四种格式：

(1) 肯定确认和选择响应：

SYN	SYN	ACK

(2) 否定确认和选择响应：

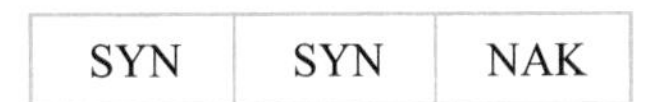

SYN	SYN	NAK

(3) 轮询 / 选择请求：

SYN	SYN	P/S 前缀	站地址	ENQ

(4) 拆链：

SYN	SYN	EOT

监控报文一般由单个传输控制字符或若干个其他字符引导的单个传输控制字符组成。引导字符统称前缀，它包含识别符 (序号)、地址信息、状态信息以及其他所需的信息。ACK 和 NAK 监控报文的作用，首先是作为对先前所发数据块是否正确接收的响应，因而包含识别符 (序号)；其次，用作对选择监控信息的响应，以 ACK 表示所选站能接收数据块，而 NAK 表示不能接收。ENQ 用作轮询和选择监控报文，在多站结构中，轮询或选择的站的地址在 ENQ 字符前。EOT 监控报文用以标志报文交换的结束，并在两站点间拆除逻辑链路。

由于 BSC 协议与特定的字符编码集关系过于密切，故兼容性较差。为满足数据透明性而采用的字符填充法，实现起来比较麻烦，且依赖于所采用的字符编码集。另外，BSC 是一个半双工协议，它的链路传输效率很低。不过，由于 BSC 协议需要的缓冲存储空间较小，因而在面向终端的网络系统中仍然被广泛使用。

3.4.2　高级数据链路控制协议

ISO 的高级数据链路控制规程 (High-level Data Link Control，HDLC) 协议作为面向比特的数据链路控制协议的典型代表，具有以下特点：

(1) 它是一种面向比特的协议，不依赖于任何一种字符编码集。

(2) 采用“0 比特插入法”实现透明传输。

(3) 支持全双工通信，不必等待确认便可连续发送数据，有较高的数据链路传输效率。

(4) 所有帧均采用 CRC 校验，对信息帧进行顺序编号，可防止漏收或重收，传输可靠性高。

(5) 传输控制功能与处理功能分离，具有较大的灵活性。

基于以上特点，目前网络设计普遍使用 HDLC 作为数据链路控制协议。

1. HDLC 的操作方式

HDLC 是通用的数据链路控制协议，其操作方式有主站方式、从站方式，或者二者兼备的组合方式。

链路上用于控制功能的站称为主站，其他受主站控制的站称为从站。主站负责对数据流进行组织，并且对链路上的差错实施恢复。由主站发往从站的帧称为命令帧，而由从站返回主站的帧称为响应帧。

当链路上主站、从站具有同样的传输控制功能时，称为平衡操作。相对地，主站、从站各自功能不同的操作称为非平衡操作。

HDLC 中常用的操作方式有以下三种：

(1) 正常响应方式 (Normal Responses Mode，NRM)。这是一种非平衡数据链路操作方式，有时也称为非平衡正常响应方式。该操作方式适用于面向终端的点到点或点到多点的链路。在这种操作方式中，传输过程由主站启动，从站只有收到主站某个命令帧后，才能作为响应向主站传输信息。响应信息可以由一个或多个帧组成，若信息由多个帧组成，则应指出哪一个是最后一帧。主站负责管理整个链路，且具有轮询、选择从站及向从站发送命令的权利，同时也负责对超时、重发及各类恢复操作的控制。

(2) 异步响应方式 (Asynchronous Responses Mode，ARM)。这是一种非平衡数据链路操作方式，与 NRM 不同的是，ARM 下的传输过程由从站启动。从站主动发送给主站的一个或一组帧中可包含有信息，也可以是仅以控制为目的而发的帧。在这种操作方式下，由从站来控制超时和重发。该方式对采用轮询方式的多站链路来说是必不可少的。

(3) 异步平衡方式 (Asynchronous Balanced Mode，ABM)。这是一种允许任何节点来启动传输的操作方式。为了提高链路传输效率，节点之间在两个方向上都需要较高的信息传输量。在这种操作方式下，任何时候任何站点都能启动传输操作，每个站点既可作为主站又可作为从站，各站都使用相同的协议，任何站点都可以发送或接收命令，也可以给出应答，并且各站对差错恢复过程都负有相同的责任。

2. HDLC 的帧格式

在 HDLC 中，数据和控制报文均以帧格式传送。HDLC 中的帧类似于 BSC 的字符块，但 BSC 协议中的数据报文和控制报文是独立传输的，而 HDLC 中的命令和响应以统一的格式按帧传输。完整的 HDLC 帧格式由标志字段 (F)、地址字段 (A)、控制字段 (C)、信息字段 (I)、帧校验序列字段 (FCS) 等组成，如图 3-5 所示。

标志	地址	控制	信息	帧校验序列	标志
F 01111110	A 8位	C 8位	I N位	FCS N位	F 01111110

FCS校验区间（地址至帧校验序列前）

透明传输区间（地址至帧校验序列）

图 3-5　HDLC 的帧格式

(1) 标志字段 (F)。标志字段为 01111110 的比特模式，用于标志帧的起始和帧的终止。通常，在不进行帧传送的时刻信道仍处于激活状态，标志字段也可以作为帧与帧之间的填充字段，一旦发现某个标志字段后面不再是一个标志字段，便可认为一个新帧的传送已经开始。

(2) 地址字段 (A)。地址字段的内容取决于所采用的操作方式。

命令帧中的地址字段携带的是对方站的地址。响应帧中的地址字段所携带的地址是本站的地址。还可用全“1”地址表示包含所有站的地址，这种地址称为广播地址，含有广播地址的帧传送给链路上所有的站。另外，规定全“0”地址为无站地址，这种地址不分配给任何站，仅用作测试。

(3) 控制字段 (C)。控制字段用于构成各种命令和响应，以便对链路进行监视和控制。发送方是主站或组合站，则利用控制字段来通知被寻址的从站或组合站执行约定的操作；相反，从站用该字段作为对命令的响应，报告已完成的操作或状态的变化。

(4) 信息字段 (I)。信息字段可以是任意的二进制比特串，比特串长度未作严格限定，其上限由 FCS 字段或站点的缓冲器容量来确定，目前用得较多的是 1000～2000 bit；而下限可以为 0，即无信息字段。

(5) 帧校验序列字段 (FCS)。帧校验序列字段使用 16 位 CRC 校验，对两个标志字段之间的整个帧的内容进行校验。FCS 的生成多项式由 ITUV.41 建议规定：$G(x) = x^{16} + x^{12} + x^5 + 1$。

3. HDLC 的帧的类型

HDLC 有信息帧 (I 帧)、监控帧 (S 帧) 和无编号帧 (U 帧) 三种不同类型的帧，各类帧中控制字段的 8 bit 定义如表 3-5 所示。

表 3-5　HDLC 的帧的类型

控制字段位	1	2	3	4	5	6	7	8
信息帧 I	0	N(S)			P	N(R)		
监控帧 S	1	0	S_1	S_2	P/F	N(R)		
无编号帧 U	1	1	M_1	M_2	P/F	M_3	M_4	M_5

(1) 控制字段中的第 1 位或第 1～2 位表示帧的类型。

(2) 第 5 位是 P/F 位，即轮询 / 终止 (Poll/Final) 位。

当 P/F 位用于命令帧 (由主站发出) 时，起轮询的作用，即当该位为“1”时，要求被轮询的从站给出响应，所以此时 P/F 位可称轮询位 (或 P 位)。

当 P/F 位用于响应帧 (由从站发出) 时，称为终止位 (或 F 位)，当其为“1”时，表示接收方确认的结束。为了进行连续传输，需要对帧进行编号，所以控制字段中还包括了帧的编号。

(3) 信息帧 (I 帧)：信息帧用于传送有效信息或数据，通常简称 I 帧。I 帧以控制字段第 1 位为“0”来标志。信息帧控制字段中的 N(S) 用于存放发送帧序号，以使发送方不必等待确认而连续发送多帧。N(R) 是一个捎带的确认，用于存放接收方下一个预期要接收的帧的序号，如 N(R) = 5，即表示接收方下一帧要接收 5 号帧，换言之，5 号帧前的各帧接收方都已正确接收。N(S) 和 N(R) 均为 3 位二进制编码，可取值 0～7。

(4) 监控帧 (S 帧)：监控帧用于差错控制和流量控制，简称 S 帧。S 帧以控制字段第 1、2 位为“10”来标志。S 帧不带信息字段，帧长只有 6 个字节即 48 bit。S 帧控制字段的第 3、4 位为 S 帧类型编码，共有四种不同组合，分别表示如下。

“00”：接收就绪 (RR)，由主站或从站发送。主站可以使用 RR 型 S 帧来轮询从站，即希望从站传输编号为 N(R) 的 I 帧，若存在这样的帧，则进行传输；从站也可用 RR 型 S 帧来作响应，表示从站期望接收的下一帧的编号是 N(R)。

“01”：拒绝 (REJ)，由主站或从站发送，用以要求发送方对从编号为 N(R) 开始的帧及其以后所有的帧进行重发，这也暗示 N(R) 以前的 I 帧已被正确接收。

“10”：接收未就绪 (RNR)，表示编号小于 N(R) 的 I 帧已被收到，但目前正处于忙状态，尚未准备好接收编号 N(R) 的 I 帧，可用来对链路流量进行控制。

“11”：选择拒绝 (SREJ)，要求发送方发送编号为 N(R) 的单个 I 帧，并暗示其他编号的 I 帧已全部确认。

可以看出，RR 型 S 帧和 RNR 型 S 帧有两个主要功能：首先，这两种类型的 S 帧用来表示从站已准备好或未准备好接收信息；其次，确认编号小于 N(R) 的所有 I 帧均接收到。REJ 型和 SREJ 型 S 帧用于向对方站指出发生了差错。REJ 帧对应 Go-back-*N* 策略，用以请求重发 N(R) 起始的所有帧，而 N(R) 以前的帧已被确认，当收到一个 N(S) 等于 REJ 型 S 帧的 N(R) 的 I 帧后，REJ 状态即可清除。SREJ 帧对应选择重发策略，当收到一个 N(S) 等于 SREJ 帧的 N(R) 的 I 帧时，SREJ 状态即应消除。

(5) 无编号帧 (U 帧)：无编号帧因其控制字段中不包含编号 N(S) 和 N(R) 而得名，简称 U 帧。U 帧用于提供对链路的建立、拆除以及多种控制功能，这些控制功能用 5 个 M 位 (M1～M5，也称修正位) 来定义，可以定义 32 种附加的命令或应答功能，但并不是所有的 32 种都被用到，常见的命令如 DISC(DisConnect) 表示要拆除连接，FRMR(FrameReject) 表示帧拒绝。

3.4.3 PPP 协议

点对点协议 (Point-to-Point Protocol，PPP) 是一种用于在两个节点之间传送帧的链路层协议。这种链路提供全双工操作，并按照顺序传输数据包。PPP 的设计目的主要是通过拨号或专线方式建立点对点连接发送数据。

PPP 协议是由 IETF 在 1992 年制定的，经过 1993 年和 1994 年的修订，现在的 PPP 协议已成为互联网的正式标准。

PPP 在两个节点间建立会话的逻辑连接。PPP 会话向上层 PPP 协议隐藏底层物理介质细节。这些会话还为 PPP 提供用于封装点对点链路上的多个协议的方法。链路上封装的各协议均建立了自己的 PPP 会话。PPP 还允许两个节点在会话中协商各种选项，包括身份验证、数据压缩和多重链接。

PPP 提供了以下 3 类功能。

(1) 成帧：可以清晰无误地标识出一帧的起始和结束。其帧格式支持错误检测。

(2) 链路控制：包含一个链路控制协议 (Link Control Protocol，LCP)，支持同步和异步线路，可用于启动线路、测试线路、协商参数，以及关闭线路。

(3) 网络控制：具有协商网络层选项的方法，并且协商方法与使用的网络层协议独立。协商方法对于每一种支持的网络层都有一个不同的 NCP(Network Control Protocol，网络控制协议)。

例如，一个家庭用户呼叫一个 Internet 服务供应商。首先，PC 通过调制解调器呼叫供应商的路由器，当路由器的调制解调器回答了用户的呼叫，并建立起一个物理连接之后，PC 给路由器发送一系列 LCP 分组，它们被包含在一个或多个 PPP 帧的净荷中。这些分组以及它们的应答信息将选定所使用的 PPP 参数。一旦双方对 PPP 参数达成一致，又会发送一系列 NCP 分组，用于配置网络层。通常情况下，PC 希望运行一个 TCP/IP 协议栈，所以需要一个 IP 地址。针对 IP 协议的 NCP 负责动态分配 IP 地址。此时，PC 已经成为一台 Internet 的主机，它可以发送和接收 IP 分组，当用户完成工作后，NCP 断掉网络层连接，并释放 IP 地址。然后，NCP 停掉数据链路层连接。最后，计算机通知调制解调器挂断电话，释放物理层连接。

PPP 的帧格式与 HDLC 的帧格式非常相似。PPP 与 HDLC 之间最主要的区别是：PPP 是面向字符的，HDLC 是面向位的。特别的是，PPP 在拨号调制解调器线路上使用了字节填充技术，所以所有帧都是整数个字节，PPP 帧的格式如图 3-6 所示。

标志	地址	控制	协议	净荷域	校验和	标志
F 01111110	A 11111111	C 00000011	P 1B或2B	I 不超过1500B	FCS 2B或4B	F 01111110

图 3-6　PPP 帧格式

(1) PPP 帧都以一个标准的 HDLC 标志位 (01111110) 作为开始，如果它正好出现在净荷域中，则需要进行字节填充。

(2) 地址域总是被设置成二进制 11111111，以表示所有站都可以接收该帧。

(3) 控制域的默认值是 00000011，此值表示这是一个无序号帧。换言之，在默认方式下，PPP 并没有采用序列号和确认来实现可靠传输。

(4) 由于在默认配置下，地址和控制域总是常量，因此 LCP 提供了必要的机制，允许双方协商一个选项，该选项的目的仅仅是省略这两个域，从而每一帧可以节约 2 B。

(5) 协议域的任务是指明净荷域部分是哪一种分组。已经定义了代码的协议包括 LCP、NCP、IP、IPX、AppleTalk 和其他协议。以 0 位作为开始的协议是网络层协议，如 IP、IPX、OSI、CLNP、XNS。以 1 位作为开始的协议用于协商其他协议，包括 LCP 以及每一个支持的网络层协议都有一个不同的 NCP。协议域的默认大小为 2 B，但通过 LCP 可以将它协商为 1 B。

(6) 净荷域是变长的，最多可达到某一个商定的最大值。如果在线路建立过程中，没有通过 LCP 协商该长度，则使用默认长度 1500 B。如果需要，则在净荷域之后可以添加一些填充字节，以满足特定的帧格式要求。

(7) 校验和域通常是 2 B，但通过协商也可以是 4 B，因而 PPP 在链路层上具有差错检测的功能。

总之，PPP 是一种多协议成帧机制，适用于调制解调器、HDLC 位序列线路、SONET 和其他物理层技术。它支持错误检测、选项协商、头部压缩以及使用 HDLC 类型帧格式 (可选) 的可靠传输。

本 章 小 结

在物理层提供比特流传输服务的基础上，数据链路层通过在通信的实体之间建立数据链路连接，传送以“帧”为单位的数据，使有差错的物理线路变成无差错的数据链路，保障数据的可靠传输。

本章主要介绍了数据链路层的差错控制、基本数据链路协议、数据链路控制协议。

思 考 与 练 习

一、选择题

1. 数据链路层的数据单位称为 (　　)。

A. 比特　　B. 字节

C. 帧　　D. 分组

2. 当采用偶校验编码时，每个符号 (包括校验位) 中含有“1”的个数是 (　　)。

A. 奇数　　B. 偶数

C. 未知数　　D. 以上都不是

3. HDLC 规程中其监控帧 (S 帧) 用于 (　　)。

A. 校验　　B. 差错控制

C. 流量控制　　D. 差错控制和流量控制

4. 在滑动窗口流量控制 (窗口大小为 8) 中，ACK3 意味着接收方期待的下一帧是 (　　) 号帧。

A. 2　　B. 3

C. 4　　D. 8

5. CRC-16 标准规定的生成多项式为 $G(x)=x^{16}+x^{15}+x^{2}+1$，它产生的校验码是位 (　　)。

A. 2　　B. 4

C. 16　　D. 32

二、填空题

1. PPP 是使用面向的 __________ 填充方式。

2. HDLC 有 __________、__________ 和 __________ 三种不同类型的帧。

3. 噪声有两大类：一类是 __________，另一类是 __________。

4. 差错控制包括 __________、__________ 和 __________。

5. 自动重发请求法 (ARQ) 最基本的两种方案是 __________ 和 __________。

三、简答题

1. 设要发送的二进制数据为 101100111101，CRC 生成多项式为 x^4+x^3+1，试求出实际发送的二进制数字序列 (要求写出计算过程)。

2. 已知发送方采用 CRC 校验方法，生成多项式为 x^4+x^3+1，若接收方收到的二进制数字序列为 101110110101，试判断数据传输过程中是否出错。

3. 简述滑动窗口协议。

4. 若发送窗口尺寸为 4，在发送 3 号帧并收到 2 号帧的确认后，发送方还可以发几帧？试给出可发帧序号。

5. 若窗口序号位数为 3，发送窗口尺寸为 2，采用 Go-back-N 法，画出由初始态出发相继下列事件发生时的发送及接收窗口图：

发送帧 0、发送帧 1、接收帧 0、接收确认帧 0、发送帧 2、帧 1 接收出错、帧 1 确认超时、重发帧 1、接收帧 1、发送帧 2、接收确认 1

6. 用 BSC 规程传输一批汉字 (双字节)，若已知采用不带报头的分块传输，且最大报文块长为 129 B，最后一块报文长为 101 B，共传输了 5 帧，则每个报文最多能传多少汉字？该批数据共有多少汉字？

参考答案

第4章 局域网技术

本章导读

局域网 (Local Area Network，LAN) 是一种在一个小范围内将各种通信设备连接在一起，实现资源共享和信息交换的计算机网络。它们具有较高的数据传输率、较低的传输时延和较小的误码率，因而获得了广泛应用。但随着网络规模与网络效率之间的矛盾日益扩大，可以从以下几个方面对其进行改进：推动局域网标准化；提高网络的传输效率；利用网络设备将网段细分，减少子网中节点数，以改善网络性能；将“共享介质方式”改为“交换方式”；将一些广域网技术应用到局域网中。

本章主要介绍局域网的介质访问控制子层、IEEE 802 系列标准、有线局域网技术以及无线局域网技术。

学习目标

- 掌握局域网的基本概念
- 理解局域网的体系结构和 IEEE 802 标准
- 理解以太网的媒体访问控制方法 (CSMA/CD 协议)
- 掌握以太网的 MAC 帧格式和物理层标准
- 了解令牌环网和令牌总线网等传统局域网技术
- 了解快速以太网、千兆以及万兆以太网的特点
- 理解交换式以太网的实现原理
- 理解虚拟局域网的概念和划分方法

4.1 局域网模型

4.1.1 IEEE 802模型

IEEE 802 模型是由 IEEE 802 委员会制定的一系列标准，统称为 IEEE 802 标准，其对应于 OSI 参考模型的最低两层，即物理层和数据链路层，详细描述了局域网体系结构。

1. IEEE 802 模型的特点

(1) 局域网种类繁多，使用的传输介质各种各样，接入方法也不相同，因此 IEEE 802 在数据链路层中专门划分出传输介质访问控制 (Medium Access Control，MAC) 子层来进行传输介质访问控制，逻辑链路控制 (Logical Link Control，LLC) 子层则负责处理逻辑上的链路控制，主要为高层协议与局域网 MAC 子层之间提供统一的接口，增强通用性和灵活性。

(2) 局域网的拓扑结构比较简单，且多个站点共享传输信道，在任意两个节点之间只有唯一的一条链路，不需要进行路由选择和流量控制，因而它不需要定义网络层，只需具备 OSI 参考模型低两层的功能就可以了。考虑到局域网数据通信需求，在 LLC 子层之上设置了相应的通信接口。

IEEE 802 模型及其与 OSI 参考模型的比较如图 4-1 所示。

IEEE 802模型						OSI
802.1网际互连					网际互连	高层
802.1A 体系结构	802.1B 管理、寻址	802.2逻辑链路控制			LLC层	数据链路层
		802.3 CSMA/CD	802.4 Token Bus	802.16 BWA	MAC层	
					物理层	物理层

图 4-1 IEEE 802 模型及其与 OSI 参考模型的比较

2. MAC 子层的主要功能

MAC 子层主要处理与传输介质有关的问题，同时还负责在物理层传输比特的基础上实现无差错通信，其主要功能如下：

(1) 将上层交下来的数据封装成帧进行发送 (接收时相反，将帧拆卸并递交到上层)；

(2) 按 MAC 地址 (即帧地址) 寻址；

(3) 进行差错检测；

(4) MAC 层的维护和管理。

3. LLC 子层的主要功能

LLC 子层主要处理与接入介质无关而又属于数据链路层需处理的问题,其主要功能如下:

(1) 提供与高层的接口;

(2) 实现数据链路层的差错控制;

(3) 给帧加上序号，以便在接收端能够按照正确的顺序重新组装数据;

(4) 为高层提供数据链路层逻辑连接的建立和释放服务。

4.1.2 IEEE 802 系列标准

IEEE 802 系列标准致力于研究局域网和城域网的物理层与 MAC 层中定义的服务和协议。常用的标准有以下几个:

- IEEE 802.1，定义了局域网体系结构、寻址方式、网络互联机制;
- IEEE 802.1A，概述了 IEEE 802 体系结构的基本架构;
- IEEE 802.1B，专注于网络管理和网络互联方面的规范;
- IEEE 802.2，定义了逻辑链路控制 LLC 协议;
- IEEE 802.3，概述了 CSMA/CD(以太网) 访问方法及物理层规范;
- IEEE 802.3u，定义了快速以太网标准;
- IEEE 802.3z，定义了千兆以太网标准;
- IEEE 802.3ae，定义了万兆以太网标准;
- IEEE 802.4，描述了 Token Bus(令牌总线) 访问方法及物理层规范;
- IEEE 802.5，描述了 Token Ring(令牌环) 访问方法及物理层规范;
- IEEE 802.6，分布队列双总线 DQDB(城域网 MAN 标准);
- IEEE 802.7，定义了宽带局域网标准;
- IEEE 802.8，定义了 FDDI(光纤分布数据接口) 光纤局域网标准;
- IEEE 802.9，关于综合数据 / 语音网络标准;
- IEEE 802.10，关于网络安全与保密标准;
- IEEE 802.11，无线局域网 (WLAN) 标准，定义了无线网络的通信协议;
- IEEE 802.12，规定了 100BASE-VG 标准;

……

- IEEE 802.14，有线电视网 (CATA Broadband) 标准，用于宽带通信;
- IEEE 802.15，定义了无线个人网络 (Wireless Personal Area Network,WPAN) 标准;
- IEEE 802.16，无线宽带局域网 (Wireless Broadband Local Area Network,BBWA) 标准。

4.1.3 局域网中信道分配策略

IEEE 802 模型在数据链路层中划分出一个传输介质访问控制子层来进行传输介质访问控制，并用 LLC 子层处理逻辑上的链路问题。当局域网中众多用户想要在共享信道中合理而方便地共享通信媒体资源时，可采用以下技术方法。

(1) 静态划分信道。通过频分复用、时分复用和波分复用等方法，用户可以分配固定的信道，并且不会和其他用户发生冲突。但这种划分信道的代价较高，不适用于局域网。

(2) 动态媒体接入控制，即多点接入，其特点是信道并非在通信过程中固定分配给用户，而是根据用户需求和网络状态进行动态分配。动态媒体接入控制又分为两类：随机接入、控制访问。

① 随机接入。随机接入的特点是所有用户可随机发送信息。但如果恰巧有两个或更多用户在同一时刻发送信息，那么在共享媒体上就会产生碰撞 (即发生了冲突)，使得这些用户的发送都失败。因此，需要解决数据冲突和碰撞问题。

② 控制访问。控制访问的特点是用户不能随机发送信息而必须遵循一定的控制规则，典型控制规则有轮转和预约。轮转是使每个网络节点轮流获得信道的使用权，没有数据要发送的节点将使用权传给下一个节点。预约是指各个网络节点首先声明自己有数据要发送，然后根据声明的顺序依次获得信道的使用权来发送数据。无论是轮转还是预约，都是使发送节点首先获得使用权，然后再发送数据，因而不会出现冲突和碰撞。

4.2 局域网技术标准

4.2.1 IEEE 802.3 标准

Xerox 公司于 1975 年成功研制世界上第一个局域网工业标准，采用无源总线电缆作为传输介质，被称为以太网 (Ethernet)。以太 (Ether) 是指一种可以传播电磁波的介质。此后，Xerox 公司与 DEC 公司、Intel 公司合作，提出了以太网产品规范，并成为 IEEE 802 标准系列中第一个局域网标准。

IEEE 802.3 标准是在最初的以太网技术基础上于 1980 年开发成功的，它与以太网标准有很多相似之处，但不完全相同，在不涉及网络协议的细节时，人们通常将以太网简称为 IEEE 802.3 局域网。

1. IEEE 802.3 物理层规范

IEEE 802.3 委员会在定义可选的物理配置方面表现了极大的多样性和灵活性。为了区分各种可选用的实现方案，该委员会给出了一种简明的表示方法：

< 数据传输速率 (Mb/s)>< 信号方式 >< 最大段长度 (百米)>

如 10BASE5、10BASE2、10BROAD36。但 10BASE-T 和 10BASE-F 例外，其中 T 表示双绞线，F 表示光纤。IEEE 802.3 的 10 Mb/s 可选方案如表 4-1 所示。

表 4-1 IEEE 802.3 的 10 Mb/s 可选方案

名称	10BASE5	10BASE2	10BASE-T	10BROAD36	10BASE-F
传输介质	基带同轴电缆	基带同轴电缆	非屏蔽双绞线	宽带同轴电缆	850 mm 光纤对
编码技术	曼彻斯特编码	曼彻斯特编码	曼彻斯特编码	差分 PSK 码	曼彻斯特编码
拓扑结构	总线	总线	星形	总线 / 树形	星形
最大段长 /m	500	185	100	1800	500
每段节点	100	30	—	—	33
接口	AUI	BNC	RJ-45	AUI	ST1
优点	用于主干网	成本低	易于维护	宽带系统	距离较远

(1) 10BASE5/10BASE2。两者都使用 50 Ω 同轴电缆和曼彻斯特编码，数据速率为 10 Mb/s。两者的区别在于 10BASE5 使用 AUI 接口和粗缆，而 10BASE2 使用 BNS 接口和细缆。由于两者数据传输速率相同，因此 10BASE5 电缆段和 10BASE2 电缆段可以共存于一个网络中。

(2) 10BASE-T。10BASE-T 是 1990 年发布的以太网物理层标准，其定义了一个物理上的星形拓扑网。中央节点是一个集线器，每个节点通过两对双绞线与集线器相连，一对线发送数据，另一对线接收数据。由于任意一个站点发出的信号都能被其他所有站点接收，因此若有两个站点同时要求传输，冲突就必然发生。所以，虽然这种策略在物理上是一个星形结构，但逻辑上与 CSMA/CD 总线拓扑的功能是一样的。

(3) 10BROAD36。10BROAD36 是 IEEE 802.3 中唯一针对宽带系统的规范，它采用双电缆带宽或中分带宽的 75 Ω 同轴电缆。段的最大长度为 1800 m，由于是单向传输，因此最大的端到端距离为 3600 m。

(4) 10BASE-F。10BASE-F 是 IEEE 802.3 中关于以光纤作为介质的系统的规范。在该规范中，每条传输线路均使用一对光纤，每条光纤采用曼彻斯特编码传输一个方向上的信号。每一位数据经编码后，转换为一对光信号元素 (有光表示高，无光表示低)，所以一个 10 Mb/s 的数据流实际上需要 20 MBaud 的信号流。10BASE-F 包含三个标准：

① 10BASE-FP，这是一个已经废弃的标准，因为其技术参数与 10BASE-FL 相冲突。

② 10BASE-FL，这是使用长波长 (通常是 1300 nm) 的光纤，通常使用单模光纤，其最大长度可以达到 2 km，数据速率为 10 Mb/s。

③ 10BASE-FB，这个标准并没有广泛应用，因为其技术参数与其他 10BASE-F 标准相冲突。

2. CSMA 协议

CSMA(Carrier Sense Multiple Access) 是一种介质访问控制协议，用于解决网络冲突问题，它是 IEEE 802.3 标准的基础技术。

CSMA 协议中，每个节点在发送数据前先监听信道是否有载波存在 (即是否有数据在传输)，再根据监听的结果决定如何动作。由于采用了附加的硬件装置，每个站在发送数据前都要监听信道，如果信道空闲 (没有监听到有数据在发送)，则发送数据；如果信道忙(监听到有数据在发送)，则先不发送，等待一段时间后再监听，这样能减少产生冲突的可能性，提高系统的吞吐量。

根据监听的方式以及监听到信道忙后的反应方式的不同，有4种常用的CSMA协议。

(1) 非坚持CSMA(Nonpersistent CSMA)。非坚持CSMA的基本思想是：当一个节点要发送数据时，首先监听信道，如果信道空闲，则立即发送数据；如果信道忙，则放弃监听，随机等待一段时间再开始监听信道，降低信道利用率。

(2) l-坚持CSMA(1-persistent CSMA)。1-坚持CSMA的基本思想是：当一个节点要发送数据时，首先监听信道，如果信道空闲，则立即发送数据；如果信道忙，则等待，同时继续监听直至信道空闲；如果发生冲突，则随机等待一段时间后，再重新开始监听信道，从而提高信道利用率，增大冲突。

(3) P-坚持CSMA(P-persistent CSMA)。P-坚持CSMA的基本思想是：当一个节点要发送数据时，首先监听信道，如果信道忙，则坚持监听到下一个时间片；如果信道空闲，则以概率P发送数据，以概率1-P推迟到下一个时间片；如果下一个时间片信道仍然空闲，则仍以概率P发送数据，以概率1-P推迟到下一个时间片。这样一直持续下去，直到数据被发送出去，或因其他节点发送而检测到信道忙为止；若是后者，则等待一段随机时间后重新开始监听。

(4) 带有冲突检测的CSMA(CSMA with Collision Detection)。带有冲突检测的CSMA的基本思想是：当一个节点要发送数据时，首先监听信道，如果信道空闲，则发送数据，并继续监听；如果在数据发送过程中监听到了冲突，则立即停止数据发送，等待一段随机时间后，重新开始尝试发送数据。在实际网络中，为了使每个站点都能及早发现冲突的发生，采取一种强化冲突的措施，即当发送站一旦发现有冲突时，立即停止发送数据并发送若干比特的干扰信号，以便让所有站点都知道发生了冲突。

在CSMA/CD算法中，一旦检测到冲突并发完阻塞信号后，为了降低再次发生冲突的概率，需要等待一个随机时间，然后使用CSMA/CD方法试图传输。为了保证这种退避操作维持稳定，可采用二进制指数退避算法，其规则如下：

(1) 对每个数据帧，当第一次发生冲突时，设置一个时间片参量 $L = 2$；

(2) 退避间隔取1～L个时间片中的一个随机数，1个时间片等于两站点之间的最大传播时延的两倍；

(3) 当数据帧再次发生冲突时，则将参量 L 加倍，重复步骤(2)～(3)；

(4) 设置一个最大重传次数，超过该次数，则不再重传，并报告出错。

二进制指数退避算法是按后进先出(Last In First Out，LIFO)的次序控制的，即未发生冲突或很少发生冲突的数据帧，具有优先发送的概率；而发生过多次冲突的数据帧，发送成功的概率就更小。

3. IEEE 802.3 MAC帧格式

MAC帧是在MAC子层实体间交换的协议数据单元，IEEE 802.3 MAC帧的格式如图4-2所示。

字节	7	1	2或6	2或6	2	0～1500	0～46	4
	前导码P	SFD	DA	SA	LEN	数据	PAD	FCS

SFD：帧起始定界符　　DA：目的地址　　SA：源地址
LEN：LLC帧长度字段　　PAD：填充字符　　FCS：帧校验序列

图 4-2　IEEE 802.3 MAC 帧格式

IEEE 802.3 MAC 帧中包括前导码 (P)、帧起始定界符 (SFD)、目标地址 (DA)、源地址 (SA)、数据字节数长度的字段 (LEN)、数据字段、填充字段 (PAD) 和帧校验序列 (FCS)8 个字段。这 8 个字段中除了数据字段和填充字段外，其余的长度都是固定的。

前导码字段 P 占 7 B，该字节的比特模式为“10101010”，用于实现收发双方的时钟同步。帧起始定界符字段 SFD 占 1 B，其比特模式为“10101011”，紧跟在前导码后，用于指示一帧的开始。前导码的作用是使接收端能根据“1”“0”交变的比特模式迅速实现比特同步，当检测到连续两位“1”(即读到帧起始定界符字段 SFD 最末两位) 时，便将后续的信息递交给 MAC 层。

地址字段包括 DA 字段和 SA 字段。目的地址字段占 2 B 或 6 B，用于标识接收站点的地址，它可以是单个的地址，也可以是组地址或广播地址。DA 字段最高位为“0”，表示单个地址，该地址仅指定网络上某个特定站点；DA 字段最高位为“1”，其余位不全为“1”，表示组地址，该地址指定网络上给定的多个站点；DA 字段为全“1”则表示广播地址，该地址指定网络上所有站点。SA 字段也占 2 B 或 6 B，但其长度必须与目的地址的长度相同，用于标识发送站点的地址。在 6 B 的地址字段中，可以利用其 48 位中的次高位来区分是局部地址还是全局地址。局部地址是由网络管理员分配，且只在本网中有效的地址；全局地址是由 IEEE 统一分配的，采用全局地址的网卡出厂时被赋予唯一的物理地址，使用这种网卡的站点也就具有了全球独一无二的物理地址。

LEN 字段占 2 B，表示数据字段的字节数长度。数据字段的内容即为 LLC 子层递交的 LLC 帧序列，其长度为 0～1500 B。

为使 CSMA/CD 协议正常操作，需要维持一个最短帧长度，必要时可在数据字段之后、帧校验序列 FCS 之前以字节为单位添加填充字符。这是因为发送时产生冲突或中断的帧都是很短的帧，为了能方便地区分出这些无效帧，IEEE 802.3 规范了合法的 MAC 帧的最短帧长。对于 10 Mb/s 的基带 CSMA/CD 局域网，帧的总长度为 64～1518 B。由于除了数据字段和填充字段外，其余字段的总长度为 18 B，因此当数据字段长度为 0 时，填充字段至少有 46 B。

FCS 字段是 32 位 (即 4 B) 的循环冗余码，其校验范围不包括 P 字段及 SFD 字段。

4.2.2　IEEE 802.5 令牌环

令牌环网由一条物理环路组成，每个节点都连接在这个环上，数据在网络中按照固定的方向流动形成一个环形的数据传输路径。

1. 令牌环工作原理

(1) 当网络空闲时，只有一个令牌在环路上绕行。令牌是一个特殊的比特模式，其中包含一位“令牌 / 数据帧”标志位，标志位为“0”表示该令牌是可用的空令牌，标志位为“1”表示有站点正占用令牌在发送数据帧。

当一个站点要发送数据时，必须等待并获得令牌，并将令牌的标志位置为“1”，随后便可发送数据，如图 4-3(a) 所示。

(2) 环路中的每个站点边转发数据，边检查数据帧中的目的地址，若为本站点的地址，则读取其中所携带的数据，如图 4-3(b) 所示，C 复制数据帧。

(3) 数据帧绕环一周返回时，发送站将其从环路上撤销。同时根据返回的有关信息确定所传数据有无差错。若有错，则重发存于缓冲区中的待确认帧，否则释放缓冲区中的待确认帧，如图 4-3(c) 所示。

(4) 发送站点完成数据发送后，释放令牌传至下一个站点，以使其他站点获得发送数据帧的许可权，如图 4-3(d) 所示。

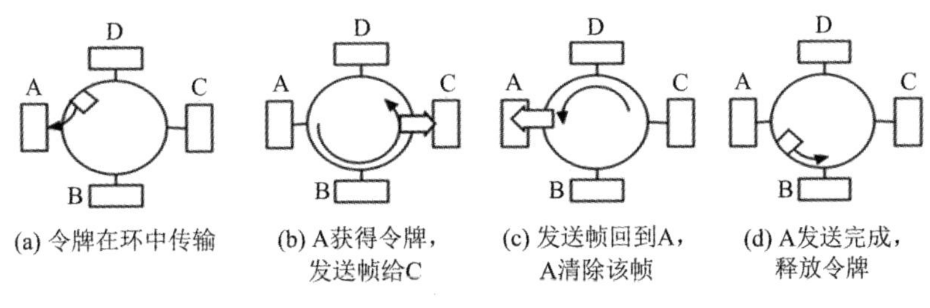

图 4-3　令牌环访问控制

2. 令牌环特点

(1) 轻负荷与重负荷的效率。令牌环网在轻负荷时，由于存在等待令牌的时间，故效率较低，这是因为即使网络上没有数据要传输，站点也必须遵循令牌传递规则；但在重负荷时，对各站点的访问更加公平且高效。由于令牌在站点之间循环传递，每个站点都有机会发送数据，避免了像以太网一样可能发生的碰撞。

(2) 数据透明传输。考虑到帧内数据的比特模式可能会与帧的首尾定界符形式相同，可在数据段采用比特插入法或违法编码法，以确保数据的透明传输。

(3) 帧回收与自动应答。令牌环网中的发送站点负责从环上收回发送的帧，这种策略确保了网络上不会有过多的帧，从而减少拥塞的可能性。当发送站点检测到其发送的帧已经绕环一周并返回时，它可以确认该帧被所有站点接收，这提供了一种自动应答机制。同时这种策略还具有广播特性，即可有多个站点接收同一数据帧。

(4) 通信量调节与优先级。令牌环的通信量可以进行调节，一种方法是通过允许各站点在其收到令牌时传输不同量的数据；另一种方法是通过设定优先权使具有较高优先权的站点先得到令牌。

3. 令牌环的维护

令牌环的故障处理能力主要体现在对令牌和数据帧的维护上。令牌本身就是比特串，绕环传递过程中也可能受干扰而出错，造成环路上无令牌循环的差错；另外，当某站点发送数据帧后，由于故障而无法将所发的数据帧从网上撤销时，又会造成网上数据帧持续循环的差错。令牌丢失和数据帧无法撤销，是环网上最严重的两种差错，可以通过在环路上指定一个站点作为主动令牌管理站，以此来解决这些问题。

主动令牌管理站通过一种超时机制来检测令牌丢失的情况，该超时值比最长的帧尾完全遍历环路所需的时间还要长一些。如果在该时段内没有检测到令牌，则认为令牌已经丢失，管理站将清除环路上的数据碎片，并重新发出一个令牌。

为了检测到一个持续循环的数据帧，管理站在经过的任何一个数据帧上将其监控位置为 1。如果管理站检测到一个经过的数据帧的监控位已经置为 1，则知道某个站未能清除自己发出的数据帧，管理站将清除环路上的残余数据，并重新发出一个令牌。

4. 令牌环帧格式

IEEE 802.5 标准规定了令牌环网的介质访问控制子层和物理层所使用的协议数据单元格式和协议，规定了相邻实体间的服务及连接令牌环物理介质的方法。IEEE 802.5 的 MAC 帧有两种基本格式：令牌帧和数据帧，如图 4-4 所示。

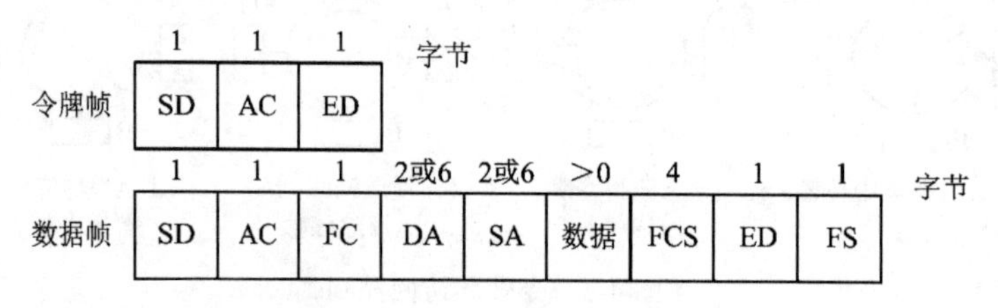

图 4-4 IEEE 802.5 MAC 帧格式

(1) AC 字段的编码为 PPPTMRRR，PPP 为优先级编码，RRR 为预约优先级编码，T 为令牌 / 数据帧标志位，该位为“0”表示令牌帧，为“1”表示数据帧。当某个站点要发送数据并获得一个令牌后，将 AC 字段中的 T 位置“1”。此时，SD、AC 字段就作为数据帧的头部，随后便可发送数据帧的其余部分。M 为监控位，用于检测环路上是否存在持续循环的数据帧。

(2) FC 字段中的前两位标志帧的类型。“01”表示数据，即其中的数据字段为上层提交的 LLC 帧；“00”表示 MAC 控制帧，此时其后的 6 位用以区分不同类型的 MAC 控制帧。

例如 000010～001111：可用于监视帧、网络管理和诊断。

100000～101111：用于优先级帧，允许高优先级的数据在网络中优先传输。

这些控制字段的具体值和含义会根据所使用的令牌环协议标准来定义。

(3) FS 字段的编码为 AC00AC00，A 为 1 时，表示目的站收到了数据帧；C 为 1 时，表示目的站复制了该帧。

4.2.3 IEEE 802.4令牌总线标准

令牌总线访问控制方式是在综合了CSMA/CD访问控制方式和令牌环访问控制方式的优点基础上形成的一种介质访问控制方式。

1. 令牌总线工作原理

令牌总线控制方式是一种利用令牌作为控制节点访问公共传输介质的介质访问控制方法，主要用于总线或树状网络结构中。在图4-5所示的总线结构网络中，首先构建逻辑环，指定每一个站点在逻辑上相互连接的前后地址，经过环初始化就可构成一个逻辑环并确定一个站点作为令牌的持有者。图中A→B→D→E→A(C站点没有连入令牌总线中)则在总线结构上构建了一个逻辑环。

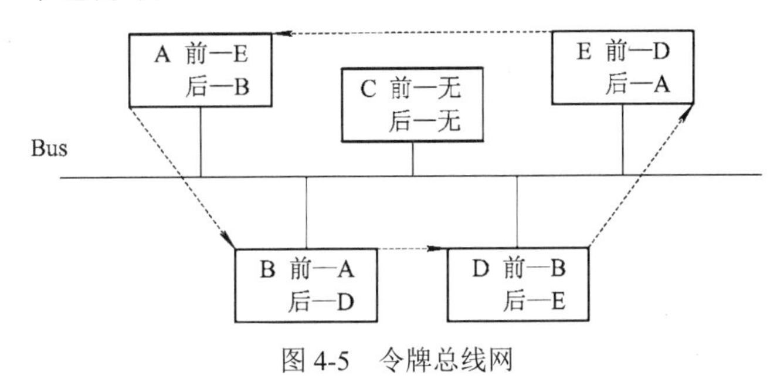

图4-5 令牌总线网

令牌是按站点的顺序传递令牌。一个站点获得令牌即可发送数据。当一个站点发送完数据后，在令牌中填入其后继站的地址，并传给后继站；后继站有数据发送就可以获取令牌，没有数据则立即将令牌往下传。因此，令牌在逻辑环中循环流动，各站轮流发送，没有冲突。令牌总线中的令牌需要携带地址，只有地址相符的站才允许获得令牌，因此在令牌总线中，站的物理位置并不重要，在环上相邻的站点，在物理连接上并不需要是相邻的。

2. 令牌总线优缺点

令牌总线的优点如下：

(1) 重负载效率高。令牌总线在重负载情况下表现出色，因为每个节点在发送数据前都必须获得令牌，这避免了网络冲突，使得在重负载情况下仍能保持较高的传输效率。

(2) 优先级控制功能。令牌总线提供了优先级控制功能，这可以确保关键数据在网络繁忙时也能得到及时传输。

(3) 实时性。由于令牌总线的确定性访问机制，它适用于对数据传输实时性要求较高的环境。

令牌总线的缺点如下：

(1) 轻负载延迟大效率低。在轻负载情况下，由于节点需要等待令牌，这可能导致传输延迟增大，效率降低。

(2) 网络管理复杂。令牌总线需要维护令牌的状态和逻辑环的结构，这增加了网络管理的复杂性。在逻辑环中增加或删除站点都需要进行处理，这会影响到网络的稳定性和可靠性。

3. 故障处理

令牌总线中的故障处理方法主要包括逻辑环中断、令牌丢失和重复令牌等。

(1) 逻辑环中断。逻辑环中断一般是由于环上某些站发生故障，如关机或总线断开，致使令牌无法按照原有的顺序传递。这种故障发生时，需要采取相应的措施来恢复环的完整性。一般采取更新配置网络、修复中断点或重新启动网络等操作。

(2) 令牌丢失。当令牌持有站出现故障时，就会造成令牌丢失，其表现是总线上没有站点发送数据。每个站点利用计时器来计算总线空闲的时间，当计时器超时时，即发送一个“Claim_Token”控制帧，进行环初始化，触发令牌重新生成。

(3) 重复令牌。在某些情况下，可能会出现多个令牌在逻辑环中同时传递的情况，这称为重复令牌故障。这种故障的处理方法通常是丢弃额外的令牌，确保只有一个令牌在环中循环。如果令牌全部丢失，则总线空闲一段时间后，就会按照令牌丢失的故障进行环初始化。

IEEE 802.3、IEEE 802.4 和 IEEE 802.5 这 3 种局域网协议标准各有优势，可综合考虑其特点后灵活使用。三者比较如表 4-2 所示。

表 4-2　三种局域网协议标准比较

局域网协议标准	复杂度	有无冲突	轻负载时性能	重负载时性能	优先级控制
IEEE 802.3	简单	有	好	差	无
IEEE 802.4	复杂	无	一般	好	好
IEEE 802.5	复杂	无	效率低	好	差

4.3 有线局域网

由于网络流量的激增，尤其是在多个以太网互联时，所有用户都参与竞争有限的网络带宽，造成网络负载加重，因此用户对有线局域网的要求也与日俱增。下面介绍 6 种典型的有线局域网技术。

4.3.1 FDDI 环网

光纤分布数据接口 (Fiber Distributed Data Interface，FDDI) 环网是一种以光纤作为传输介质的高性能网络，它采用双环拓扑结构，确保在网络发生故障时数据的持续流动。FDDI 环网使用 IEEE 802.5 标准令牌传递协议来控制网络访问，主要用于高速、可靠通信的场合。

1. FDDI 环网的性能

FDDI 环网的数据传输速率达 100 Mb/s，采用 4 B/5 B 编码，要求信道介质的信号传输速率达到 125 MBaud。FDDI 环网的最大环路长度为 200 km，最多可容纳 1000 个物理连接。采用双环结构时，站点间距离控制在 2 km 以内，且每个站点与两个环路都有连接，最多可连接 500 个站点，其中每个单环长度限制在 100 km 内。

FDDI 环网与 IEEE 802.5 令牌环网存在一些区别，主要体现在以下三个方面：

(1) 令牌发送方式：在 FDDI 协议中，发送完帧后会立即发送一新的标记帧，而 IEEE 802.5 中，只有当发送出去的帧回送到发送端时，才会发送新的标记帧。

(2) 容量分配方案：FDDI 可以对某些站点进行优先级分配，而 IEEE 802.5 使用优先级和预约方案来分配容量。

(3) 通信类型：FDDI 为满足不同通信类型的需求，它定义了同步和异步两种通信类型。

FDDI 和 IEEE 802.5 的主要特性比较如表 4-3 所示。

表 4-3　FDDI 和 IEEE 802.5 的主要特性比较

特　性	FDDI	IEEE 802.5
介质类型	光纤	屏蔽双绞线
数据速率 /(Mb/s)	100	4
可靠性措施	可靠性规范	无可靠性规范
数据编码	4 B/5 B 编码	差分曼彻斯特编码
编码效率	80%	50%
时钟同步	分布式时钟	集中式时钟
信道分配	定时令牌循环时间	优先级位
令牌发送	发送后产生新令牌	接收后产生新令牌
环上帧数	可多个	最多一个

2. 数据编码

在 IEEE 802.5 标准中使用的曼彻斯特编码的效率只有 50%，因为每传输 1 bit 都要求线路上有两次状态变化 (即 2 Baud)。如果采用差分曼彻斯特编码，那么要实现 100 Mb/s 的传输速率就要求 200 MBaud 的调制速率，即 200 MHz 的带宽。换言之，曼彻斯特编码需要发送数据是 FDDI 使用的 2 倍。

考虑到生产 200 MHz 的接口和时钟设备会大大增加成本，FDDI 采用一种 4 B/5 B 的编码技术。在这种编码技术中，每 4 位数据编码成 5 位符号，用光的存在和不存在表示 5 位符号中每一位是 1 还是 0。这样，对于 100 Mb/s 的光纤网只需 125 MHz 的元件就可实现，使效率提高到 80%。

为了使信号同步，可以采用二级编码的方法。即先按 4 B/5 B 编码，然后再利用倒相的不归零制 (NRZI) 编码。在 NRZI 编码方式中，信号的电平在每位时间内保持不变，除非遇到二进制“1”时才发生跳变 (即倒相)，所以要确保无论 4 位符号为何种组合 (包括全“0”)，其对应的 5 位编码中至少有 2 位“1”，从而保证在光纤中传输的光信号至少发生两次跳变，以利于接收端的时钟提取。

在 5 bit 编码的 32 种组合中，实际只使用了 24 种，其中 16 种用作数据符号，其余 8 种用作控制符号 (如帧的起始和结束符号等)。表 4-4 列出了 4 B/5 B 编码的数据符号部分，所有 16 个 4 位数据符号经编码后的 5 位码中“1”码至少为 2 位，按 NRZI 编码原理，信号中至少发生两次跳变，因此接收端可得到足够的同步信息。

表 4-4　4 B/5 B 编码 (数据部分)

符号	4 位二进制数	4 B/5 B 代码	符号	4 位二进制数	4 B/5 B 代码
0	0000	11110	8	1000	10010
1	0001	01001	9	1001	10011
2	0010	10100	10	1010	10110
3	0011	10101	11	1011	10111
4	0100	01010	12	1100	11010
5	0101	01001	13	1101	11011
6	0110	01110	14	1110	11100
7	0111	01111	15	1111	11101

3. FDDI MAC 帧格式

FDDI 标准使用 MAC 符号来表示帧结构，在 FDDI 物理层中，每个 MAC 符号对应 4 bit，数据以 4 bit 为单位来传输。通过这种方式，FDDI 可以实现高速数据传输和较低的误码率。FDDI 的令牌帧和数据帧的格式如图 4-6 所示。

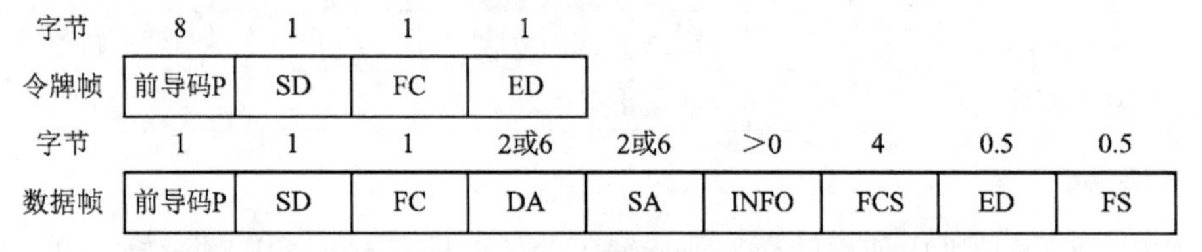

图 4-6　FDDI MAC 帧格式

(1) P 字段用以在收发双方实现时钟同步，发送站点以 16 个 4 位空闲符号 (总计 64 bit) 作为前导码。

(2) SD 字段占 1 B，由两个 4 bit 非数据符号组成。

(3) FC 字段占 1 B，其编码为 CLFFZZZZ，其中 C 表示是同步帧还是异步帧，L 表示是使用 2 B(16 位) 地址还是 6 B(48 位) 地址，FF 表示是 LLC 数据帧还是 MAC 控制帧，若为 MAC 控制帧，则用最后 4 位 ZZZZ 来表示控制帧的类型。

(4) DA 和 SA 字段可以是 2 B 或 6 B 地址。

(5) 数据字段用于装载 LLC 数据或与控制操作有关的信息。FDDI 标准规定最大帧长为 4500 B。

(6) FCS 字段为 4 B(32 bit) 长，用于对 FC、DA、SA 和信息字段进行校验保护。

(7) ED 字段对令牌来说占 2 个 MAC 控制符号 (共 8 bit)；其他帧则只占一个 MAC 控制符号 (即 4 bit)，用于与非偶数个 4 bit MAC 控制符号的 FS 配合，以确保帧的长度为 8 bit 的整数倍。

(8) FS 字段用于返回地址识别、数据差错及数据复制等状态，每种状态用一个 4 bit MAC 控制符号来表示。

由上可见，FDDI MAC 帧与 IEEE 802.5 的 MAC 帧十分相似，不同之处是 FDDI 帧含有 P 字段，这对高数据速率下的时钟同步十分重要；FDDI 允许使用 16 位和 48 位地址，比 IEEE 802.5 更灵活；令牌帧也有不同，FDDI 没有优先位和预约位。

虽然 FDDI 和 IEEE 802.5 都采用令牌传递的协议，但两者存在一个重要差别，即 FDDI 协议规定发送站发送完帧后，可立即发送新的令牌帧，而 IEEE 802.5 规定当发送出去的帧的前沿回送至发送站时，才发送新的令牌帧。因此，FDDI 协议具有较高的利用率，特别在规模大的环网中更为明显。

4.3.2 快速以太网

传统以太网是 10 Mb/s 的基带总线局域网，采用 10BASE5、10BASE2 或 10BASE-T 标准，由于协议简单、安装方便而得到广泛应用，但其有限的带宽成为系统的“瓶颈”。

为了提高传统以太网的带宽，IEEE 制定了 802.3u 标准作为对 IEEE 802.3 标准的追加。符合 IEEE 802.3u 标准的以太网产品称为快速以太网 (Fast Ethernet)。

1. 快速以太网的介质访问控制方法

IEEE 于 1995 年通过了 100 Mb/s 快速以太网的 100BASE-T 标准，并正式命名为 IEEE 802.3u 标准。100BASE-T 标准不但在最大程度上继承了 IEEE 802.3 标准，而且保留了以太网的核心细节规范。

虽然 100BASE-T 仍采用常规 10 Mb/s 以太网的 CSMA/CD 介质访问控制方法，但其性能是 10BASE-T 的 10 倍，而价格仅为其一半。100BASE-T 的 MAC 帧与 10BASE-T 的 MAC 帧相比，除了帧际间隙缩短到原来的 1/10 外，两者的帧格式及参数完全相同。100BASE-T 的 MAC 帧也可以与不同速率、不同的物理层接口通信。这样，原先在 10 Mb/s 以太网上运行的软件不作任何修改即可在快速以太网上运行，原先的协议分析和管理工具也可轻易地被继承。

为了能成功地进行冲突检测，100BASE-T 也必须满足“最短帧长 = 冲突检测时间 × 数据传输速率”的关系。其中，冲突检测时间等于网络中最大传播时延的 2 倍。100BASE-T 与 10BASE-T 的 MAC 帧相同，两者的最短帧长均为 64 B(512 bit)，但由于 100BASE-T 的数据传输速率提高了 10 倍，故相应的冲突检测时间缩短为 10BASE-T 的 1/10，因此整个网络的直径 (任意两站点间的最大距离) 也减小到 10BASE-T 的 1/10。

2. 物理层

100BASE-T 和 10BASE-T 的主要区别在于物理层标准和网络设计方面。100BASE-T 的物理层包含 3 种介质选项，为 100BASE-TX、100BASE-FX 和 100BASE-T4，如表 4-5 所示。

(1) 100BASE-TX 和 100BASE-FX。它们均采用两对链路，其中一对用于发送，另一对用于接收，每对链路实现单方向的 100 Mb/s 数据传输速率。100BASE-TX 使用屏蔽双绞线或 5 类非屏蔽双绞线，100BASE-FX 则使用光纤。

在编码上，100BASE-TX 和 100BASE-FX 都使用高效的 4 B/5 B NRZI 编码。

(2) 100BASE-T4。100BASE-T4 是在低质量的 3 类非屏蔽双绞线上实现 100 Mb/s 数据传输速率而设计的，该规范常使用 4 类或 5 类非屏蔽双绞线。

表 4-5　100BASE-T 物理层介质选项

特　性	100BASE-TX	100BASE-FX	100BASE-T4
传输介质	2 对 STP 或 5 类 UTP	2 对光纤	4 对 3、4 或 5 类 UTP
数据编码	4 B/5 B NRZI	4 B/5 B NRZI	8 B/6 T NRZ
数据传输速率 /(Mb/s)	100	100	100
每段长度 /m	100	100	100
物理范围 /m	200	400	200

100BASE-T4 采用 8 B/6 T 编码方案。该方案将原始数据流分为 3 个子数据流，经 4 对子信道 D1～D4 传输，每个子信道的数据速率为 33.3 Mb/s。其中 D1、D3、D4 用于发送，D2、D3、D4 用于接收。因此，D3、D4 被配置为双向传输。另外，D2 既用于接收，又用于冲突检测。每个子信道中，每 8 位数据被映射成一个 6 位的信号码组，这样，子信道的信号传输速率为 25 MBaud($33.3 \times \frac{6}{8}$ MBaud)。

4.3.3　千兆以太网

随着多媒体技术、网络分布计算、桌面视频会议等应用的不断发展，用户对局域网的带宽提出了更高的要求。同时，快速以太网也要求其主干网有更高的带宽。另外，由于以太网的简单、实用、低成本及应用的广泛性，人们又迫切要求高速网技术与现有的以太网保持最大的兼容性，千兆以太网技术就是在这种需求背景下应运而生的。1996 年 3 月成立的 IEEE 802.3z 工作组专门负责千兆以太网的研究，并制定相应标准。

千兆以太网沿用了原有以太网的帧结构、帧长及 CSMA/CD 协议，只是在低层将数据传输速率提高到了 1 Gb/s。因此，它与标准以太网及快速以太网完全兼容。用户能在保留原有操作系统、协议结构、应用程序及网络管理平台与工具的同时，通过简单的修改使现有的网络升级到千兆位速率。

1. 千兆以太网的物理层协议

千兆以太网的物理层协议包括 1000BASE-SX、1000BASE-LX、1000BASE-CX 和 1000BASE-T 标准。

(1) 1000BASE-SX。使用芯径为 50 μm 及 62.5 μm，工作波长为 850 nm 的多模光纤，采用 8 B/10 B 编码方式，传输距离分别为 260 m 和 525 m，适用于建筑物中同一层的短距离主干网。

(2) 1000BASE-LX。使用芯径为 50 μm 及 62.5 μm 的多模、单模光纤，工作波长为 1300 nm，采用 8B/10B 编码方式，传输距离分别 525 m、550 m 和 3000 m，主要用于校园主干网。

(3) 1000BASE-CX，使用 150 Ω 的 STP，采用 8 B/10 B 编码方式，传输速率为 1.25 Gb/s，传输距离为 25 m，主要用于集群设备的连接，如房间内的交换机设备互连。

(4) 1000BASE-T。使用 4 对 5 类 UTP，传输距离为 100 m，主要用于结构化布线中同一层建筑的通信，可利用以太网或快速以太网已铺设的 UTP 电缆。

2. 千兆以太网的帧

千兆以太网的帧结构与标准以太网的帧结构相同。

千兆以太网对介质的访问采用全双工和半双工两种方式。全双工方式适用于交换机到交换机或交换机到站点之间的点对点连接，两点间可同时进行发送与接收，不存在共享信道的争用问题，所以不需要采用 CSMA/CD 协议。而半双工方式则适用于共享介质的连接方式，仍采用 CSMA/CD 协议解决信道的争用问题。

千兆以太网的数据传输速率为快速以太网的 10 倍，若要保持两者最小帧长的一致性，势必大大缩小千兆以太网的网络直径；若要维持网络直径为 200 m，则最小帧长为 512 B。为了确保最小帧长为 64 B，同时维持网络直径为 200 m，千兆以太网采用了载波扩展和数据包分组两种技术。

载波扩展技术用于半双工的 CSMA/CD 方式，实现方法是对小于 512 B 帧进行载波扩展，使这种帧所占用的时间等同于长度为 512 B 的帧所占用的时间。虽然载波扩展信号不携带数据，但由于它的存在保证了 200 m 的网络直径。对于大于等于512 B 的帧，不必添加载波扩展信号。若大多数帧小于512 B，则载波扩展技术会使带宽利用率下降。

数据包分组技术允许站点每次发送多帧，而不是一次只发一帧。若多个连续的数据帧长度小于512 B 时，仅其中的第一帧需要添加载波扩展信号。一旦第一帧发送成功，则说明发送信道已打通，其后续帧就可不加载波扩展即连续发送，只需帧间保持 12 B 的间隙即可。

由于全双工方式不存在信道冲突问题，因此不需任何处理即可传输 64 B 的最小数据帧。

3. 千兆以太网的特点

由于一方面为了保持从标准以太网、快速以太网到千兆以太网的平滑过渡，另一方面又要兼顾新的应用和新的数据类型，因此在千兆以太网的研究过程中应注意以下特点：

(1) 简易性：千兆以太网应保持传统以太网的技术原理，同时在安装实施和管理维护方面保持了简易性，这是千兆以太网成功的基础之一。

(2) 技术过渡的平滑性：千兆以太网保持了传统以太网的主要技术特征，如采用 CSMA/CD 介质管理协议，采用相同的帧格式及帧的大小，支持全双工、半双工工作方式，以确保现有网络平滑过渡到千兆以太网。

(3) 网络可靠性：沿用传统以太网的安装、维护方法，采用中央集线器和交换机的星形结构和结构化布线方法，以确保千兆以太网的可靠性。

(4) 可管理性与可维护性：采用简易网络管理协议 (SNMP) 及传统以太网的故障查找与排除工具，以确保千兆以太网的可管理性与可维护性。

(5) 经济性：网络成本包括设备成本、通信成本、管理成本、维护成本及故障排除成本。由于继承了传统以太网的技术，使千兆以太网的整体成本下降。

(6) 支持新应用与新数据类型：随着计算机技术和应用的发展，出现了许多新的应用模式，也对网络提出了更高的要求，为此千兆以太网必须具有支持新应用与新数据类型的能力。

4.3.4 万兆以太网

万兆以太网技术与千兆以太网类似，仍保留了以太网帧结构，它通过不同的编码方式和波分复用技术实现了 10 Gb/s 传输速度，因此就其本质而言，万兆以太网仍是以太网技术的延伸。

1. 万兆以太网的物理层协议

万兆以太网的物理层标准于 2002 年 6 月在 IEEE 通过，包括 10GBASE-X、10GBASE-R 和 10GBASE-W 等。

(1) 10GBASE-X 使用一种紧凑的封装方式，含有 1 个较简单的 WDM 器件、4 个接收器和 4 个在 1300 mm 波长附近以约 25 nm 为间隔工作的激光器，每一对发送器 / 接收器在 3.125 Gb/s 速度 (数据流速率为 2.5 Gb/s) 下工作。

(2) 10GBASE-R 是一种使用 64 B/66 B 编码，数据流速率为 10.000 Gb/s，时钟速率为 10.3 Gb/s。

(3) 10GBASE-W 是广域网接口，其时钟为 9.953 Gb/s、数据流速率为 9.585 Gb/s，适用于需要长距离、高速传输的广域网。

2. 万兆以太网的特点

万兆以太网的特点主要体现在以下几个方面：

(1) 高速传输：万兆以太网提供 10 Gb/s 的传输速率，是千兆以太网的十倍，满足大规模数据传输的需求，大大提高网络传输效率。

(2) 全双工通信方式：万兆以太网支持全双工通信方式，不存在争用问题，传输距离不再受冲突检测的限制，进一步提升了网络性能。

(3) 光纤传输：万兆以太网使用光纤作为传输介质，可以选择单模或多模光纤，支持更远的传输距离，最长可达 40 km，同时保证了数据传输的稳定性和可靠性。

(4) 兼容性和互操作性：万兆以太网技术承袭了以太网、快速以太网及千兆以太网技术，在用户普及率、使用方便性、网络互操作性及简易性上皆占有极大的优势，可以方便地升级到更高速率的网络，保护用户的投资。

(5) 高可扩展性：万兆以太网适用于各种网络结构，可以更好地连接企业网骨干路由器，大大简化了网络拓扑结构，提高网络性能。

(6) 简化的网络管理：万兆以太网采用 64 B/66 B 的编码，没有采用访问优先控制技术，简化了访问控制的算法，从而简化了网络的管理，降低了部署的成本。

3. 万兆以太网物理层接口举例

万兆以太网的物理层可进一步细分为 5 种接口，分别为 1550 nm LAN 接口、1310 nm 宽频波分复用 (WWDM)LAN 接口、850 nm 的 LAN 接口、1550 nm 的 WAN 接口和 1310 nm 的 WAN 接口。

(1) 1550 nm 的 LAN 接口：使用 1550 nm 的激光进行传输，通常与单模光纤一起使用，适用于较长距离的应用。

(2) 1310 nm 的 WWDM 接口：适用于 62.5/125 μm 的多模光纤，最大传输距离通常为 300 m，适用于局域网。

(3) 850 nm 的 LAN 接口：适用于 50/125 μm 多模光纤上，最大传输距离为 600 m，通常用于短距离连接，如服务器与交换机之间。

(4) 1550 nm 的 WAN 接口：适用于单模光纤上进行长距离的城域网和广域网数据传输，支持的传输距离可达 40 km。

(5) 1310 nm 的 WAN 接口：适用于单横光纤，支持最大传输距离为 10 km，适用于中等距离的 WAN。

4.3.5　交换式以太网

20 世纪 90 年代初，随着计算机性能的提高及通信量的剧增，传统局域网已经超出了自身的负荷，交换式以太网技术应运而生，大大提高了局域网的性能。交换技术的加入可以建立地理位置相对分散的网络，使局域网交换机的每个端口可平行、安全、同时互相传输信息，而且增强了局域网的扩容能力。

局域网交换技术的发展可追溯到两端口网桥。网桥是一种存储转发设备，用来连接相似的局域网。从拓扑结构看，网桥是属于端到端的连接；从协议层次看，网桥是在逻辑链路层对数据帧进行存储转发。

以太网交换技术 (Switch) 是在多端口网桥的基础上于 20 世纪 90 年代初发展起来的，用于实现 OSI 模型的下两层功能，被业界人士称为“许多联系在一起的网桥”，因此现在的交换技术并不是新的标准，而是现有技术的新应用，是一种改进了的网桥。与传统网桥相比，它能提供更多的端口、更好的性能、更强的管理功能以及更便宜的价格。现在有的以太网交换机甚至实现了 OSI 参考模型的第三层功能，即路由选择功能。交换机比路由器有着更低的价格，还提供了更宽的带宽、更快的速度，除非有接入广域网的需求，否则，交换机替代路由器是一种趋势。

4.3.6　虚拟局域网

局域网作为当今网络不可或缺的组成部分，在网络应用中扮演着举足轻重的角色，但局域网内主机数的日益增加也带来了网络冲突、带宽浪费、安全问题等。

传统局域网通过划分子网来隔离广播，但是 VLAN 的出现打破了这个局限，是否具有 VLAN 功能也成为衡量局域网交换机性能的一项重要指标。

1. VLAN 概述

VLAN(Virtual Local Area Network，虚拟局域网) 是一种通过将局域网内的设备逻辑地而不是物理地划分成一个个网段的技术，可以将 VLAN 简单地理解为在一个物理网络上逻辑划分出来的逻辑网络。IEEE 于 1999 年颁布了用以标准化 VLAN 实现方案的 802.1Q 协议标准草案。

VLAN 工作在 OSI 参考模型的数据链路层，通过广播的方式通信，同时，它能够将广播流量控制在一个 VLAN 内部，划分 VLAN 后，由于广播域的缩小，网络中广播包消耗带宽所占的比例大大降低，网络的性能得到显著提高。

不同 VLAN 之间的数据传输是通过路由器来实现的，因此使用 VLAN 技术，结合数据链路层和网络层的设备可搭建安全可靠的网络。VLAN 与普通局域网最根本的差异体现在：VLAN 并不局限于某一网络或物理范围，它可以根据网络用户的位置、作用、部门或者根据网络用户所使用的应用程序和协议来进行分组，网络管理员通过控制交换机的每一个端口来控制网络用户对网络资源的访问。

2. VLAN 产生的原因

VLAN 产生的原因主要有以下几个方面：

(1) 基于网络性能的考虑。

传统的共享式以太网和交换式以太网中，所有用户在同一个广播域中会引起网络性能的下降，浪费可贵的带宽；而且对广播风暴的控制和网络安全管理只能在路由器上实现，VLAN 是为解决以太网的广播问题和安全性而提出的一种协议，它在以太网帧的基础上增加了 VLAN 头部，用 VLAN ID 把用户划分为更小的工作组，每个工作组就是一个虚拟局域网。虚拟局域网的好处是可以限制广播范围，并能形成虚拟工作组，动态管理网络。

(2) 基于安全因素的考虑。

在企业或者校园网中，由于地理位置和部门的不同，对网络中相应的数据和资源就有不同的访问权限要求，例如财务和人事部门的数据不允许其他部门的人员查看或侦听截获，确保数据的安全性。那么在交换设备上无法实现广播帧的隔离，只要人员在同一个园区网络内，数据和资源就有可能不安全。利用 VLAN 技术，可以限制不同工作组间的用户之间互访，增加了数据的安全性。

(3) 基于组织结构的考虑。

VLAN 技术允许网络管理者将一个物理的 LAN 逻辑地划分成不同的广播域。每一个 VLAN 都包含一组有着相同需求的计算机工作站，与物理上形成的 LAN 具有相同的属性。但由于它是逻辑地而不是物理地划分，所以同一个 VLAN 内的各个工作站无须被放置在同一个物理空间中，只要按照不同部门划分虚拟网，就可以满足在大中小型企业和校园网中，避免地理位置的限制来实现组织结构的合理化分布。

3. VLAN 标准

1996 年 3 月，IEEE 802.1 Internet Working 委员会结束了对 VLAN 初期标准的修订工作。新标准进一步完善了 VLAN 的体系结构，统一了 Frame-Tagging 方式中不同厂商的标签格式，并制定了 IEEE 802.1QVLAN 标准。IEEE 802.1Q 使用 4 B 的标记头定义 TAG(标记)，4 B 的 TAG 头包括 2 B 的 TPID(Tag Protocol Identifier) 和 2 B 的 TCI(Tag Control Information)，其中 TPID 是固定的数值 0X8100，标识该数据帧承载 802.1Q 的 Tag 信息，如图 4-7 所示。TCI 包含组件：3 bit 用户优先级；1 bit CFI(Canonical Format Indicator，规范格式指示符)，默认值为 0；12 bit 的 VID(VLAN Identifier)，即 VLAN 标识符 (VLAN ID 取值范围

为 1～4094)，并且可以支持最多 250 个 VLAN。其中 VLAN1 是不能删除的默认 VLAN。

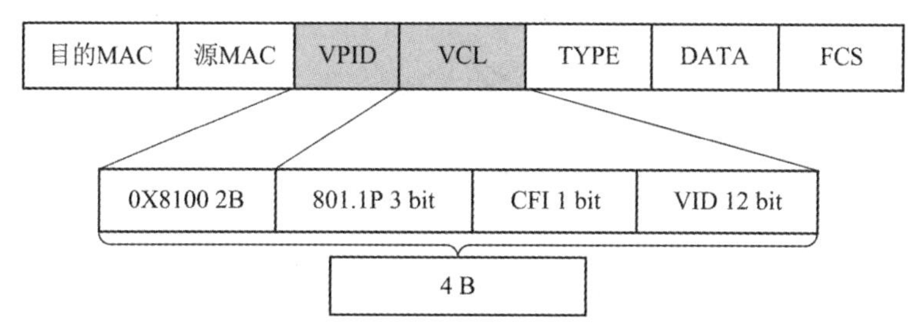

图 4-7　IEEE 802.1Q 帧格式

需要注意的是，IEEE 802.1Q 帧中的 FCS 为加入 IEEE 802.1Q 帧标记后重新利用 CRC 校验后的检测序列。

4. VLAN 的优点

VLAN 具有以下优点：

(1) 控制网络的广播风暴。采用 VLAN 技术，能够限制广播域的范围，将广播风暴限制在特定的 VLAN 内部，而一个 VLAN 的广播风暴不会影响其他 VLAN 的性能。

(2) 确保网络安全。共享式局域网之所以很难保证网络的安全性，是因为只要用户插入一个活动端口，就能访问网络。而 VLAN 能限制个别用户的访问，控制广播组的大小和位置，甚至能锁定某台设备的 MAC 地址，因此 VLAN 技术能确保网络的安全性。

(3) 简化网络管理，提高组网灵活性。网络管理员能借助 VLAN 技术轻松管理整个网络。例如需要为完成某个项目建立一个工作组网络，无论其成员地理位置如何分布，此时，网络管理员只需根据需求快速创建和管理 VLAN，即可满足部门或项目的网络需求。

5. VLAN 的种类

下面介绍现今业界公认的几种 VLAN 划分方法。

根据定义 VLAN 成员关系的方法的不同，VLAN 可以分为 6 种，依次如下：

(1) 基于端口的 VLAN(Port-Based)。

(2) 基于协议的 VLAN(Protocol-Based)。

(3) 基于 MAC 层分组的 VLAN(MAC-Layer Grouping)。

(4) 基于网络层分组的 VLAN(Network-Layer Grouping)。

(5) 基于策略的 VLAN(Policy-Based)。

不同种类的 VLAN 适用于不同的场合。这里只介绍基于端口的 VLAN 中的 Port-VLAN。基于端口的 VLAN 是划分虚拟局域网最简单也是最有效的方法，它实际上是某些特定交换端口的集合，网络管理员只需要管理和配置交换端口，而不管交换端口连接什么设备。这种方法是根据以太网交换机的端口来划分 VLAN 的，例如 RG-S2126G 的 3～8 端口划分到 VLAN 10，而 19～24 端口划分到 VLAN 20。这些属于同一 VLAN 的端口可以不连续，即同一 VLAN 可以跨越数个以太网交换机。

根据端口划分是目前定义 VLAN 的最广泛的方法。IEEE 802.1Q 规定了依据以太网交换机的端口来划分 VLAN 的国际标准。这种划分方法的优点是定义 VLAN 成员时非常简单，只要将所有的端口进行定义就可以正常使用。它的缺点是如果某端口离开了原来的

VLAN，到了一个新的 VLAN 中，就必须重新配置，如图 4-8 所示。

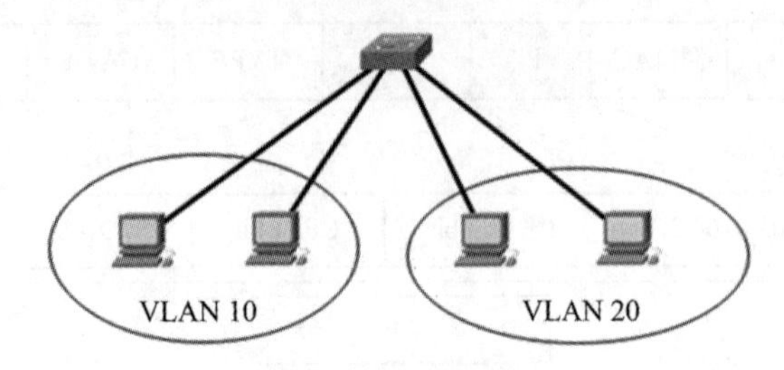

图 4-8　基于端口的 VLAN

例如，在锐捷网络交换机上，Port VLAN 的端口的特点是只属于一个 VLAN，每个端口都需要手动设置其所属的 VLAN。

4.4 无线局域网

随着智能手机、平板电脑等移动终端设备的普及，无线电技术的不断发展以及无线电频率的规范合理使用，使得 WLAN 得以广泛应用。

4.4.1　无线局域网概述

无线局域网 (Wireless Local Area Network，WLAN) 是一种基于无线电技术和 IEEE 802.11 标准的局域网技术，它允许无线终端设备 (如笔记本电脑、智能手机、平板电脑等) 通过基站 (Base Station) 或无线接入点 (Access Point，AP) 连接到互联网或内部网络，实现无线通信和数据传输。

WLAN 的第一个版本发表于 1997 年，其中定义了介质访问接入控制层和物理层。物理层定义了工作在 2.4 GHz 的 ISM 频段上的两种无线调频方式和一种红外传输方式，总数据传输速率设计为 2 Mb/s，为后续的无线技术奠定了基础。

构建 WLAN 的关键设备之一是 AP，它提供了无线设备与有线设备网络之间的连接点，使得无线设备能够接入无线网络并享受网络服务。

1. 无线 AP 的种类

无线 AP 根据不同的标准有不同的分类：按照应用环境可分为室内 AP 和室外 AP；按工作方式可分为胖 AP 和瘦 AP；按照频段可分为单频 AP 和双频 AP；其中，胖 AP 和瘦 AP 是应用最广泛的无线 AP。

瘦 AP 的功能相对简化，主要提供无线接入功能，而不具备路由、DHCP 服务器等复杂功能；它不能独立工作，需要配合无线控制器 (AC) 使用，通过 AC 进行集中管理和配置。而胖 AP(FAT AP) 是在瘦 AP 的功能上添加 WAN、LAN 端口，支持 DHCP 服务器、DNS 和 MAC 地址克隆、防火墙等安全功能。胖 AP 通常自带完整操作系统，是可以独立工作的网络设备，能实现拨号、路由等功能。

2. 胖AP与瘦AP组网比较

(1) 组网形式及应用场景。

胖AP一般应用于小型无线网络建设，可以独立工作，不需要接入控制器(Access controller，AC)配合，如家庭网、小型商户网等。

瘦AP一般应用于中大型的无线网络建设，以一定数量的AP配合AC来组建较大的无线网络覆盖，使用场景一般为商场、超市、大型企业。

(2) 无线漫游。

胖AP组网无法实现无线漫游。用户从一个胖AP的覆盖区域走到另一个胖AP的覆盖区域，会重新连接信号较强的一个胖AP，重新进行认证，并获取IP地址，会存在断网现象。

用户从一个瘦AP的覆盖区域走到另一个瘦AP的覆盖区域，信号会自动切换，且无须重新进行认证，无须重新获取IP地址，网络始终连接在线，使用方便。

(3) 自动负载均衡。

当很多用户连接在同一个胖AP上时，胖AP无法自动地进行负载均衡将用户分配到其他负载较轻的胖AP上，因此胖AP会因为负荷较大频繁出现网络故障。

而在瘦AP的组网中，当很多用户连接在同一个瘦AP上时，AC会根据负载均衡算法，自动将用户分配到负载较轻的其他AP上，减轻AP的故障率，提高整网的可用性。

(4) 管理与维护。

胖AP不可集中管理，需要逐一进行配置；瘦AP可以通过AC进行集中管理和配置。

3. IEEE 802.11系列标准

IEEE 802.11系列标准是WLAN的标准，主要包括以下几种：

(1) IEEE 802.11，支持运行2.4 GHz的ISM频段，主要运用扩频通信技术，数据速率一般可达到1 Mb/s和2 Mb/s。

(2) IEEE 802.11a，支持运行5 GHz的U-NII频段，主要运用OFDM调制技术，数据速率一般可达到54 Mb/s。

(3) IEEE 802.11b，支持运行2.4 GHz的ISM频段，主要运用HR-DSSS技术，数据速率一般可达到11 Mb/s。

(4) IEEE 802.11g，支持运行2.4 GHz的ISM频段，主要运用OFDM调制技术，数据速率一般可达到54 Mb/s。

(5) IEEE 802.11n，支持运行2.4 GHz和5 GHz频段，主要运用OFDM和MIMO调制技术，数据速率一般可达到600 Mb/s。

(6) IEEE 802.11ac，支持运行5 GHz频段，主要运用OFDM和MIMO(多进多出)调制技术，数据速率一般可达到1 Gb/s。

4.4.2 无线局域网技术标准

1. WLAN的MAC层

IEEE 802.11局域网的MAC层处于物理层之上，包含分布协调功能DCF(Distribute

Coordination Function) 和点协调功能 PCF(Point Coordination Function) 两个子层，如图 4-9 所示。

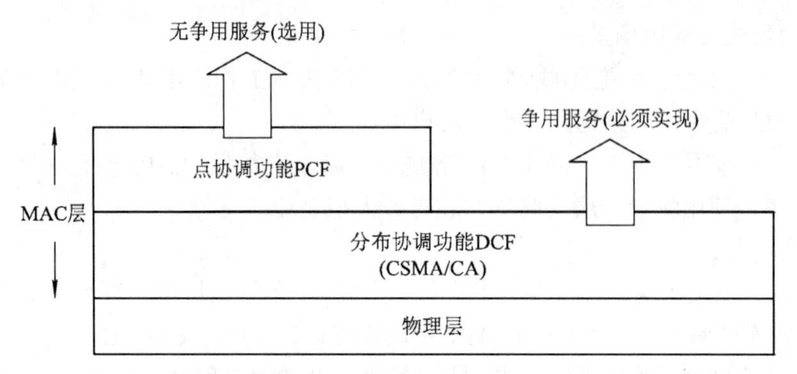

图 4-9　IEEE 802.11 WLAN 的 MAC 层

DCF 协议规定了网络各站点必须通过争用的方式获得信道，进而获得数据发送和数据接收的权利。在每一个站点采用载波监听多点接入的分布式接入算法，即 CSMA/CA 协议的退避算法。该机制适用于传输具有随机性的数据。DCF 是 MAC 层中必需的也是最主要的功能。

PCF 子层位于 DCF 层之上，在 PCF 功能下各站点不必争用信道，而是交由 AP 集中协调控制，按照特定的方式把享用信道的权利轮番赋予每个站点，以此杜绝碰撞的发生。

2. IEEE 802.11MAC 帧格式。

IEEE 802.11 局域网的 MAC 帧结构如图 4-10 所示，该图展示了 IEEE 802.11 MAC 帧的主要字段。

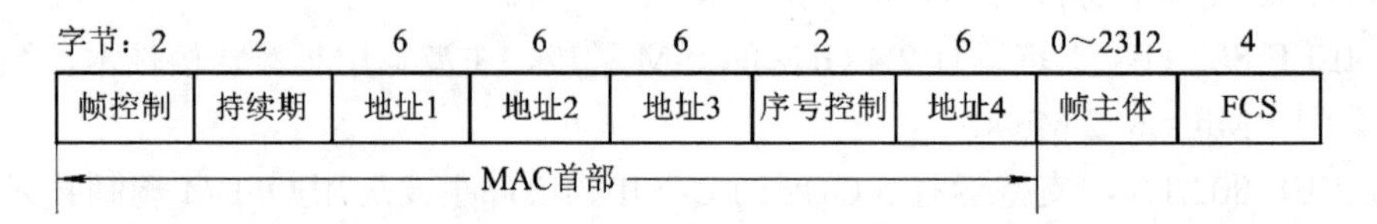

图 4-10　IEEE 802.11 MAC 帧

由图 4-10 可知，IEEE 802.11 WLAN 的 MAC 帧主要包括以下几个部分：

(1) MAC 帧首部，共 30 字节。

(2) 帧主体，即帧的主要内容部分，变长，可以是 2312 B 内的任意长度。

(3) 帧尾部，用于存储帧校验序列 FCS(Frame Check Sequence)，共 4 B。

MAC 帧首部的序号控制字段占 16 bit，该字段用来区分新发送的帧和因出差错而重新发送的帧。序号控制字段又包含一个序列号字段和一个分片号字段。其中序列号字段占 12 bit，初始值为 0，每新发送一个帧就加 1，直至 4095 再重置为 0。分片号字段占 4 bit，若无分片，则分片号为 0；若有分片，则该帧的序列号保持不变，但分片号从 0 开始，逐一增大，最大到 15。重新发送的帧的这两个字段值均保持不变。

MAC 帧首部的持续期字段占 16 bit，该字段的用途是将需要占用信道的时间记录起来，以 μs 为单位。以此告知其他移动站在持续期时间结束之前信道会一直被占用，不能进行通信。

MAC 帧首部的帧控制字段共分为 11 个字段，如图 4-11 所示。

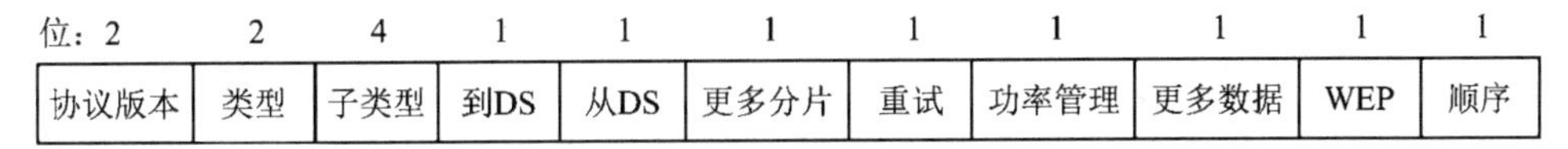

位：2	2	4	1	1	1	1	1	1	1	1
协议版本	类型	子类型	到DS	从DS	更多分片	重试	功率管理	更多数据	WEP	顺序

图 4-11　帧控制字段包含的 11 个字段

其中，类型和子类型两个字段主要用于区分帧的类型。IEEE 802.11 局域网根据 MAC 帧功能的不同，将其分为三种类型的帧：控制帧、数据帧和管理帧。每一种帧类型又会细分为各种子类型。比如，控制帧包含请求发送 RTS(Request To Send) 帧、允许发送 CTS(Clear To Send) 帧和确认帧 (ACK) 等。

3. CSMA/CA 协议

CSMA/CA(Carrier Sense Multiple Access with Collision Avoidance，载波侦听多路访问 / 冲突避免) 协议，是一种广泛应用于 WAN 的媒体访问控制协议。

1) 两种载波监听机制

为尽可能地避免冲突，IEEE 802.11 中的 CSMA/CA 协议采用了两种载波监听机制：物理载波监听 (Physical Carrier Sense) 机制和 MAC 层的虚拟载波监听 (Virtual Carrier Sense) 机制。

物理载波监听是物理层的直接载波监听，通过接收到的电信号来判断信道状态。它规定站点在建立通信之前必须先侦听信道状态，“听到”信道处于忙态的时候不能发送数据，除非信道空闲。

虚拟载波监听是让源站点在所发送的数据帧首部中的“持续期”字段中写入一个时间值，以 μs 为单位，表示在持续期内会占用信道 (持续期包括 ACK 的传输时间)，这是因为无线信道的通信质量远不如有线信道，且不采用碰撞检测，因此站点在一次通信中要收到目的站响应的 ACK 帧后才表示本次通信就此顺利完成，这个过程叫作链路层确认。

其他站点在检测到信道上数据帧中的“持续期”字段时，重设自身的网络分配向量 (Network Allocation Vector，NAV)。NAV 指出了信道忙的时间长度，这样站点就会知道接下来 NAV 时间内信道被占用，不能发送数据。虚拟载波监听之所以有“虚拟”二字，是因为实际上其他站点并没有监听信道，而只是由于这些站点被告知了信道忙才退避等待，就像都监听了信道一样。因此，当这两种机制中的任何一种机制“听到”信道忙，则表示信道忙，否则表示信道空闲。

2) CSMA/CA 协议的退避算法

CSMA/CA 协议规定，站点在进行通信之前，必须先监听信道状态：

(1) 若检测到信道空闲，则在等待一个帧间间隔后 (如果这段时间内信道一直是空闲的) 就开始发送 DATA 帧，并等待确认。

(2) 若目的站正确收到此帧，则在等待一个短帧间间隔后，就向源站发送确认帧 ACK。当发送站收到 ACK 帧就表示本次传输过程完成。

(3) 在站点发送数据帧时，所有其他站点都已经设置好了 NAV，在整个通信过程完成前其他站点只能执行 CSMA/CA 的退避算法，随机选择一个退避时间，推迟发送。

(4) 站点选择好退避时间就等效于设定好了一个退避计时器 (Back off Timer)，于是在退避计时器减小到零之前，站点会每经历一个时隙就检测一次信道状态。若检测到信道忙，则暂停倒计时；若检测到信道空闲，则表示先前的通信过程已完成，这时其他站点设置的NAV 时间也就结束了。再经过一个帧间间隔，争用窗口到来，退避计时器就从暂停处重新开始倒计时，在每个时隙的起始时刻减 1，一旦退避计时器的时间减小到零就代表可以进行通信了，就开始发送整个数据帧。

4.4.3 无线局域网的应用

WLAN 的应用非常广泛，下面是一些常见的应用场景。

(1) 家庭网络：使用 WLAN 可以方便地连接多个设备，例如电脑、平板电脑、智能手机等，实现互联网上网、文件共享等功能。

(2) 商业网络：商业场所如咖啡厅、电子设备店、书店等 WLAN 已成为其提供的基本服务的一部分，顾客可以随时随地使用自己的设备上网，同时配合认证系统，保障网络安全。

(3) 工业领域：在工业控制和自动化领域中，WLAN 应用在智能生产、仓储、企业内部物流、巡检管理等方面，可以提高工作效率并降低成本；代替传统的连接方式，实现设备的无线监控和控制。

(4) 物联网：随着物联网的快速发展，WLAN 已成为物联网的重要组成部分，广泛应用于家庭自动化、智能家居、智能城市、智能交通等方面。

总之，WLAN 的应用范围广泛，通过 WLAN 可以实现无线通信、数据传输和信息共享，为人们的日常工作和生活带来更多便利，更智能化的体验。

本 章 小 结

在局域网的体系结构中，将数据链路层分为逻辑链路控制子层和介质控制访问子层。决定局域网性能的主要因素有拓扑结构、所选择的传输介质及介质访问控制技术。

从介质访问控制技术的角度，局域网分为共享介质式局域网和交换式局域网。交换式局域网的关键设备是局域网交换机。

本章首先介绍了局域网的基本知识，然后介绍了以太网、高速局域网、虚拟局域网以及无线局域网等常见的局域网类型及其特点。

思 考 与 练 习

一、选择题

1. FDDI 采用 (　　) 拓扑结构。

A. 星形　　　　B. 总线

C. 环形　　　　D. 树状

2. IEEE 802.3 物理层标准中的 10BASE-T 标准采用的传输介质为（　　）。

A. 双绞线　　B. 粗同轴电缆

C. 细同轴电缆　　D. 光纤

3. 对于基带 CSMA/CD 而言，为了确保发送站点在传输时能检测到可能存在的冲突，数据帧的传输时延至少要等于信号传播时延的（　　）。

A. 1 倍　　B. 2 倍

C. 4 倍　　D. 2.5 倍

4. 令牌总线的访问方法和物理层技术规范由（　　）描述。

A. IEEE 802.2　　B. IEEE 802.3

C. IEEE 802.4　　D. IEEE 802.5

5. 在 100BASE-T 的以太网中，使用双绞线作为传输介质，最大的网段长度是（　　）。

A. 2000 m　　B. 500 m

C. 185 m　　D. 100 m

二、填空题

1. IEEE 802 局域网标准将数据链路层划分为 __________ 和 __________ 子层。

2. 在令牌环中，为了解决竞争，使用了一个称为 __________ 的特殊标记，只有拥有的站才有权利发送数据。令牌环网络的拓扑结构为 __________。

3. 决定局域网特性的主要技术有 __________、__________ 和 __________。

4. 载波监听多路访问 / 冲突检测的原理可以概括为 __________、__________、__________、__________。

5. 在 IEEE 802 局域网体系结构中，数据链路层被细化成 __________ 和 __________ 两层。

三、简答题

1. 局域网的主要特点是什么？其局域网体系结构与 ISO 模型有什么异同之处？

2. 请说明虚拟局域网的基本工作原理。

3. 简要说明 IEEE 标准 802.3、802.4 和 802.5 的优缺点。

4. 简述载波侦听多路访问 / 冲突检测 (CSMA/CD) 的工作原理。

5. IEEE 802 标准规定了哪些层次？各层的具体功能是什么？

参考答案

第5章 网 络 层

本章导读

网络层位于OSI参考模型的第三层，其主要功能是寻址和路由，即确定从源主机到目标主机的最佳路径，并最终将源主机发送的数据分组准确地传输到目标主机。因此，网络层是整个网络数据传输的核心，而IP地址是数据传输过程的灵魂。

本章首先介绍网络层传输过程中的协议；然后介绍网络层IPv4地址的表示方法、分类，子网划分方法及IPv6地址的表示方法；最后介绍常用的网络指令。

学习目标

- 理解网络层的主要功能
- 掌握IP数据报格式
- 熟悉MAC地址与IP地址转换协议
- 掌握IP地址的分类及子网的划分方法
- 掌握IPv6地址格式
- 熟悉网络测试中常用的网络指令

互联网(Internet)是利用互联设备(也称为路由器Router)将两个或多个物理网络相互连接而形成的网络，如图5-1所示。

互联网通过互联设备有效地屏蔽了各种物理网络的差别(例如寻址机制的差别、分组最大长度的差别、差错恢复的差别等)，隐藏了各个物理网络实现细节，为用户提供通用服务。因此，用户常常把互联网看成一个虚拟网络(Virtual Network)系统，如图5-2所示。这个虚拟网络系统是对互联网结构的抽象，它提供通用的通信服务，能够将所有的主机互联起来，实现全方位的通信。

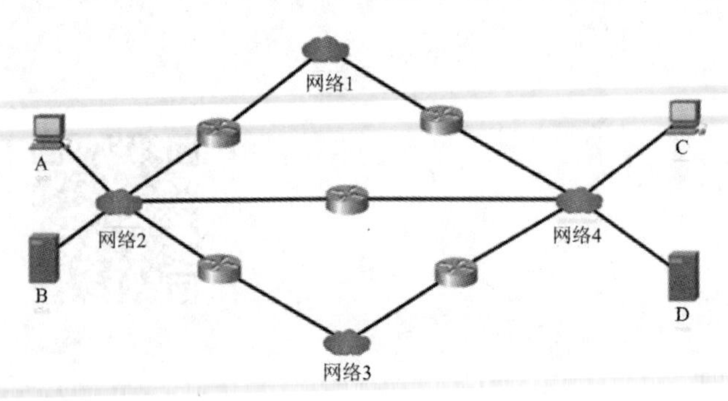

图5-1　互联网

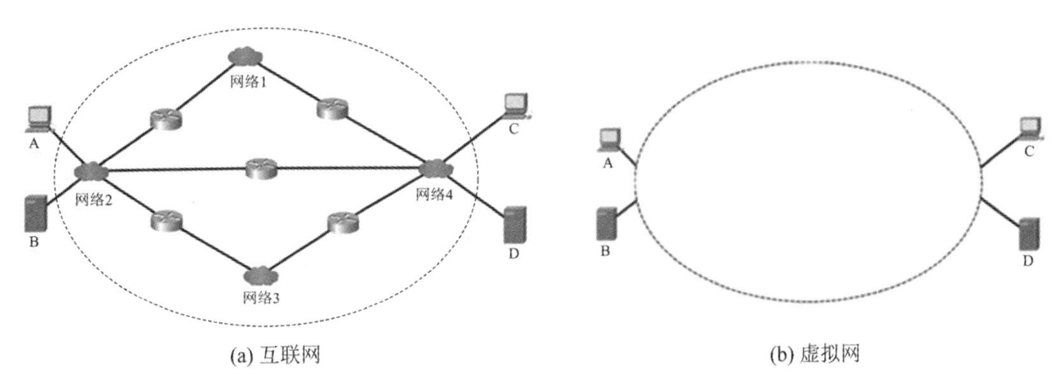

(a) 互联网　　(b) 虚拟网

图 5-2　互联网与虚拟网的概念

5.1　网络层的基本概念

网络层是 OSI 参考模型的关键层次，主要解决网络互联的问题。在 TCP/IP 体系结构中，互联层同样扮演着网络层的角色。网络互联的实现可以采用面向连接和面向非连接两种解决方案。

5.1.1　面向连接的解决方案

面向连接的解决方案要求两个节点在通信时建立一条逻辑通道，所有的信息单元沿着这条逻辑通道传送。即路由器负责将一个网络中的逻辑通道连接到另一个网络中的逻辑通道，最终形成一条从源节点到目的节点的完整通信通道。

在图 5-3 中，节点 A 和节点 B 通信时形成了一条逻辑通道。该通道经过网络 2、网络 1 和网络 4，并利用路由器 i 和路由器 m 连接起来。一旦该通道建立起来，节点 A 和节点 B 之间的信息传输就会沿着该通道进行。

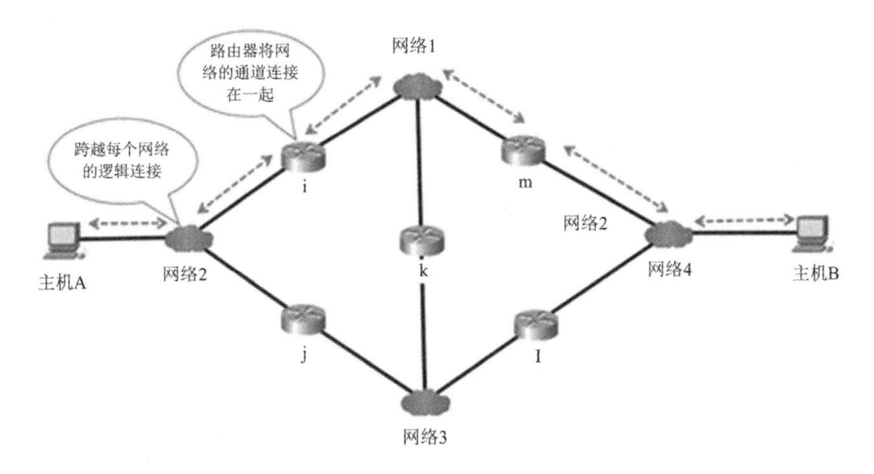

图 5-3　面向连接的解决方案

5.1.2 面向非连接的解决方案

与面向连接的解决方案不同，面向非连接的解决方案并不需要建立逻辑通道。网络中的信息单元被独立对待，这些信息单元经过一系列网络和路由器，最终到达目的节点。

图 5-4 显示了一个面向非连接的解决方案示意图。当主机 A 需要发送一个数据单元 P1 到主机 B 时，主机 A 首先进行路由选择，判断 P1 到达主机 B 的最佳路径。如果主机 A 认为 P1 经过路由器 i 到达主机 B 是一条最佳路径，那么主机 A 就将 P1 投递给路由器 i。路由器 i 收到主机 A 发送的数据单元 P1 后，根据自己掌握的路由信息为 P1 选择一条到达主机 B 的最佳路径，从而决定将 P1 传递给路由器 k 还是 m。这样，P1 经过多个路由器的中继和转发，最终将到达目的主机 B。

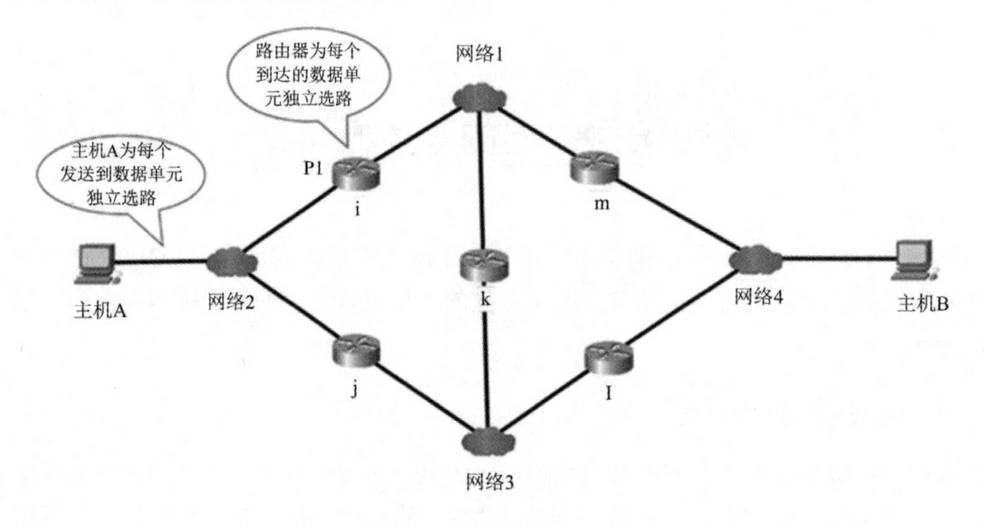

图 5-4 面向非连接的解决方案

5.1.3 网络层的特点

网络层是一种面向非连接的互联网络，它对各个物理网络进行高度抽象，形成一个大的虚拟网络。网络层具有以下特点：

(1) 网络层隐藏了底层物理网络的细节，向上为用户提供通用的、一致的网络服务。因此，虽然从网络设计者角度看，网络层是由不同的网络借助路由器互联而成的，但从用户的观点看，网络层是一个单一的虚拟网络。网络层为其高层用户提供如下三种服务：

① 不可靠的数据投递服务。这意味着不能保证数据报的可靠投递，也没有能力证实发送的报文是否被正确接收。数据报可能在线路延迟、路由错误、数据报分片和重组等过程中受到损坏，但网络层不检测这些错误，在错误发生时，也没有可靠的机制来通知发送方或接收方。

② 面向无连接的传输服务。它不管数据报沿途经过哪些节点，也不管数据报起始于哪台计算机，终止于哪台计算机。从源节点到目的节点的每个数据报可能经过不同的传输路径，而且在传输过程中数据报有可能丢失，也有可能正确到达。

③ 尽最大努力投递服务。尽管网络层提供的是面向非连接的不可靠服务，然而网络

层并不随意地丢弃数据报。只有在系统的资源用尽、接收数据错误或网络故障等情况下，才被迫丢弃报文。

(2) 网络层不规定网络互联的拓扑结构，也不要求网络之间全互联，因此数据报从源主机至目的主机可能要经过若干个中间网络。一个网络只要通过路由器与互联网中的任意一个网络相连，就具有访问整个互联网的能力，如图 5-5 所示。

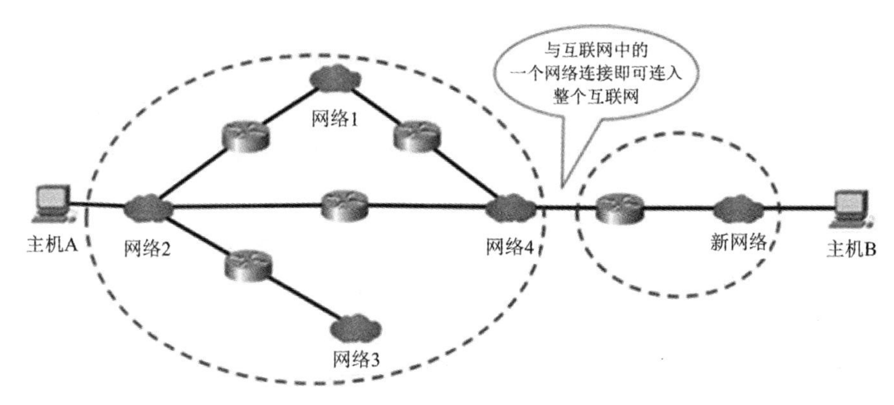

图 5-5　IP 互联网不要求网络之间全互联

(3) 网络层具有在物理网络之间转发数据的能力，使得信息可以跨网传输。

(4) 网络层中的所有计算机使用统一的、全局的地址进行通信。

(5) 网络层平等地对待互联网中的每一个网络，不管这个网络规模是大还是小，也不管这个网络的速度是快还是慢。实际上，在网络层中，任何一个能传输数据单元的通信系统均被看作网络。因此，大到广域网，小到局域网，甚至两台机器间的点到点连接都被当作网络，网络层平等对待它们。

5.2 网络层协议

在网络层 (互联层) 中有 5 个重要的协议：互联网协议 (Internet Protocol，IP)、互联网控制报文协议 (Internet Control Message Protocol，ICMP)、因特网组管理协议 (Internet Group Management Protocol，IGMP)、地址解析协议 (Address Resolution Protocol，ARP) 和反向地址解析协议 (Reverse Address Resolution Protocol，RARP)。

5.2.1　IP 协议

IP 是互联层最重要的协议，它将多个网络连成一个互联网，可以把高层的数据以多个数据报的形式通过互联网分发出去。互联层的功能主要由 IP 来提供，用于负责 IP 寻址、路由选择、IP 数据包的分发和重组等。

IP 的基本任务是通过互联网传送数据报，各个 IP 数据报之间是相互独立的。IP 不保证服务的可靠性，在主机资源不足的情况下，它可能丢弃某些数据报，同时 IP 也不检测被丢弃的报文。

在数据传送过程中，高层协议将数据传给 IP，IP 再将数据封装为互联层数据报，并交给网络接口层协议通过局域网传送。若目的主机直接连在本网中，IP 可直接通过网络将数据报传给目的主机；若目的主机在远程网络中，则由路由器依次通过下一个网络将数据报传送到目的主机或下一个路由器，直到数据报到达终点为止。

IP 协议提供的是不可靠的、无连接的数据报传输机制。TCP/IP 是为了适应物理网络的多样性而设计的，这种适应性主要是通过互联层来体现的。由于物理网络的多样性，各种物理网络的数据帧格式、地址格式之间的差异很大。为了将这些底层的细节屏蔽起来，使采用不同物理网络的网络之间进行通信，TCP/IP 分别采用了 IP 数据报和 IP 地址作为统一描述形式，使各种物理帧及物理地址的差异性对上层协议不复存在。

1. IP 数据报头

一个 IP 数据报由头部和数据构成。其中，头部包括 20 B 的固定长度部分和可选任意长度部分。头部格式如图 5-6 所示。

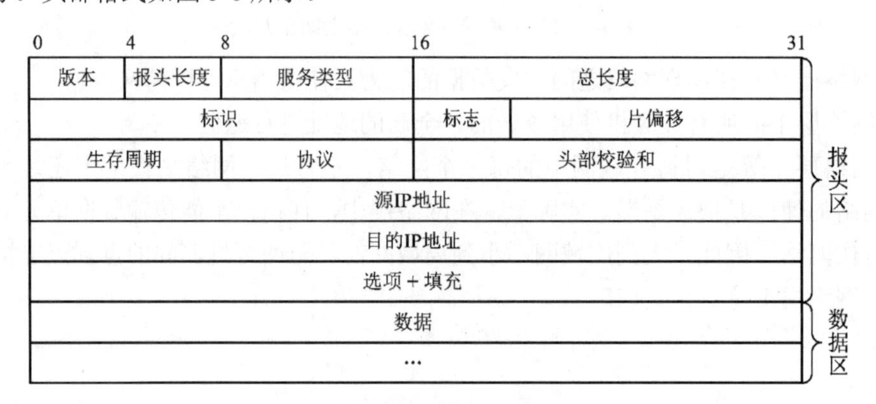

图 5-6　IP 数据报头

(1) 版本：4 位，记录了数据报对应的协议版本号。当前的 IP 协议有两个版本：IPv4 和 IPv6。

(2) 报头长度：4 位，IHL 代表头部的总长度，以 32 位字节为一个单位。

(3) 服务类型：8 位，使主机可以告诉子网它想要什么样的服务。

(4) 总长度：16 位，指头部和数据的总长。最大长度是 65 535 B。

(5) 标识：16 位，通过它使目的主机可判断新来的分段属于哪个分组，属于同一分组的分段包含相同的标识值。

(6) 标志：3 位，但目前只有其中两位有实际意义：

DF：表示禁止分段。它命令路由器不要将数据报分段，因为目的端不能重组分段。

MF：伪标志位的最低位，代表还有进一步的分段，用它来标志是否所有的分组都已到达。除了最后一个分段外的所有分段都设置了这一位。

(7) 片偏移：13 位，标明分段在当前数据报的什么位置。

(8) 生命周期：8 位，用来限制数据分组在网络中的生命周期的计数器。每当数据分组经过一个网络时，该计数器都会递减，而且在一个路由器中排队等待处理时可能会成倍递减。

(9) 协议：8 位，说明将分组发送给哪个传输进程，如 TCP、UDP 等。

(10) 头部校验和：16 位，仅用来校验头部的完整性。

(11) 源 IP 地址：32 位，生成 IP 数据报的源主机 IP 地址。

(12) 目的 IP 地址：32 位，IP 数据报的目的主机的 IP 地址。

(13) 选项：是变长的。每个可选项用 1 B 标明内容。有些可选项后面还跟有 1 B 的可选项长度字段，其后是一个或多个数据字节。现在已经定义了安全性、严格的源路由选择、宽松的源路由选择、记录路由和时间标记 5 个可选项，但不是所有的路由器都支持这 5 个可选项。对 5 个可选项的说明如下：

① 安全性选项说明了信息的安全级别或加密要求。

② 严格的源路由选择选项以一系列 IP 地址方式给出了从源到目的地的完整路径。数据报必须严格地从这条路径传送。当路由选择表故障，系统管理员发送紧急数据包时，或作时间测量时，此字段很有用。

③ 宽松的源路由选择选项要求数据包遍及特定的路由器列表，但它可以在其间穿过其他路由器。

④ 记录路由选项让沿途的路由器都将其 IP 地址加到可选字段中，这使系统管理者可以跟踪路由选择算法的错误。

⑤ 时间标记选项与记录路由选项类似，除了记录 32 位的 IP 地址外，每个路由器还要记录一个 32 位的时间戳。同样地，这一选择同样可用来为路由选择算法查错。

2. IP 数据报的分发与重组

IP 数据报是通过封装为物理帧来传输的。由于因特网是通过各种不同物理网络技术互连起来的，因此，在因特网的不同部分，物理帧的大小 (即最大传输单元 MTU) 可能各不相同。为了最大程度地利用物理网络的能力，IP 模块以所在的物理网络的 MTU 作为依据，来确定 IP 数据报的大小。当 IP 数据报在两个不同 MTU 的网络之间传输时，就可能出现 IP 数据报的分片与重组操作。

控制分片和重组的 IP 头部有三个关键字段：标识域、标志域和分片偏移域。

(1) 标识域是源主机赋予 IP 数据报的标识符。目的主机根据标识域来判断收到的 IP 数据报分段属于哪一个数据报，以进行 IP 数据报重组。

(2) 标志域中的 DF 位标识该 IP 数据报是否允许分片。当需要对 IP 数据报进行分片时，如果 DF 位置 1，网关将会抛弃该 IP 数据报，并向源主机发送出错信息。标志域中的 MF 位标识该 IP 数据报是不是最后一个分片。

(3) 分片偏移域记录了该 IP 数据报分片在原 IP 数据报中的偏移量。偏移量是 8 B 的整数倍。分片偏移域被用来确定该 IP 数据报分段在 IP 数据报重组时的顺序。

IP 数据报在传输过程中，一旦被分片，各片就作为独立的 IP 数据报进行传输，在到达目的主机之前有可能会被再次或多次分片，然而无论分片发生多少次，IP 数据报的重组都只在目的主机进行。

3. IP 对输入数据报的处理

当 IP 数据报到达主机时，如果 IP 数据报的目的地址与主机地址匹配，则 IP 接收该数据报并将它传给高级协议软件处理，否则抛弃该 IP 数据报。

网关则不同，当 IP 数据报到达网关 IP 层后，网关首先判断本机数据报是否到达目的主机。如果是，则网关将接收到的 IP 数据报上传给高级协议软件处理；如果不是，则网关将对接收到的 IP 数据报进行寻址、路由，并随后将其转发出去。

4. IP 对输出数据报的处理

对于网关来说，IP 接收到 IP 数据报后，经过寻址，找到该 IP 数据报的传输路径。该路径实际上是指向全路径中下一个网关的 IP 地址。然后，该网关将该 IP 数据报和寻址到的下一个网关的地址交给网络接口软件。网络接口软件收到 IP 数据报和下一个网关地址后，首先调用 ARP 完成下一个网关 IP 地址到物理地址的映射，然后网络接口软件将 IP 数据报封装成帧，最后由子网完成数据报的物理传输。

通常我们所说的 IP 地址可以理解为符合 IP 协议规范的地址。目前，常用的 IP 协议是 IP 协议的第四版本，即 IPv4。

5.2.2　ARP 与 RARP 协议

在互联网中，IP 地址能够屏蔽各个物理网络地址的差异，为上层用户提供“统一”的地址形式。但是这种“统一”是通过在物理网络上覆盖一层 IP 软件实现的，互联网并不直接修改物理地址。高层软件通过 IP 地址来指定源地址和目的地址，而低层的物理网络通过物理地址发送和接收信息。

将 IP 地址映射到物理地址的实现方法有多种 (例如静态表格、直接映射等)，每种网络都可以根据自身的特点选择适合于自己的映射方法。ARP 是以太网经常使用的映射方法，它充分利用了以太网的广播能力，实现了 IP 地址与物理地址的动态绑定 (Dynamic Binding)。

1. 完整的 ARP 工作过程

假设以太网有 4 台计算机，分别是计算机 A、B、X 和 Y。若计算机 A 的应用程序需要和计算机 B 的应用程序交换数据时，在计算机 A 发送信息前，必须首先得到计算机 B 的 IP 地址与 MAC 地址的映射关系。ARP 软件实现这一映射的工作过程如图 5-7 所示。

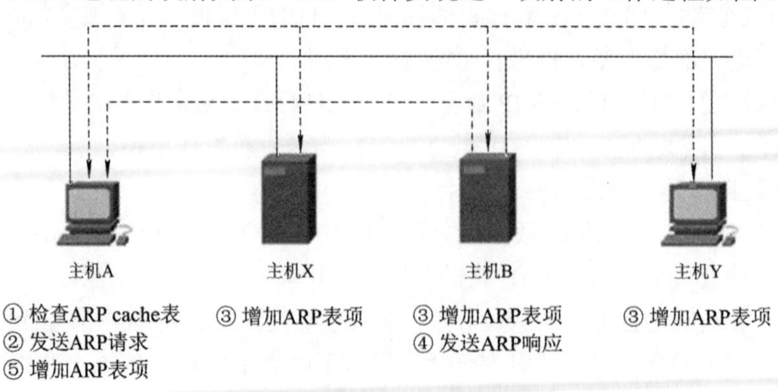

图 5-7　完整的 ARP 工作过程

(1) 计算机 A 检查自己高速 cache 中的 ARP 表，判断 ARP 表中是否存有计算机 B 的 IP 地址与 MAC 地址的映射关系。如果找到此映射关系，则完成了 ARP 地址解析；如果没有找到此映射关系，则转至下一步。

(2) 计算机 A 广播含有自身 IP 地址与 MAC 地址映射关系的请求信息包，请求解析计算机 B 的 IP 地址与 MAC 地址映射关系。

(3) 包括计算机 B 在内的所有计算机接收到计算机 A 的请求信息，然后将计算机 A 的 IP 地址与 MAC 地址的映射关系存入各自的 ARP 表中。

(4) 计算机 B 发送 ARP 响应信息，通知自己的 IP 地址与 MAC 地址的对应关系。

(5) 计算机 A 接收到计算机 B 的响应信息，并将计算机 B 的 IP 地址与 MAC 地址的映射关系存入自己的 ARP 表中，从而完成计算机 B 的 ARP 地址解析。

计算机 A 得到计算机 B 的 IP 地址与 MAC 地址的映射关系后就可以顺利地与计算机 B 通信了。在整个 ARP 工作期间，不但计算机 A 得到了计算机 B 的 IP 地址与 MAC 地址的映射关系，而且计算机 B、X 和 Y 也都得到了计算机 A 的 IP 地址与 MAC 地址的映射关系。

2. RARP

RARP 用于一种特殊情况，如果站点初始化以后，只有自己的物理网络地址，而没有 IP 地址，则它可以通过 RARP 协议发出广播请求，征求自己的 IP 地址，而 RARP 服务器则负责回答。这样，无 IP 地址的站点可以通过 RARP 协议取得自己的 IP 地址，这个地址在系统下一次重新开始以前都有效，不用连续广播请求。RARP 广泛用于获取无盘工作站的 IP 地址。

5.2.3 ICMP 与 IGMP 协议

1. ICMP 协议

从 IP 互联网协议的功能可以知道 IP 提供的是一种不可靠的无连接报文分组传送服务。若路由器或主机出现故障、网络阻塞等情况时，就需要通知发送主机采取相应措施。

为了使互联网能报告差错，或提供有关意外情况的信息，在 IP 层加入了一类特殊用途的报文机制，即互联网控制报文协议 ICMP。接收方利用 ICMP 来通知发送方哪些方面需要修改。例如，目的主机或中继路由器在发现问题时会产生相关的 ICMP 报文。如果一个分组无法传送，ICMP 便可以用来警告分组源，说明有网络、主机或端口不可达等问题。此外，ICMP 也可以用来报告网络阻塞。ICMP 是 IP 正式协议的一部分，ICMP 数据报通过 IP 送出，因此它在功能上属于网络层。

2. IGMP 协议

通常的 IP 通信是在一个发送方和一个接收方之间进行的，称为单播 (Unicast)。局域网中可以实现对所有网络节点的广播 (Broadcast)。但对于有些应用，需要同时向大量接收者发送信息，比如应答的更新复制、分布式数据库的操作、为所有经纪人传送股票交易信息，以及多会场的视频会议等。这些应用的共同特点就是一个发送方对应多个接收方，接收方可能不是网络中的所有主机，也可能没有位于同一个子网。这种通信方式介于单播和广播之间，被称为组播或多播 (Multicast)。

IP 采用 D 类地址来支持多播，每个 D 类地址代表一组主机，共有 28 位可用来标识主机组 (Host Group)，因此理论上可以同时有多达 2 亿 5 千万个多播组。当一个进程向一个 D 类地址发送报文时，就是同时向该组中的每个主机发送同样的数据，但网络只是尽最大努力将报文传送给每个主机，并不能保证全部送达，组内有些主机可能收不到这个报文。

因特网支持两类组播地址：永久组地址和临时组地址。

(1) 永久组地址是预定义的，不必创建而且总是存在的，每个永久组都有一个永久组地址。例如：224.0.0.1 代表局域网中所有系统；224.0.0.2 代表局域网中所有路由器；224.0.0.5 代表局域网中所有运行 OSPF 的路由器。

(2) 临时组地址则在使用前必须先创建，一个进程可以要求其所在的主机加入或退出某个特定的组，当主机上的最后一个进程退出某个组后，该组就不再在这台主机中出现。每个主机都要记录当前进程属于哪个组。

多播通信需要特殊的多播路由器，多播路由器可以兼有普通路由器的功能。因为组内主机的关系是动态的，因此本地的多播路由器要周期性地对本地网络中的主机进行轮询 (发送目的地址为 224.0.0.1 的多播报文)，要求网内主机报告其进程当前所属的组，各主机会将其感兴趣的 D 类地址返回，多播路由器以此决定哪些主机留在哪个组内。若经过多次轮询后一个组内已经没有主机成员，则多播路由器会认为该网络中已经没有主机属于该组，以后就不再向其他多播路由器通告组内成员的状况。

多播路由器和主机间的询问和响应过程使用因特网组管理协议 (Internet Group Management Protocol，IGMP) 进行通信。IGMP 类似于 ICMP，但只有两种报文，即询问和响应。询问和响应都遵循简单的固定格式，其中数据字段中的第一个字段是控制信息，第二个字段是一个 D 类地址。IGMP 使用 IP 报文头部传递其报文，具体做法是 IGMP 报文加上 IP 报文头部构成 IP 报文进行传输，但 IGMP 也向 IP 提供服务。通常不把 IGMP 看作一个单独的协议，而是看作整个互联网协议 IP 的一个组成部分。

为了适应交互式音频和视频信息的多播需求，Internet 从 1992 年开始试验虚拟多播主干网 (Multicast Backbone On the Internet，MBONE)。MBONE 可以将报文传输给不在一起但属于一个组的多个主机。在 MBONE 中具有多播功能的路由器称为多播路由器 (Multicast Router，MRouter)，多播路由器既可以是一个单独的路由器，也可以是运行多播软件的普通路由器。

尽管 TCP/IP 中的多播已经成为标准，但在多播路由器中路由信息的传播尚未标准化。目前正在进行实验的是距离向量多播路由协议 (Distance Vector Multicast Router Protocol，DVMRP)。DVMRP 的路由选择是通过生成树实现的，每个多播路由器采用修改过的距离矢量协议与相邻的多播路由器交换信息，以便每个路由器为每个多播组构造一个覆盖所有组成员的生成树。

若多播报文在传输过程中遇到不支持多播的路由器或网络，就要用隧道 (Tnunneling) 技术来解决，即将多播报文再次封装为普通报文进行单播传输，在到达另外一个支持多播的路由器后再解封装为多播报文继续传输。

5.3 IPv4 地址

当把整个 Internet 看成一个单一、抽象的网络时，IP 地址就是给连接到 Internet 上的每一台主机分配一个全世界范围内唯一的 32 位的标识符，IP 地址现在由 Internet 名字与号码指派公司 ICANN(Internet Corporation for Assigned Names and Numbers) 进行分配。

5.3.1　IP 地址的表示

IP 地址由 32 位二进制数值组成 (4 个字节)，但为了方便用户的理解和记忆，它采用了点分十进制标记法，即将 4 个字节的二进制数值转换成 4 个十进制数值，每个数值取值在 0～255 之间，数值中间用 “.” 间隔，表示成 w.x.y.z 的形式，如图 5-8 所示。

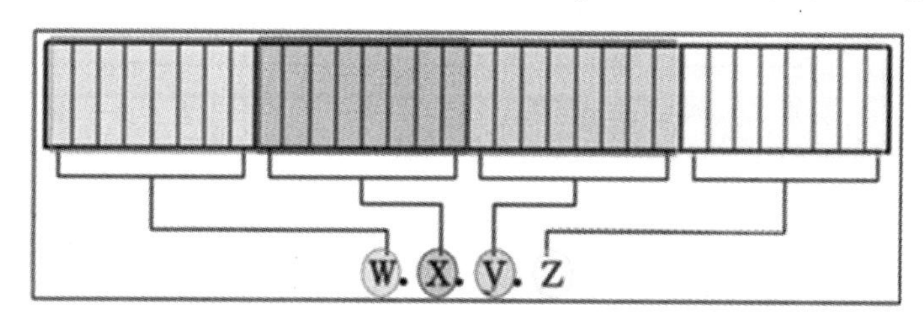

图 5-8　IP 地址的点分十进制标记法

例如，二进制 IP 地址如图 5-9 所示。用点分十进制表示法表示成 202.93.120.44。

1	1	0	0	1	0	1	0	0	1	0	1	1	1	0	1	0	1	1	1	1	0	0	0	0	0	1	0	1	1	0	0

图 5-9　IP 地址举例

5.3.2　IP 地址的分类

IP 协议规定，IP 地址的长度为 32 位，包括网络号部分 (netID) 和主机号部分 (hostID)，如图 5-10 所示。

网络号 netID	主机号 hostID

图 5-10　IP 地址的组成

网络号 netID：标识互联网中一个特定网络。

主机号 hostID：标识网络中主机的一个特定连接。

那么，在这 32 位中，哪些比特代表网络号，哪些比特代表主机号？因为地址长度确定后，网络号长度将决定整个互联网中能包含多少个网络，主机号长度则决定每个网络能容纳多少台主机。

为了适应各种不同的网络规模，IP 协议将 IP 地址分成 A、B、C、D 和 E 5 类：

(1) A 类 IP 地址的第一个字节以“0”开始，用 7 bit 表示网络号，24 bit 表示主机号，适用于大型规模的网络。

(2) B 类 IP 地址的第一个字节以“10”开始，用 14 bit 表示网络号，16 bit 表示主机号，适用于中型规模的网络。

(3) C 类 IP 地址的第一个字节以“110”开始，用 21 bit 表示网络号，8 bit 表示主机号，适用于较小规模的网络。

(4) D 类 IP 地址用于多目的地址发送。

(5) E 类 IP 地址保留为今后使用。

IP 地址的分类如图 5-11 所示。利用 IP 地址的第一个字节就可以分辨出它的地址类型。

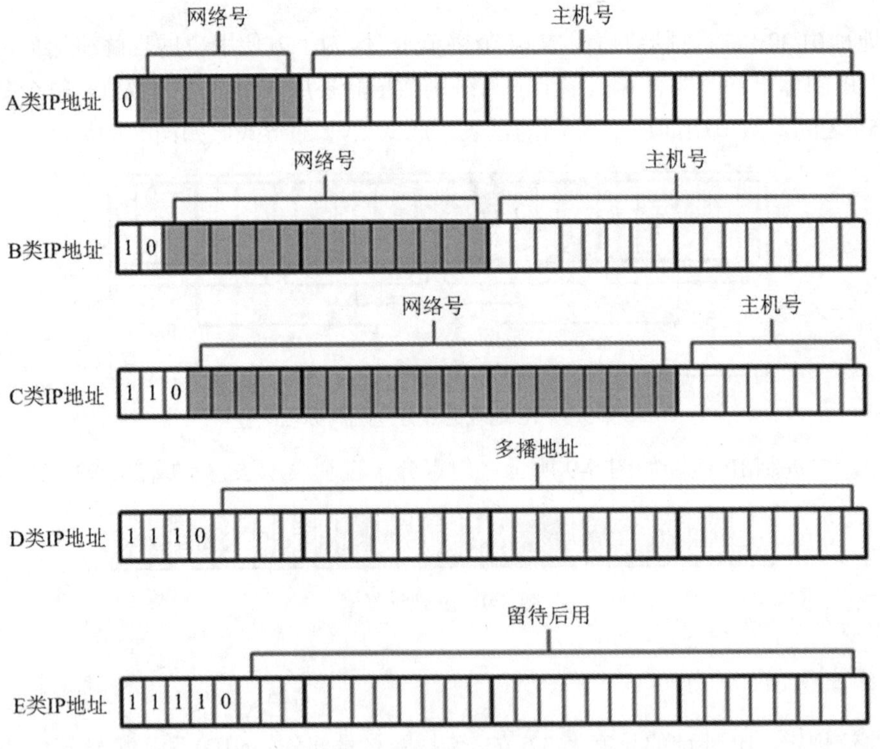

图 5-11　IP 地址的分类

IP 地址的分类是经过精心设计的，它能适应不同的网络规模，具有一定的灵活性。表 5-1 简要地总结了 A、B、C 三类 IP 地址可以容纳的网络数和主机数。

表 5-1　A、B、C 三类 IP 地址可以容纳的网络数和主机数

类别	第一字节范围	网络号长度	最大的主机数目	使用的网络规模
A	1～126	1 B	16 777 214	大型网络
B	128～191	2 B	65 534	中型网络
C	192～223	3 B	254	小型网络

A 类地址的第一个字节为 1～126。需要注意的是，数字 0 和 127 不作为 A 类地址，数字 127 保留给内部回送函数，而数字 0 则表示该地址是本地宿主机，不能传送。

5.3.3　特殊的 IP 地址

IP 地址除了可以表示主机的一个物理连接外，还有几种特殊的表现形式。

1. 网络地址

在互联网中，经常需要使用网络地址，那么怎么来表示一个网络呢？IP 地址方案规定，网络地址包含了一个有效的网络号和一个全“0”的主机号。

例如，IP 地址为 202.93.120.44 的主机，202.93.120.44 为一个 C 类 IP 地址，前三个字节为网络号，后一个字节为主机号，所以该主机所在的网络地址为 202.93.120.0，它的主机号为 44。

2. 广播地址

当一个设备向网络上所有的设备发送数据时，就产生了广播。为了使网络上所有设备能够注意到这样一个广播，必须使用一个可识别和侦听的 IP 地址。

IP 广播地址有两种形式：一种叫直接广播 (Directed Broadcasting) 地址；另一种叫有限广播 (Limited Broadcasting) 地址。

(1) 直接广播。

如果广播地址包含一个有效的网络号和一个全“1”的主机号，那么称为直接广播地址。在 IP 互联网中，任意一台主机均可向其他网络进行直接广播。

例如，IP 地址为 202.93.120.44 的主机，202.93.120.255 就是它的直接广播地址。互联网上的一台主机如果使用该 IP 地址作为数据报的目的 IP 地址，那么这个数据报将同时发送到 202.93.120.0 网络上的所有主机。

直接广播地址的主要问题是在发送前必须知道目的网络的网络号。

(2) 有限广播地址。

32 bit 全为“1”的 IP 地址 255.255.255.255 用于本网广播，该地址叫作有限广播地址。实际上，有限广播将广播限制在最小的范围内，如果采用标准的 IP 编址，那么有限广播将被限制在本网络之中；如果采用子网编址，那么有限广播将被限制在本子网之中。

有限广播不需要知道网络号，因此在主机不知道本机所处的网络时，只能采用有限广播方式。

3. 回送地址

A 类网络地址 127.0.0.0 是一个保留地址，用于网络软件测试以及本地机器进程间通信。这个 IP 地址叫做回送地址 (Loopback Address)。无论什么程序，一旦使用回送地址发送数据，则协议软件不进行任何网络传输，立即将之返回。因此，网络号为 127 的数据报不可能出现在任何网络上。

4. 专用网

网络中 IP 地址分为两类：全局 IP 地址 (也称公共 IP 地址) 和专用 IP 地址 (也称私有 IP

地址)。

(1) 全局 IP 地址：用于连接因特网上的公共主机。

(2) 专用 IP 地址：仅用于专用网内部的本地主机。

公共主机和本地主机可以共存于同一网络和互访；大多数路由器不转发携带本地 IP 地址的数据分组，本地主机必须经过网络地址迁移服务器 (NAT) 或代理服务器才能访问因特网。

如果一个网络不需要接入因特网，但需要在本地网络上运行 TCP/IP 协议，那么因特网管理机构保留了 3 块为专用网使用的地址。RFC1918 定义了专用网的地址分配方案，如表 5-2 所示。

表 5-2　专用网的地址

IP 地址范围	说　明
10.0.0.0～10.255.255.255	1 个 A 类地址段
172.16.0.0～172.31.255.255	16 个连续的 B 类地址段
192.168.0.0～192.168.255.255	256 个连续的 C 类地址段

5. 默认子网掩码

默认子网掩码也是一个 32 位地址，其与标准的 IP 地址相对应，用来指明一个 IP 地址中哪些位标识的是网络号，哪些位标识的是主机号。默认子网掩码不能单独存在，必须结合 IP 地址一起使用。默认子网掩码的作用就是划分出某个 IP 地址中的网络号和主机号。

(1)“与”运算规则。

$$0 \wedge 0 = 0 \qquad 0 \wedge 1 = 0 \qquad 1 \wedge 0 = 0 \qquad 1 \wedge 1 = 1$$

从“与”运算规则可以得到，任何数与“0”按位“与”，结果都是“0”；任何数与“1”按位“与”，结果还是原数，不改变原来的数值。

(2) 子网掩码设定规则。

默认子网掩码由连续的 1 和 0 组成。例如 A 类默认子网掩码为 255.0.0.0，其中，左边 255 连续的“1”代表网络号，1 的数目等于网络号的长度；右边连续的“0”代表主机号，0 的数目等于主机号的长度。

默认子网掩码与 IP 地址按位“与”运算时，网络号所在的位与“1”按位“与”运算时不改变原网络号的值，主机号所在的位与“0”按位“与”则屏蔽原主机号的值，使主机号所在的位全变为“0”，从而得出该 IP 地址所对应的网络地址。

按照标准的 A、B、C 类 IP 地址的定义，得到对应的默认子网掩码如表 5-3 所示。

表 5-3　默认子网掩码

类别	格　式	默认子网掩码
A	network .node.node.node	255.0.0.0
B	network. network.node.node	255.255.0.0
C	network. network. network .node	255.255.255.0

【例 1】 IP 地址为 202.93.120.44 的主机，网络地址是多少？

网络地址 = IP 地址∧默认子网掩码

IP 地址 202.93.120.44 为 C 类地址，则默认子网掩码为 255.255.255.0，网络地址求解如下：

202.93.120.44			11001010. 01011101. 01111000. 00101100
∧ 255.255.255.0	→	∧	11111111. 11111111. 11111111. 00000000
202.93.120.0			11001010. 01011101. 01111000. 00000000

5.4 IPv4 子网划分

在 IP 互联网中，A、B、C 类 IP 地址是经常使用的 IP 的地址。由于经过网络号和主机号的层次划分，它们能适应于不同的网络规模。使用 A 类 IP 地址的网络可以容纳 1600 万台主机，而使用 C 类 IP 地址的网络仅可以容纳 254 台主机，但是随着计算机的发展和网络技术的进步，个人电脑应用迅速普及，小型网络 (特别是小型局域网) 越来越多。这些网络多则拥有几十台主机，少则只拥有两三台主机。对于小规模网络即使采用一个 C 类 IP 地址也是一种浪费 (可以容纳 254 台主机)，因而在实际应用中，人们开始寻找新的解决方案以避免 IP 地址的浪费问题，如采用子网编址技术。

5.4.1 子网编址

为了避免 IP 地址的浪费，子网编址将 IP 地址的主机号部分进一步划分成子网号和主机号，如图 5-12 所示。网络管理员从标准 IP 地址的主机号部分“借”位，并把它们指定为子网号部分。

图 5-12　子网编址的层次结构

子网号的借位必须遵循一定的规则，至少给主机号留 2 bit。子网号可以借用主机号的任意位数，但至少借用 2 位，如 B 类网络的主机号部分有两个字节 (16 bit)，故而最多可以借用 14 位去创建子网。而在 C 类网络中，由于主机号部分只有一个字节 (8 bit)，故最多只能借用 6 位去创建子网。

5.4.2 子网划分

例如：130.66.0.0 是一个 B 类 IP 地址，借用了其中一个字节分配子网，如图 5-13 所示。

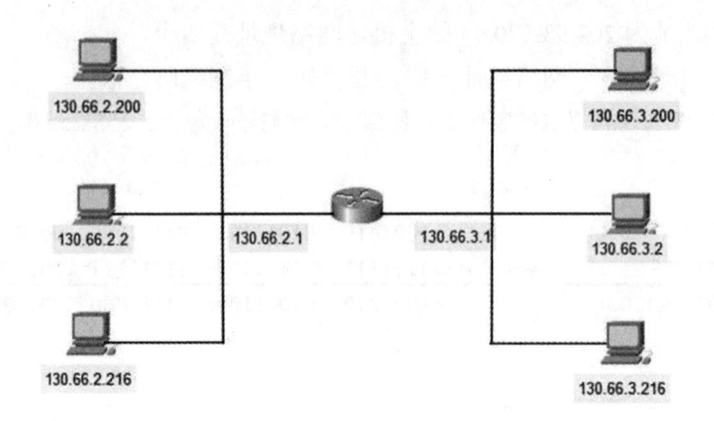

图 5-13 借用标准 IP 的主机号创建子网

130.66.2.216 中的网络号为 130.66，子网号为 2，主机号为 216。

当然，如果从 IP 地址的主机号借位来创建子网，相应子网中的主机数目也会减少。例如，一个 C 类网络，用一个字节表示主机号，可以容纳的主机数为 254 台。当利用这个 C 类网络创建子网时，如果借用 2 位作为子网号，剩下的 6 位来表示子网中的主机号，那么每个子网可以容纳的主机数为 62 台；如果借用 3 位作为子网号，剩下的 5 位来表示子网中的主机号，那么每个子网可以容纳的主机数也就减少到 30 台。

与标准的 IP 地址相同，子网编址也为子网网络和子网广播保留了地址编号。在子网划分之前，需要先了解子网中的几个概念，如子网地址、子网广播地址、子网掩码等，可以参照前面章节介绍的网络地址和广播地址等概念。

1. 子网地址

子网地址包含一个有效的网络号、子网号和主机号全“0”的地址。

2. 子网广播地址

和 IP 广播地址一样，子网的广播地址也有两种形式：一种叫直接广播，另一种叫有限广播。

(1) 直接广播。子网的直接广播地址包含一个有效的网络号、子网号和主机号全“1”的地址。

(2) 有限广播。如果采用子网编址，那么有限广播将被限制在本子网之中。

3. 子网掩码

同前面的默认子网掩码定义相同，子网掩码对应 IP 地址的三级结构，每个子网掩码不能单独使用，必须同 IP 地址一起，其中网络号和子网号对应的位用“1”表示，主机号对应的位用“0”表示，得到的地址为子网掩码。

需要注意的是，可以参考网络地址的求解方法，利用 IP 地址和子网掩码按位“与”的操作来求子网地址。也可以利用 IP 地址的三级结构来得到网络号、子网号和主机号，再利用定义求解网络地址、子网地址、子网广播地址等。

为了与标准的 IP 编址保持一致，二进制全“0”或全“1”的子网号一般不分配给实际的子网。

【例2】 利用IP地址三级结构来求解子网地址。

(1) 借用B类IP地址128.22.25.6的8位来表示子网，如图5-14所示。

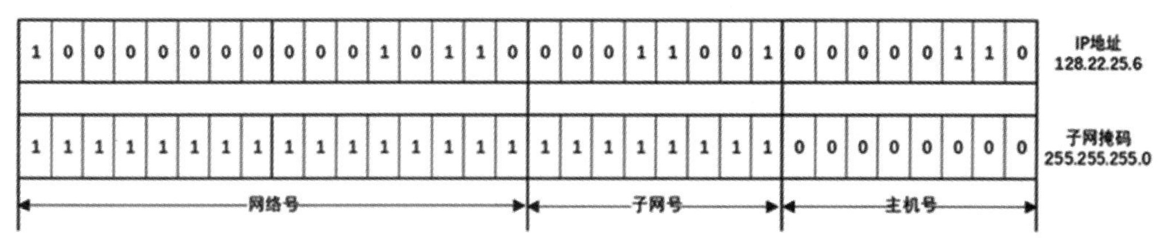

图5-14 例2举例1

从图5-14的三级结构可以得到：B类地址网络号占2个字节，得到网络号为128.22；从题目得到子网借了8 bit，正好是第三字节，即子网号为25；剩余的8 bit留给主机号，即主机号为6。

按照定义可以得到子网地址为：128.22.25.0。

(2) 借用B类IP地址128.22.25.6的4位来表示子网，如图5-15所示。

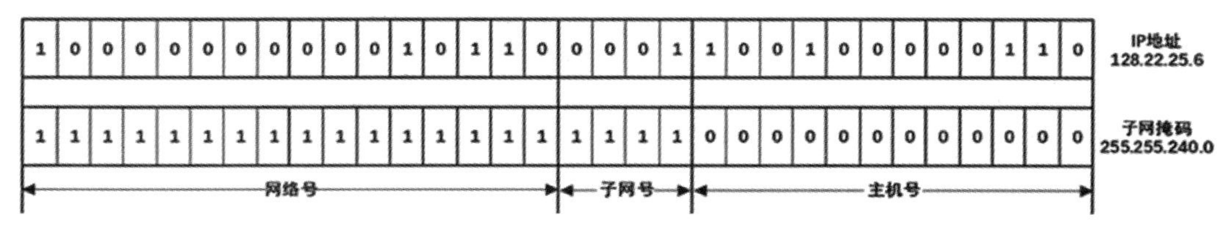

图5-15 例2举例2

从图5-15的三级结构可以得到：网络号仍然为128.22，从题目可以得到子网借了4 bit，子网号为0001(二进制)；剩余的12 bit留给主机号，即主机号为1001 0000 0110(二进制)。

按照定义可以得到子网地址的二进制形式为：10000000 00010110 00010000 00000000，转换为点分十进制的形式为：128.22.16.0。

需要注意的是，当子网借位不足整数个字节时，可以按照定义采用二进制的形式来表示，求解出结果后再转换成点分十进制形式。

(3) 假设有一个IP地址为202.113.26.0的C类网络，向主机号借用3位来划分子网，其中子网号、主机号范围、可容纳的主机数、子网地址、子网广播地址是多少？

按照IP地址的三级结构，C类地址网络号占3 B，子网号占3 bit，所以主机号占5 bit。得到对应的子网掩码为：11111111111111111111111111100000，转换成点分十进制形式，即为255.255.255.224，如图5-16所示。

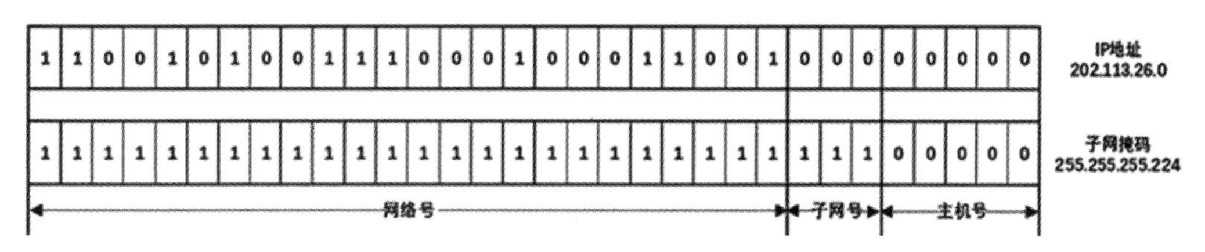

图5-16 例2举例3

① 子网号借用 3 bit，按照二进制的变化规则，可以表示数的范围为 000～111，可以表示 8 个数值，全 0 和全 1 的子网号一般不分配实际子网，所以得到的子网号如表 5-4 所示。

表 5-4　子网号分配方案

3 bit 表示数值	与子网掩码对应位按位“与”	二进制子网号
001	111	001
010	111	010
011	111	011
100	111	100
101	111	101
110	111	110

② 主机号还剩余 5 bit，按照二进制的变化规则，可以表示数的范围为 00000～11111，可以表示 32 个数值，按照特殊地址定义可以得到，主机号全部为“0”的表示该子网地址，全部为“1”的表示子网广播地址，其余的可以分配给子网中的主机。子网划分如表 5-5 所示。

表 5-5　对一个 C 类网络进行子网划分

子网	二进制子网号	二进制主机号范围	转换成点分十进制	可容纳的主机数	子网地址	广播地址
第 1 个子网	001	00000～11111	.32～.63	30	202.113.26.32	202.113.26.63
第 2 个子网	010	00000～11111	.64～.95	30	202.113.26.64	202.113.26.95
第 3 个子网	011	00000～11111	.96～.127	30	202.113.26.96	202.113.26.127
第 4 个子网	100	00000～11111	.128～.159	30	202.113.26.128	202.113.26.159
第 5 个子网	101	00000～11111	.160～.191	30	202.113.26.160	202.113.26.191
第 6 个子网	110	00000～11111	.192～.233	30	202.113.26.192	202.113.26.223

32 bit 全为“1”的 IP 地址 255.255.255.255 为有限广播地址，如果在子网中使用该广播地址，广播将被限制在本子网内。

通过以上例子可得出子网划分的具体步骤如下：

(1) 根据要求利用子网划分的三级结构：网络号 + 子网号 + 主机号，分别得到网络号、子网号和主机号的位数。

(2) 假设已知子网号位数，利用 IP 地址 (共 32 bit)，可得到主机号的位数，反之亦然。

(3) 子网号所在位数在全“0”到全“1”依次增加得到每一个子网号，全“0”和全“1”为特殊地址。

(4) 为每一个子网号分配主机地址，主机号范围也是全“0”到全“1”，全“0”表示子网地址，全“1”表示子网广播地址。剩下的地址为可分配给主机的地址。

常用的 B 类、C 类子网掩码划分关系如表 5-6 和 5-7 所示。

表 5-6　B 类网络子网划分关系表

子网位数 /bit	子网掩码	子网数	主机数
2	255.255.192.0	2	16 382
3	255.255.224.0	6	8190
4	255.255.240.0	14	4094
5	255.255.248.0	30	2046
6	255.255.252.0	62	1022
7	255.255.254.0	126	510
8	255.255.255.0	254	254
9	255.255.255.128	510	126
10	255.255.255.192	1022	62
11	255.255.255.224	2046	30
12	255.255.255.240	4094	14
13	255.255.255.248	8190	6
14	255.255.255.252	16 382	2

表 5-7　C 类网络子网划分关系表

子网位数 /bit	子网掩码	子网数	主机数
2	255.255.255.192	2	62
3	255.255.255.224	6	30
4	255.255.255.240	14	14
5	255.255.255.248	30	6
6	255.255.255.252	62	2

5.4.3　CIDR

无类域间路由选择 (Classless Inter-Domain Routing，CIDR) 消除了传统的 A、B 和 C 类 IP 地址以及划分子网的概念，因而可以有效分配 IPv4 的地址空间。它可以将好几个 IP 网络结合在一起，使用一种无类别的域间路由选择算法使它们合并成一条路由，从而减少路由表中的路由条目，减轻 Internet 路由器的负担。

CIDR 使用“斜线记法”，又称为 CIDR 记法，即在 IP 地址后面加上一个“/”，然后写上网络前缀所占的比特数 (这个数值对应于 IP 三级结构中子网掩码中 1 的个数)。

CIDR 借鉴了子网划分技术并取消 IP 地址分类结构的思想，使 IP 地址成为无类别的地址。

1. CIDR 记法

子网掩码用 CIDR 记法，如表 5-8 所示。

表 5-8 CIDR 的值

子网掩码	CIDR 的值	子网掩码	CIDR 的值
255.0.0.0	/8	255.255.240.0	/20
255.128.0.0	/9	255.255.248.0	/21
255.192.0.0	/10	255.255.252.0	/22
255.224.0.0	/11	255.255.254.0	/23
255.240.0.0	/12	255.255.255.0	/24
255.248.0.0	/13	255.255.255.128	/25
255.252.0.0	/14	255.255.255.192	/26
255.254.0.0	/15	255.255.255.224	/27
255.255.0.0	/16	255.255.255.240	/28
255.255.128.0	/17	255.255.255.248	/29
255.255.192.0	/18	255.255.255.252	/30
255.255.224.0	/19		

2. CIDR 计算技巧

【例 3】 C 类 IP 地址快速计算 (CIDR 值＞24)。

IP 地址为 192.168.10.0，子网掩码为 255.255.255.192(/26)，计算每个子网的子网地址、子网广播地址及可用主机地址范围。

(1) 计算主机号可以表示多少个地址数。

【方法一】 256 − 192 = 64

【方法二】 $2^{32-26} = 64$

注：主机号全“0”表示子网地址，全“1”表示子网广播地址不可用于主机。为了计算方便，暂不去掉。计算子网数也是同样的道理，暂不去掉全 0 和全 1 的子网号。

(2) 计算子网号可以表示多少个子网数。

【方法一】 256/64 = 4，即相当于本来应该有 256 个 IP 地址，现在每 64 个为一组，共 4 组。

【方法二】 $2^{26-24} = 4$，即相当于 C 类默认掩码为 24 个 1，现在是 26 个 1，多了 26 − 24 = 2 bit，多出来的是子网借主机的位数，用来划分子网，即可得子网数为：$2^2 = 4$。

(3) 计算每个子网的子网地址、子网广播地址及可用主机地址范围。

每个子网的子网地址、子网广播地址及可用主机地址范围如表 5-9 所示。

表 5-9 子网地址、子网广播地址及可用主机地址范围

子网号	子网地址	子网广播地址	可用主机地址范围
(00)0	192.168.10.0	192.168.10.63	192.168.10.1～192.168.10.62
(01)1	192.168.10.64	192.168.10.127	192.168.10.65～192.168.10..126
(10)2	192.168.10.128	192.168.10.191	192.168.10.129～192.168.10..190
(11)3	192.168.10.192	192.168.10.255	192.168.10.193～192.168.10..254
备注	从 0 开始，64 个值为一组	下一个子网地址减 1	子网地址 +1～子网广播地址 −1 之间的地址为可用主机地址范围

【例 4】 B 类 IP 地址快速计算 (16＜CIDR 值＜24)。

B 类 IP 地址计算与 C 类 IP 地址一样，但需要注意两个问题：① B 类 IP 地址的默认掩码为 255.255.0.0，即 CIDR 表示为 /16；② B 类地址有更多的主机位。

IP 地址为 172.16.0.0/18，子网掩码为 255.255.192.0(/18)，计算每个子网的子网地址、子网广播地址及可用主机地址范围。

(1) 计算主机号可以表示多少地址数。

【方法一】 $2^{32-18} = 2^{14} = 2^6 \times 2^8$

【方法二】 $(256 - 192) \times 2^8 = 64 \times 2^8$

(2) 计算子网号可以表示多少个子网数。

【方法一】 子网数 = 未划分子网时总的地址数 / 每个子网里的地址数

$2^{16}/2^{14} = (2^8 \times 2^8)/(2^6 \times 2^8) = 2^8/2^6 = 4$

子网号只在第三字节中变化，即第三个字节分为 4 组，在子网地址求解中主机号全“0”，即不用考虑第四字节的变化，求解方法类似于 C 类 IP 地址。

【方法二】 $2^{18-16} = 4$，即相当于本来默认掩码为 16，现在是 18，多了 2 个 1，即 $2^2=4$。

(3) 计算每个子网的子网地址、子网广播地址及可用主机地址范围。

每个子网的子网地址、子网广播地址及可用主机地址范围如表 5-10 所示。

表 5-10　子网地址、子网广播地址及可用主机地址范围

网络编号	子网地址	子网广播地址	可用主机地址范围
0	172.16.0.0	172.16.63.255	172.16.0.1～172.16.63.254
1	172.16.64.0	172.16.127.255	172.16.64.1～172.16.127.254
2	172.16.128.0	172.16.191.255	172.16.128.1～172.16.191.254
3	172.16.192.0	172.16.255.255	172.16.192.1～172.16.255.254
备注	第三字节从 0 开始，64 个为一组	下一个子网地址减 1	子网地址 +1～子网广播地址 -1 之间的地址为可用主机地址范围

需要注意的是，子网地址 +1 或者子网广播地址 -1 只涉及末尾，利用二进制的运算规则进行加减运算不会产生进位或借位。通过例 4 和例 5 的运算规律，可以选择一个 A 类 IP 地址进行计算。

5.4.4　VLSM

在前面定义子网掩码时，假设整个网络中的子网掩码使用同一个掩码。也就是说，无论各个子网中容纳了多少台主机，只要这个网络被划分为多个子网，这些子网都将使用相同的子网掩码。然而在许多情况下，网络中不同子网连接的主机数可能有很大的差别，这就需要在一个主网络中定义多个子网掩码，这种方式称为可变长子网掩码 (Variable-length subnet mask，VLSM)。

1. VLSM 的优点

(1) VLSM 使 IP 地址的使用更加有效，减少了子网中 IP 地址的浪费，并且 VLSM 允

许对于已经划分过子网的网络继续划分子网。

在图 5-17 中，网络 172.16.0.0/16 被划分成 /24 的子网，其中子网 172.16.14.0/24 又被继续划分成 /27 的子网。这个 /27 的子网的网络范围是 172.16.14.0/27～172.16.14.224/27。从图 5-17 中可以看到，又将 172.16.14.128/27 的网络继续划分成 /30 的子网。对于这个 /30 的子网，网络中可用的主机数为 2 个，这两个 IP 地址正好为连接两台路由器的端口使用。

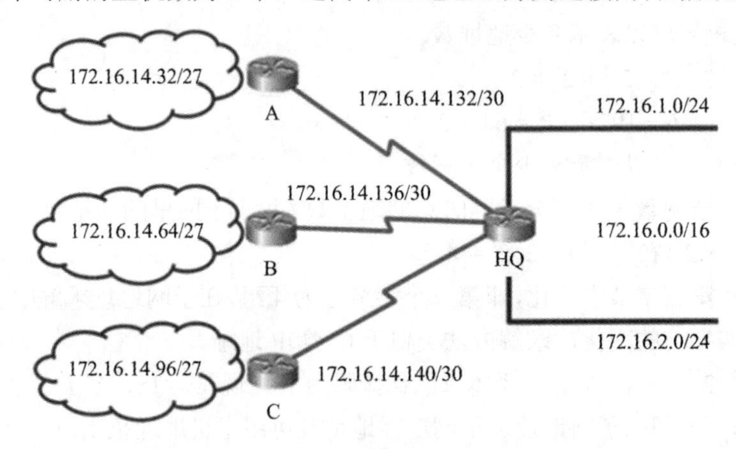

图 5-17　VLSM 可变长的子网掩码

(2) VLSM 提高了路由汇总的能力。加强了 IP 地址的层次化结构设计，使路由表的路由汇总更加有效。

2. VLSM 的计算

子网划分的基本原则如下：

(1) 每个子网 (又称为块) 的主机数 (又称为尺寸) 必须为 2 的整数次幂。

(2) 不允许出现块嵌套 (为避免此问题，可以按照块的大小从大到小进行分配)。

以一个字节的主机数进行分块为例，如图 5-18 所示。

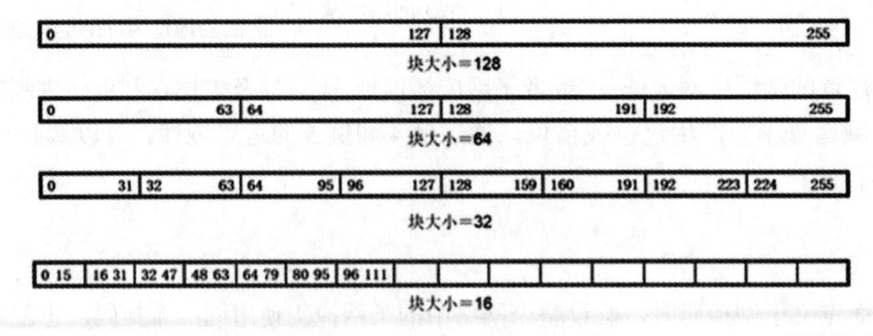

图 5-18　一个字节的主机数分块

假设一个企业已经分配了一个 C 类 IP 地址 192.168.10.0，子网掩码未确定。该分支机构拥有的部分用户数如图 5-19 所示，现给每个子网分配一个子网段。为避免造成地址资源的浪费，从图 5-19 可以看出，每个部门拥有的用户数是不等的，即所需要的块大小不相同，此时如果使用 VLSM 技术，就可以将原有一个子网地址分出更多子网，并且每个子网也可以有效避免地址的浪费。

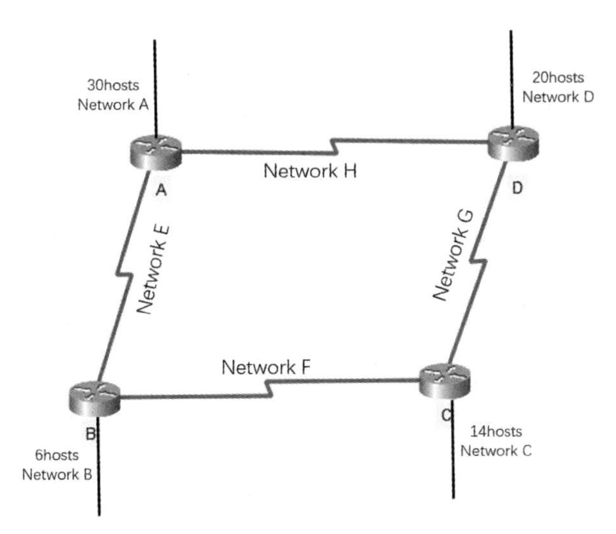

图 5-19 企业架构图

(1) 确定企业架构中需要的子网数，子网包括 LAN 和路由器链路。其中路由器的每个端口对应一个子网，相邻路由器的相邻端口属于同一个子网。

由图 5-19 可以分析得出该企业一共有 8 个子网，分别为 Network A～H。

(2) 确定每个子网的主机数，即需要的块的大小，必须满足 2^n。

Network A 需要 30 台主机，$30 \leqslant 2^5 - 2$，即为 Network A 分配的块的大小为 2^5。同理得到其他网络块的大小，如表 5-11 所示。

表 5-11 网络块的大小

网络	需要地址数	分配块大小
A	30	$2^5 = 32$
B	6	$2^3 = 8$
C	14	$2^4 = 16$
D	20	$2^5 = 32$
E	2	$2^2 = 4$
F	2	$2^2 = 4$
G	2	$2^2 = 4$
H	2	$2^2 = 4$

(3) 按照块的大小从大到小进行分配，如图 5-20 所示。

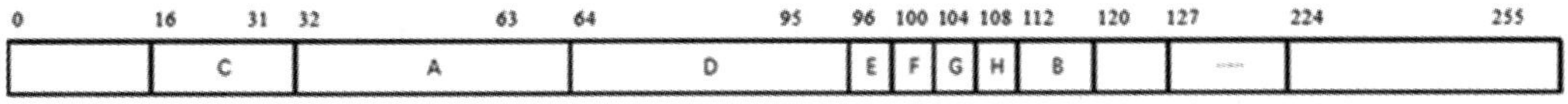

图 5-20 块的分配

(4) 确定子网地址、CIDR 值。该地址为 C 类 IP 地址，按照块的大小可得到 CIDR 的值。按照第 3 步分配的块的大小可以得到子网地址。

Network A 分配的块的大小为 2^5，必须给主机号留 5 bit，即得 CIDR 的值为 $32 - 5 = 27$，

同理得其他网段的 CIDR 值如表 5-12 所示。

表 5-12　其他网段的 CIDR 值

网络	需要地址数	分配块大小	CIDR 值	子网地址
A	30	$2^5 = 32$	/27	192.168.10.32
B	6	$2^3 = 8$	/29	192.168.10.112
C	14	$2^4 = 16$	/28	192.168.10.16
D	20	$2^5 = 32$	/27	192.168.10.64
E	2	$2^2 = 4$	/30	192.168.10.96
F	2	$2^2 = 4$	/30	192.168.10.100
G	2	$2^2 = 4$	/30	192.168.10.104
H	2	$2^2 = 4$	/30	192.168.10.108

5.5 IPv6 地址

IP 协议是因特网的核心协议，现在使用的 IP 协议 (IPv4 版本) 是在 20 世纪 70 年代末期设计的，无论从计算机本身的发展还是从因特网规模和网络传输速率来看，IPv4 已不适用于当下了，最主要的问题就是 32 位的 IP 地址无法满足当前的需求。

为了有效解决 IP 地址耗尽的问题，最根本的办法就是采用具有更大地址空间的新版本 IP 协议，即 IPv6。

5.5.1　IPv6 的基本首部

IPv6 仍支持无连接的传输，但将协议数据单元 PDU 称为分组，而不是 IPv4 中的数据报。IPv6 所带来的主要变化如下：

(1) 更大的地址空间。IPv6 把地址从 IPv4 的 32 位增大到 128 位，地址空间增大了 2^{96} 倍，这样大的地址空间在可预见的将来是不会用完的。

(2) 灵活的首部格式。IPv6 数据报的首部和 IPv4 的并不兼容。IPv6 定义了许多可选的扩展首部，不仅可以提供比 IPv4 更多的功能，而且可以提高路由器的处理效率，这是因为路由器对扩展首部不进行处理 (除逐跳扩展首部外)。

(3) 改进的选项。IPv6 允许数据报包含选项的控制信息，因而可以包含一些新的选项。IPv4 所规定的选项是固定不变的。

(4) 支持即插即用 (即自动配置)。

(5) 支持资源的预分配。IPv6 支持实时视像等，要求保证一定的带宽和时延。

(6) 首部对齐方式的改变。IPv6 首部改为 8 B 对齐，即首部长度必须是 8 B 的整数倍。IPv4 首部是 4 字节对齐。

1. IPv6 报文结构

IPv6 数据报在基本首部 (Base Header) 的后面允许有零个或多个扩展首部 (Extension Header)，最后是数据，如图 5-21 所示。需要注意的是，所有的扩展首部都不属于 IPv6 数据报的首部。所有的扩展首部和数据合起来叫作数据报的有效载荷 (Payload) 或净负荷。IPv6 数据报的一般形式如图 5-21 所示。

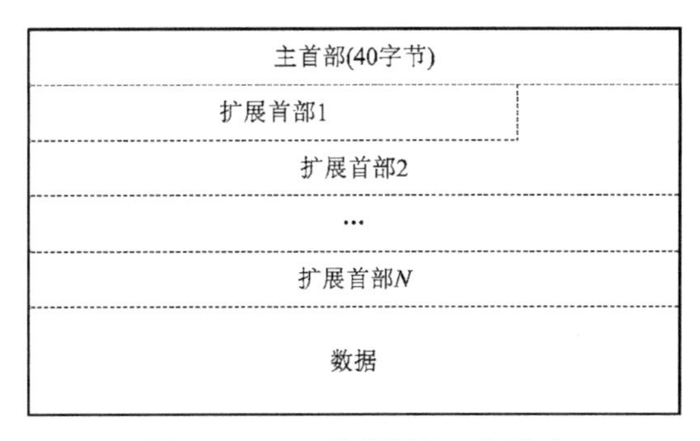

图 5-21　IPv6 数据报的一般形式

(1) 主首部：包含源地址、目的地址和每个数据报需要的重要信息。

(2) 扩展首部：包含一种额外信息以支持不同特性，包括分片、源路由、安全和选项。

(3) 数据：来自上层的需要被数据报传输的有效载荷。

2. IPv6 的主首部

每一个数据报都必须有 IPv6 的主首部，它包含寻址和控制信息，这些信息用来管理数据报的处理和选路，如图 5-22 所示。

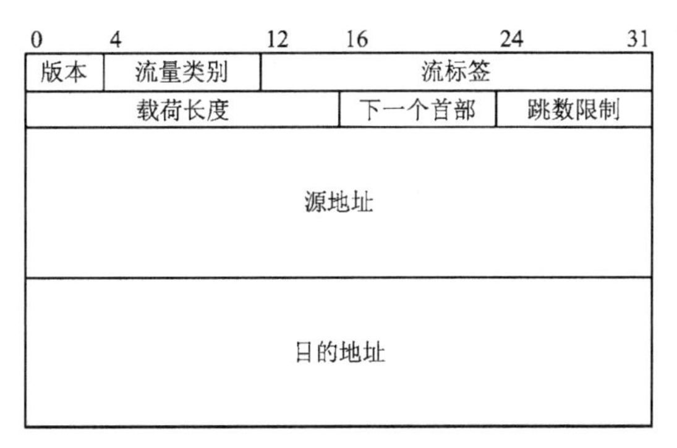

图 5-22　IPv6 基本首部

(1) 版本 (Version)：占 4 位，指明协议的版本，IPv6 该字段是 6。

(2) 流量类别：占 8 位，区分不同的 IPv6 数据报的类别或优先级。中间节点根据每个流量类别来转发分组，默认情况下，源节点会将流量类别字段设置为 0。

(3) 流标签：占 20 位，IPv6 的一个新的机制是支持资源分配，并且允许路由器把每一个数据报与一个给定的资源分配相联系。IPv6 提出了流 (Flow) 的抽象概念，所谓流就是互联网上从特定源点到特定终点的一系列数据报，而在这个流所经过的路径上的路由器都保证指定的服务质量。所有属于同一个流的数据报都具有同样的流标签。因此流标签对实时音频 / 视频数据的传送特别有用。对于传统的电子邮件或非实时数据，流标签则没有用处，把它置为“0”即可。

(4) 载荷长度 (Payload Length)：占 16 位，指明 IPv6 数据报除基本首部以外的字节数 (所有扩展首部都算在有效载荷之内)。这个字段的最大值是 64 KB。

(5) 下一个首部 (Next Header)：占 8 位，相当于 IPv4 的协议字段或可选字段。

(6) 跳数限制 (Hop Limit)：占 8 位，用来防止数据报在网络中无限制地存在，源点在每个数据报发出时即设定某个跳数限制 (最大为 255 跳)。每个路由器在转发数据报时，要先把跳数限制字段中的值减 1，当跳数限制的值为“0”时，就要把这个数据报丢弃。

(7) 源地址：占 128 位，是数据报的发送端的 IP 地址。

(8) 目的地址：占 128 位，是数据报的接收端的 IP 地址。

3. IPv6 的扩展首部

如果 IPv4 的数据报在其首部中使用了选项，那么沿数据报传送的路径上的每一个路由器都必须对这些选项一一进行检查，这就降低了路由器处理数据报的速度。然而，实际上很多选项在途中的路由器上是不需要检查的。IPv6 把原来 IPv4 首部中选项的功能都放在扩展首部中，并把扩展首部留给路径两端的源点和终点的主机来处理，而数据报途中经过的路由器都不处理这些扩展首部，这样就大大提高了路由器的处理效率。

IPv6 定义了六种扩展首部：① 逐跳选项；② 路由选择；③ 分片；④ 鉴别；⑤ 封装安全有效载荷；⑥ 目的站选项。

每一个扩展首部都由若干个字段组成，它们的长度各不相同。但所有扩展首部的第一个字段都是 8 位的“下一个首部”字段。此字段的值指出了在该扩展首部后面的字段是什么，当使用多个扩展首部时，应按先后顺序依次出现。高层首部总是放在最后面。

图 5-23 表示当数据报不包含扩展首部时，固定首部中的下一个首部字段，相当于 IPv4 首部中的协议字段，此字段的值指出后面的有效载荷应当交付给上一层的哪一个进程。

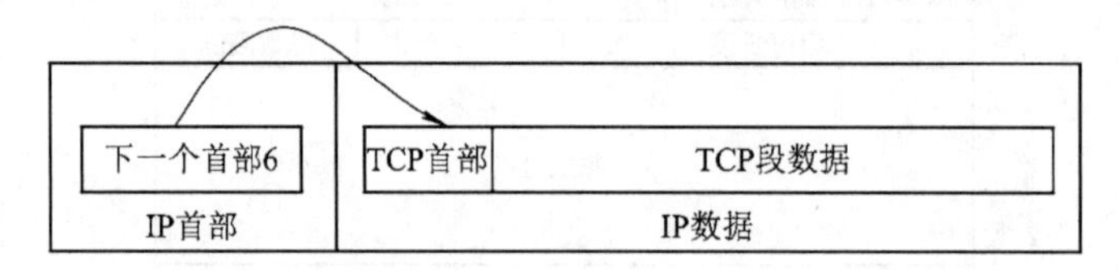

图 5-23　无扩展首部的 IPv6 数据报

例如，当有效载荷是 TCP 报文段时，固定首部中下一个首部字段的值就是 6，这个数值和 IPv4 中协议字段填入的值一样。后面的有效载荷就被交付给上层的 TCP 进程。

下一个首部字段允许设备更容易地处理所接收的 IPv6 数据报首部。当数据报不含扩展首部时，下一个首部实际上就是 IP 数据字段的起始部分，在图 5-23 中就是 TCP 的首部，字段值是 6。如果有扩展首部，每个首部的下一个首部字段的值就是表示数据报中下一个首部类型的数值，因此它们在逻辑上链接了首部，如图 5-24 所示。

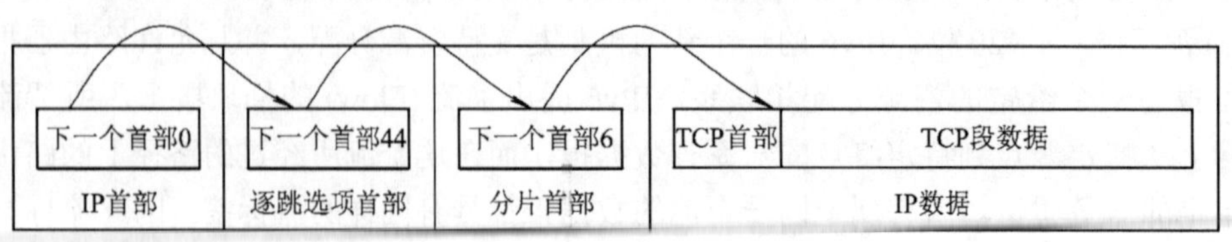

图 5-24　有两个扩展首部的 IPv6 数据报

表5-13列出了不同的扩展首部及其对应的下一个首部字段的值，长度，定义它的RFC、用法和简要描述。

表5-13 扩展首部字段

扩展首部名	下一个首部值（十进制）	长度（字节）	定义的RFC	描 述
逐跳选项	0	可变	2460	定义一组任意选项，供从源到目的地路径上所有设备检查。这是用来定义可变格式选项的两个扩展首部之一
路由选择	43	可变	2460	定义一种方法允许源设备指定数据报的路由。该首部类型实际上允许定义多种选项类型，IPv6标准定义0类型选项扩展首部，相当于IPv4中的宽松源路由选项
分片	44	8	2460	当数据报只有原报文的一个分片时，包含片偏移、标识及从主首部去除的字段
鉴别	51	可变	2402	包含用于确认加密数据正确性的信息
封装安全有效载荷(ESP)	50	可变	2460	携带用于安全通信的加密数据
目的站选项	60	可变	2460	定义一组任意选项，仅供数据报的目的地检查。这是用来定义可变格式选项的两个扩展首部之一

4. IPv6的逐跳选项首部

逐跳选项首部是由每个中间节点检查并处理的，源节点和目的节点也对逐跳选项首部进行处理。对逐跳选项首部来说，前一个首部的“下一个首部”字段值为0，逐跳选项首部必须紧跟在IPv6首部之后。逐跳选项首部的格式如图5-25所示。

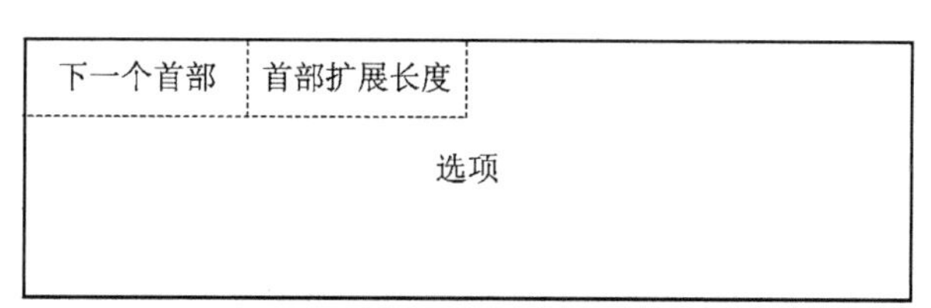

图5-25 逐跳选项首部的格式

(1) 下一个首部：长度为1 B，字段包含的是协议号，用来标识紧跟在逐跳选项首部之后的协议首部。

(2) 首部扩展长度：长度为1 B，表示以8 B为单位的首部长度（不包含第一个8 B）。

(3) 选项：字段是变长的，但必须使整个逐跳选项首部的长度是8 B的倍数。

5. IPv6 目的选项首部

目的选项首部是由最终的分组目的节点处理的，但是，如果目的选项首部出现在路由首部之前，就由跟在目的选项首部之后的路由首部列出的所有节点来处理这个目的选项首部。对于目的选项首部来说，前一个首部的“下一个首部”字段值为 60。目的选项首部的格式如图 5-26 所示。

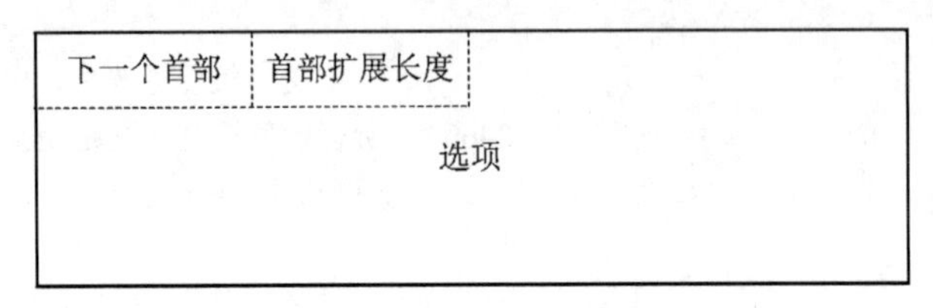

图 5-26　目的选项首部的格式

(1) 下一个首部：长度为 1 B，字段包含的是协议号，用来标识紧跟在逐跳选项首部之后的协议首部。

(2) 首部扩展长度：长度为 1 B，表示以 8 字节为单位的首部长度 (不包含第一个 8 B)。

(3) 选项：字段是变长的，但必须使整个目的选项首部的长度是 8 B 的倍数。

6. IPv6 选路扩展首部

在 IPv6 中，选路扩展首部用于执行源选路功能，如图 5-27 所示。

下一个首部	首部扩展长度	选路类型(=0)	剩余段
保留			
地址1			
…			
地址*N*			

图 5-27　选路扩展首部的格式

(1) 下一个首部：长度为 1 B，包含跟在选路扩展首部后面的下一扩展首部的协议值，用于将首部链接在一起。

(2) 首部扩展长度：长度为 1 B，表示选路扩展首部的长度并以 8 B 为单位计算，不包含该首部的前 8 个字节，对于选路类型 0，该值嵌入首部地址数的两倍。

(3) 选项类型：长度为 1 B，允许定义多种选路类型，目前唯一可用的值是 0。

(4) 剩余段：长度为 1 B，到达目的地前仍在路上显示命名的节点数，即在前往最终目的节点的途中还需要访问中间节点数。

(5) 保留：长度为 4 B，未用时置“0”。

(6) 地址 1～地址 *N*：可变 (16 的倍数)，指定使用的路由的一组 IPv6 地址，也就是通往目的地的途中所要经过的中间节点的地址。

7. IPv6 分片扩展首部

IPv4 分片增加了网络带宽、执行分片操作的路由器和执行重装功能的目的节点上的处理开销。同时，一个原始分组中部分片的丢失会极大地降低整体的性能。

IPv6 的设计吸取了这个教训，在 IPv6 中不鼓励进行分组分片，而是提出了一种机制，并建议使用这种机制找出相互通信的两个节点间的最小链路 MTU，以便在源节点上确定正确的分组长度。这种机制被称为路径 MTU 发现 (path MTU discovery)。但是，在某些情况下仍然需要进行分片。在这种情况下，就要为分组的分片和重组使用分片首部。在 IPv6 中，只有分组源端可以进行分片。与 IPv4 不同的是，IPv6 路由器不对分组进行分片，这样就减少了路由器的工作。

对于分片扩展首部，前一个首部的“下一个首部”字段值为 44，其报文格式如图 5-28 所示。

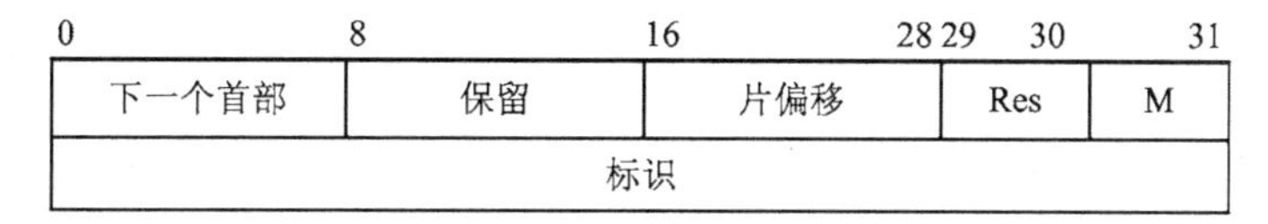

图 5-28 分片扩展首部报文格式

(1) 下一个首部：长度为 1 B，字段中包含的是协议号，用来标识原始分组可分片部分的第一个首部的协议。

(2) 保留：发送方将这个 8 bit 字段设置为“0”，接收方将其忽略。

(3) 片偏移：13 bit 的偏移量字段说明了紧跟在片首部之后的数据相对于原始分组可分片部分起始处的偏移量，偏移量以 8 字节为单位。

(4) Res：发送方将这个 2 bit 的保留字段设置为“0”，接收方将其忽略。

(5) M：为 1 bit，更多分片的标记，与 IPv4 首部的标记相同。如果 M 位为 1，则说明后面还有很多的片；如果 M 位为“0”，则说明当前片为最后一片。

(6) 标识：为 32 bit，使接收方可以识别出属于同一个分组的片。分组源端会为每个需要分片的分组生成一个不同的标识值。

8. IPv6 扩展首部顺序

每个扩展首部在数据报中出现一次，只有最终接收方才能检查扩展首部，中间设备不检查。

当出现多个首部时，在主首部之后，IPv6 数据报载荷封装的高层协议首部之前，它们应该按以下顺序出现，如表 5-14 所示。

表 5-14 IPv6 数据报载荷封装的高层协议首部

顺序	扩 展 首 部	顺序	扩 展 首 部
1	逐跳选项	4	分片
2	目的地选项(由目的地和选路首部注明的设备处理的选项)	5	鉴别首部
		6	封装安全有效载荷
3	路由选择	7	目的地选项(仅由最终目的地处理的选项)

除了目的选项首部以外，每种扩展首部选项都不能出现多次。目的选项首部可以出现两次，一次在路由首部之前，一次在路由首部之后，出现在路由首部之间的目的选项首部由路由首部列出的所有中间节点处理。出现在路由首部之后的目的选项首部仅由最终的分组目的节点处理。

在正常情况下，唯一一个由所有中间设备检查的首部是逐跳选项首部，它专门用来给路由器上的所有路由器传递管理信息。逐跳选项首部必须作为第一个扩展首部出现，因为它是所有路由器必须读的唯一一个首部，所以它放在最前面以便更快地查找和处理。

需要注意的是，所有扩展首部的长度必须是 8 B 的倍数，以便对齐处理。

5.5.2　IPv6 的地址空间

1. IPv6 地址表示

IPv6 地址有三种表示格式，首选格式是最常用的方法。首选格式也称为 IPv6 地址的完全形式，由一列以冒号分开的 8 个 16 bit 组成，如图 5-29 所示。每个 16 bit 字段表示为 4 个十六进制字符，意指每个 16 bit 字段的值可以是 0x0000 到 0xFFFF，十六进制中所有的表示数字的字符不区分大小写。

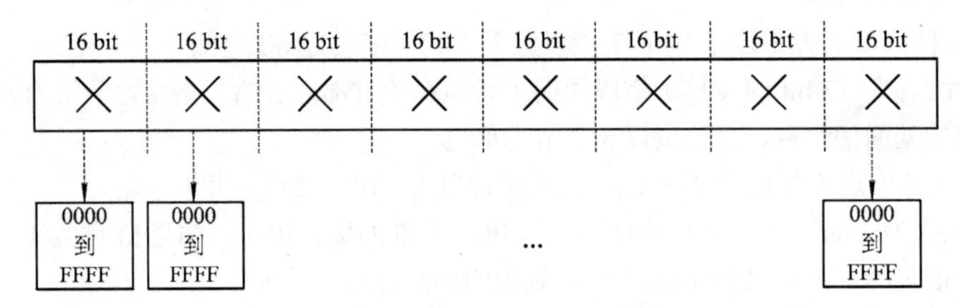

图 5-29　IPv6 地址首选格式

【例 5】 首选格式的 IPv6 地址示例。

0000:0000:0000:0000:0000:0000:0000:0000

2001:0002:0000:1234:FDBD:1200:3000:36FF

FE80: 0000:0000:0000:0000:0000:0000:0008

第二种格式是 IPv6 地址的压缩表示，为了简化 IPv6 地址的输入，当一个或多个连续的 16 bit 字段为“0”时，可以用“: :”(两个冒号)表示这些字段的 0 是合法的。

【例 6】 IPv6 地址的压缩表示。

0000:0000:0000:0000:0000:0000:0000:0000→: :

2001:0002:0000:1234:FDBD:1200:3000:36FF→2001:0002::1234:FDBD:1200:3000:36FF

FE80: 0000:0000:0000:0000:0000:0000:0008→FE80::0008

需要注意的是，IPv6 地址只允许出现一个“: :”，该方法使许多 IPv6 地址非常短。

在 IPv6 中，对于 16 bit 字段，如果存在一个或多个前导 0，那么每个字段的前导 0 可以省略，以缩短 IPv6 地址的长度。如果 16 bit 字段的每个字符都为 0，那么至少要保留一个 0。

【例 7】 IPv6 地址的压缩前导 0 表示。

0000:0000:0000:0000:0000:0000:0000:0000→0:0:0:0:0:0:0:0

2001:0002:0000:1234:FDBD:1200:3000:36FF→2001:2:0:1234:FDBD:1200:3000:36FF

FE80: 0000:0000:0000:0000:0000:0000:0008→FE80:0:0:0:0:0:0: 8

第三种表示地址的格式与过渡机制有关。这里 IPv4 地址内嵌在 IPv6 地址中。IPv6 地址的第一部分使用十六进制表示，而 IPv4 地址部分使用十进制表示。过渡地址格式如图 5-30 所示。这种地址格式由两部分组成：前 64 bit 是 6 个高 16 bit 十六进制值字段，以冒号分隔；后 32 bit 是 4 个低 8 bit 十进制值字段 (IPv4 地址)，以点号分隔。

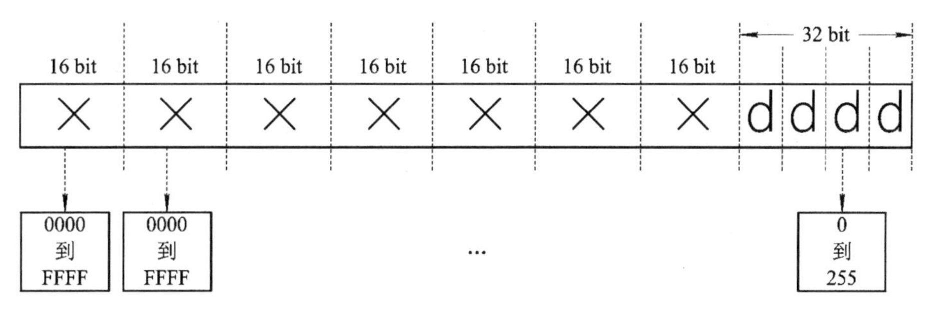

图 5-30　过渡地址格式

【例 8】 内嵌在 IPv6 地址内的 IPv4 地址。

0000:0000:0000:0000:0000:0000:221.10.13.112→0:0:0:0:0:0: 221.10.13.112 或 :: 221.10.13.112

IPv6 地址基本上分为网络 ID 和主机 ID，网络标识称为前缀，其比特数为前缀长度。前缀通过在地址后加“/”，“/”后加前缀长度来表示。这和使用 CIDR 的无类别 IPv4 寻址方法一样。

【例 9】 805B:2D9D:DC28:0:0:0:0:0/48 或 805B:2D9D:DC28:: /48

2. IPv6 地址类型

在 IPv6 中，地址指定给网络接口，而不是节点。而且，每个端口同时拥有或使用多个 IPv6 地址。一般来讲，一个 IPv6 数据报的目的地址可以是以下三种基本类型：

(1) 单播 (unicast)。单播就是传统的点对点通信。

(2) 多播 (multicast)。多播是一点对多点的通信，数据报交付到一组计算机中的每一台主机。IPv6 没有采用广播的术语，而是将广播看作多播的一个特例。

(3) 任意播 (anycast)。这是 IPv6 增加的一种类型。任意播的终点是一组计算机，但数据报只交付给其中的一个，通常是距离最近的那个。

在每种地址中，有一种或多种类型的地址。单播有本地链路、本地站点、可聚合全球、回环、未指定和 IPv4 兼容地址；多播有指定地址和请求节点地址；任意播有可聚合全球、本地站点和本地链路地址。IPv6 地址类型如图 5-31 所示。

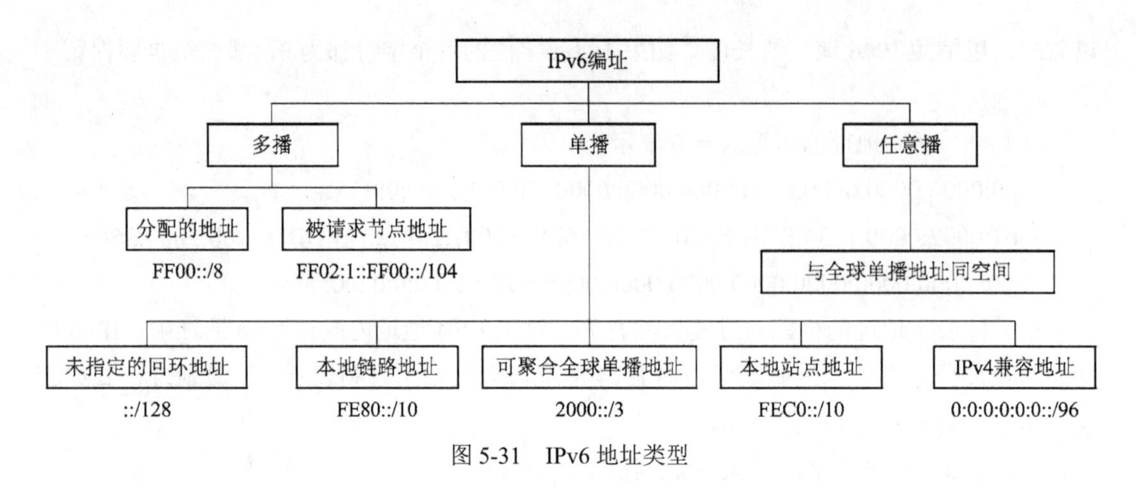

图 5-31　IPv6 地址类型

3. 本地链路地址

单播链路地址有范围限制，只能在连接到同一本地链路的节点之间使用。当在一个节点上启动 IPv6 协议栈时，节点的每个接口自动配置一个本地链路地址，如图 5-32 所示。使用了 IPv6 本地链路前缀 FE80::/10，同时扩展唯一标识符 64(EUI-64) 格式的接口标识符添加在后面作为地址的低 64 位比特，比特 11 到比特 64 设为 0(54 比特)。本地链路地址只用于本地链路范围，不能在站点内的子网间路由。

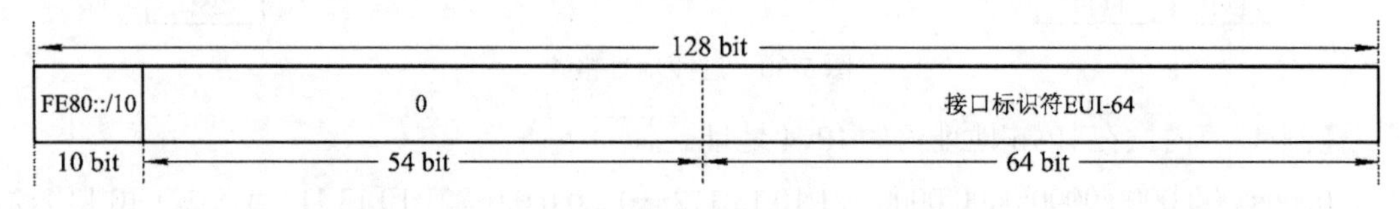

图 5-32　本地链路地址格式

在 IPv6 中，一个有可聚合全球单播地址的节点在本地链路上，使用默认 IPv6 路由器的本地链路地址，而不使用路由器的可聚合单播地址。如果发生网络重新编制，即单播可聚合全球地址前缀更改为一个新的单播可聚合全球地址前缀，那么总能使用本地链路地址到达默认路由器。在网络重新编制过程中，节点和路由器的本地链路地址不会发生变化。

4. 本地站点地址

本地站点地址是另一种单播受限地址，仅在一个站点内使用。本地站点地址在节点不能像本地链路地址一样被默认启用，即必须指定。

本地站点地址与 RFC 1918“私有因特网地址分配”所定义的 IPv4 私有地址空间类似。任何没有接收到提供商所分配的可聚合全球单播 IPv6 地址空间的组织机构可以使用本地站点地址。一个本地站点前缀和地址可赋予站点内的任何节点和路由器，但是，本地站点地址不能在全球 IPv6 因特网上路由。本地站点地址如图 5-33 所示。

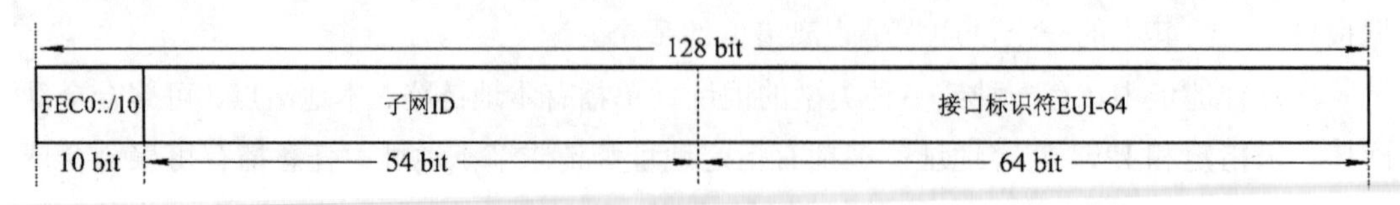

图 5-33　本地站点地址格式

本地站点地址由前缀 FEC0::/10、54 bit 字段的子网 ID 和 64 bit EUI-64 格式的接口标识符组成。

5. 可聚合全球单播地址

可聚合全球单播地址是用于 IPv6 因特网的 IPv6 地址，可聚合全球单播结构使用严格的路由前缀聚合，以限制全球因特网路由表的大小。

每个可聚合全球单播地址包括 3 部分：

(1) 从提供商那里接收到前缀：RFC 3177 定义，由提供商指定给一个组织结构 (末节站点) 的前缀至少是 /48 前缀。

(2) 站点：组织结构能够使用所收到前缀的 49 bit 到 64 bit 来划分子网。

(3) 主机：使用每个节点的接口标识符。

可聚合全球单播地址格式如图 5-34 所示。

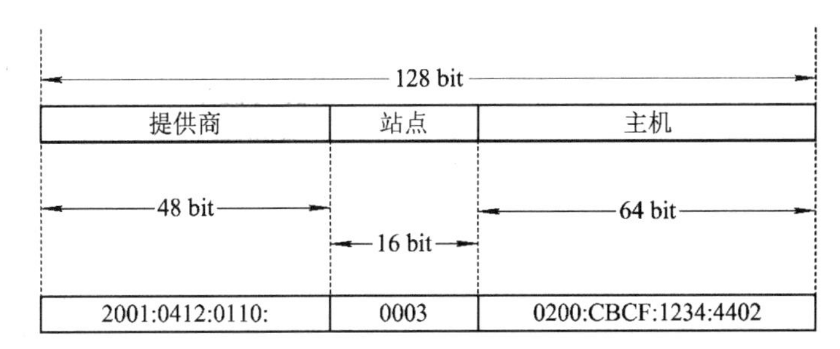

图 5-34 可聚合全球单播地址格式

6. 多播地址

多播的主要目标是通过优化节点间交换的数据包数量使高效网络节省链路带宽。但是，网络上的节点和路由器必须使用特定范围内的 IP 地址，以获取多播的优点。在 IPv4 中，该范围是 224.0.0.0/3，其中高 3 bit 设为 111。在 IPv6 中，多播地址由 IPv6 前缀来定义，其首选格式为 FF00:0000:0000:0000:0000:0000:0000:0000/8，压缩表示为 FF00::/8。

在 IPv4 中，存活时间 (TTL) 用来限制多播流量。IPv6 多播无 TTL，因为在多播地址内定义了范围。

在协议机制中，IPv6 多处用到多播地址，如 IPv4 中地址解析协议 ARP 的替代机制、前缀通告、重复地址检测 DAD 和前缀重新编制等。

在 IPv6 中，本地链路上的所有节点监听多播数据，通过接收和发送多播数据包以交换信息。因此仅靠监听本地链路上的多播数据，IPv6 节点就能够知道所有的邻居节点和邻居路由器的信息，这与 IPv4 ARP 的技术有显著不同。

多播地址格式如图 5-35 所示。使用标志和范围各 4 bit 字段，多播地址格式定义了地址的几种范围和类型。这些字段在前缀 FF::/8 之后。多播地址的低 112 bit 是多播组标识符。

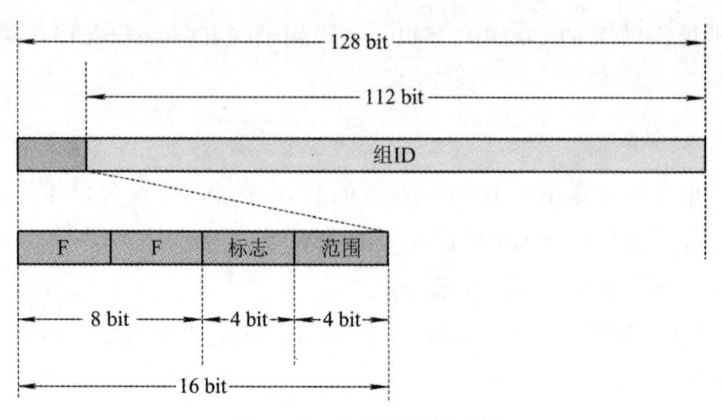

图 5-35　多播地址格式

标志字段指明多播地址的类型，具体地，多播地址分为两种类型。

(1) 永久多播地址：由 IANA(Internet Assigned Numbers Authority，Internet 端口分配机构) 指定的一个地址。

(2) 临时多播地址：没有被永久指定，根据需要动态生成。

标志字段的高 3 bit 是保留的，且必须是“0”。其他比特指明多播地址类型，如表 5-15 所示。

表 5-15　多播地址类型

二进制表示	十六进制表示	多播地址类型
0000	0	永久多播地址
0001	1	临时多播地址

下一个 4 bit 字段称为范围，定义多播地址的范围，如表 5-16 所示。

表 5-16　多播地址的范围

二进制表示	十六进制表示	范围类型
0001	1	本地接口范围
0010	2	本地链路范围
0011	3	本地子网范围
0100	4	本地管理范围
0101	5	本地站点范围
1000	8	组织结构范围
1110	E	全球范围

7. 多播指定地址

RFC 2327 在多播范围内为 IPv6 协议操作定义和保留了几个 IPv6 地址，这些保留地址称为多播指定地址。IPv6 中所有多播指定地址如表 5-17 所示。

表5-17 多播指定地址

多播地址	范围	含义	描　述
FF01::1	节点	所有节点	在本地接口范围的所有节点
FF01::2	节点	所有路由器	在本地接口范围的所有路由器
FF02::1	本地链路	所有节点	在本地链路范围的所有节点
FF02::2	本地链路	所有路由器	在本地链路范围的所有路由器
FF05::2	站点	所有路由器	在一个站点范围内的所有路由器

8. 被请求节点多播地址

对于节点或路由器的接口上配置的每个单播和任意播地址，都自动启用一个对应的被请求节点多播地址。被请求节点多播地址受限于本地链路。

被请求节点多播地址是特定类型的地址，用于两个基本的IPv6机制。

替代IPv4中的ARP，因为IPv6中不使用ARP，被请求节点多播地址被节点和路由器用来获得相同本地链路上邻居节点和路由器的链路层地址。

重复地址检测(DAD)：DAD是NDP的组成部分。节点利用DAD验证在其本地链路上该IPv6地址是否被使用。

被请求节点多播地址由前缀FF02::1:FF00:0000/104和单播或任意播地址的低24 bit组成，如图5-36所示。单播或任意播地址的低24 bit附加在前缀FF02:1:FF后面。

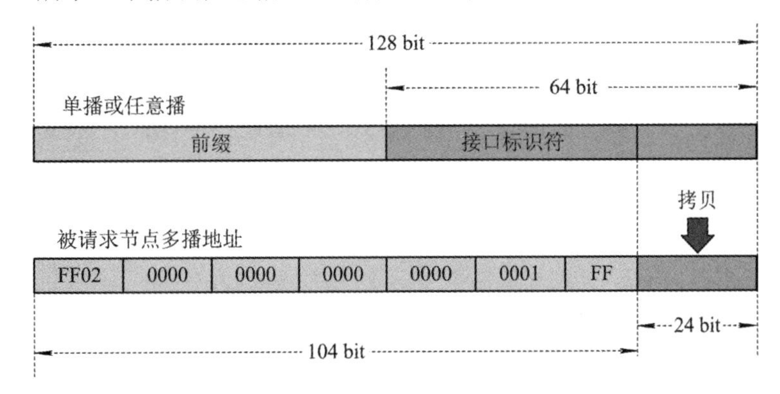

图5-36 被请求节点多播地址格式

9. 任意播地址

在IPv6中，任意播地址一种新增的地址类型，其实现基于RFC1546“主机任意播服务”的内容，任意播地址可以看作单播和多播寻址在概念上的交叉。其中单播为“发往一个特定地址”，多播为“发往本组的每个成员”，任意播为“发往本组的任何一个成员”。在选择向哪个成员发送数据时，出于对效率的考虑，通常会选择发往距离最近的那个，即选路最近，所以也可认为任意播是“发往本组中最近的成员”。

任意播的基本功能是提供TCP/IP以前很难实现的功能。任意播适用于哪些服务可由多个不同的服务器或路由器提供，但并不关心是哪个服务器或路由器提供的服务。选路时，任意播允许数据报发往一组等价路由器中最近的一个，允许在路由器之间实现负载均衡，并在某些特定的路由器推出服务时提供动态的灵活性，发往任意播地址的数据报将自动传递给最容易到达的设备。

任意播没有专门的寻址方案。任意播地址和单播地址相同，当一个单播地址被分给多个接口时，全自动转变为一个任意播地址。

10. 回环地址

类似于 IPv4 协议，每个设备都有一个回环地址，由节点自己使用，回环地址表示为 0000:0000:0000:0000:0000:0000:0000:0001 或压缩格式 ::1。

11. 未指定地址

未指定地址是没有指定给任何接口的单播地址，这表明少了一个地址，用于特殊目的。未指定地址表示为 0000:0000:0000:0000:0000:0000:0000:0000 和压缩格式 ::。

12. IPv4/IPv6 地址嵌入

只有使用特殊的技术，IPv6 才可以向后兼容 IPv4，例如隧道技术。为了支持 IPv4 与 IPv6 兼容，可设计一种在 IPv6 地址结构中嵌入 IPv4 地址的方案。这种方案把传统的 IPv4 地址放到一种特殊的 IPv6 格式中，使特定的 IPv6 设备把它们作为 IPv4 地址处理。

有两种不同的嵌入格式来指示使用嵌入地址的设备的能力。

(1) IPv4 兼容的 IPv6 地址。

IPv4 兼容的 IPv6 地址是由过渡机制使用的特殊单播 IPv6 地址，目的是在主机和路由器上自动创建 IPv4 隧道，以便在 IPv4 网络上传送 IPv6 数据包。

图 5-37 所示为 IPv4 兼容的 IPv6 地址的格式，前缀由高 96 bit 设为“0”组成，其他 32 bit(低比特) 以十进制形式的 IPv4 地址表示。

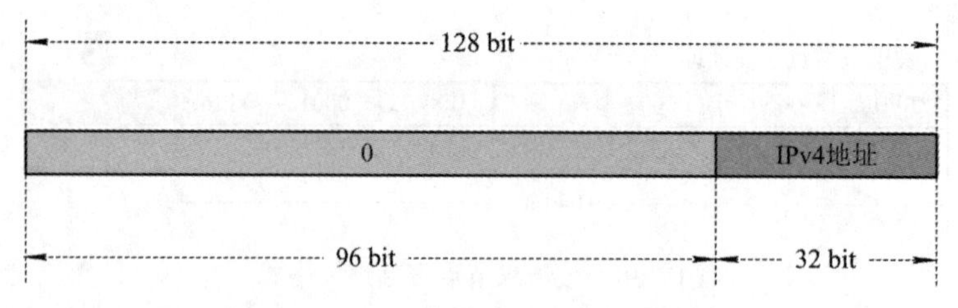

图 5-37　IPv4 兼容的 IPv6 地址的格式

IPv4 兼容的 IPv6 地址用于过渡机制，路由器和主机自动在 IPv4 网络上创建隧道。这种机制在两个节点之间，使用目的 IPv6 地址中的 IPv4 目的地址自动建立 IPv4 上的一条 IPv6-over-IPv4 隧道，应用动态 NAT-PT 将目的 IPv4 地址映射成 IPv6 地址。

(2) IPv4 映射的 IPv6 地址。

把普通的 IPv4 地址映射到 IPv6 地址空间，只用于具有 IPv4 能力的设备，地址前缀由 80 bit 设为“0”，然后是 16 bit 设为“1”，最后 32 bit 以十进制的 IPv4 地址表示，如图 5-38 所示。

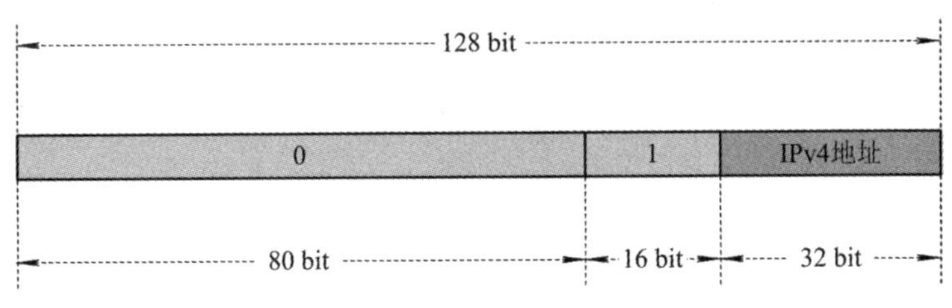

图 5-38　IPv4 映射的 IPv6 地址

13. 以太网之上的多播映射

IPv6 协议在本地链路范围的若干机制中依赖多播地址的使用，因此 IPv6 有一个多播地址到以太网链路层地址的特殊映射。多播地址的低 32 bit 附加在前缀 33:33 的后面，该前缀定义为 IPv6 多播以太网前缀，如图 5-39 所示。所有节点多播地址 FF02::1 的低 32 bit 00:00:00:01 附加在多播以太网前缀 33:33 之后。

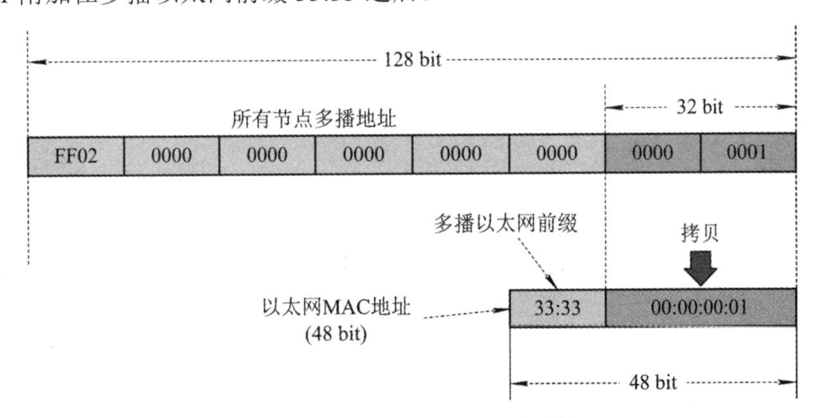

图 5-39　以太网之上的多播映射

48 bit 地址 33:33:00:00:00:01 是一个以太网 MAC 地址，表示发送一个数据包到 IPv6 多播地址 FF02::1 时作为以太网帧的目的地址。所有其他多播指定的 IPv6 地址都采用了相同的方式。

5.6　网 络 指 令

5.6.1　ipconfig 命令的使用

ipconfig 是用来显示主机内 IP 协议的配置信息。

使用不带参数的 ipconfig 命令可以得到以下信息：IP 地址、子网掩码、默认网关。而使用 ipconfig/all 则可以得到更多信息，包括主机名、DNS 服务器、节点类型、网络适配器的物理地址、主机的 IP 地址、子网掩码以及默认网关等，如表 5-18 所示。

表 5-18 ipconfig 命令选项

选 项	意 义
/?	显示此帮助消息
/all	显示完整配置信息
/release	释放指定适配器的 IPv4 地址
/release6	释放指定适配器的 IPv6 地址
/renew	更新指定适配器的 IPv4 地址
/renew6	更新指定适配器的 IPv6 地址
/flushdns	清除 DNS 解析程序缓存
/registerdns	刷新所有 DHCP 租用并重新注册 DNS 名称
/displaydns	显示 DNS 解析程序缓存的内容
/showclassid	显示适配器允许的所有 DHCP 类 ID
/setclassid	修改 DHCP 类 ID
/showclassid6	显示适配器允许的所有 IPv6 DHCP 类 ID
/setclassid6	修改 IPv6 DHCP 类 ID

在默认情况下，仅显示绑定到 TCP/IP 的每个适配器的 IP 地址、子网掩码和默认网关。

对于 Release 和 Renew，如果未指定适配器名称，则会释放或更新所有绑定到 TCP/IP 的适配器的 IP 地址租用。

对于 Setclassid 和 Setclassid6，如果未指定 ClassId，则会删除 ClassId。

图 5-40 所示给出了利用“ipconfig”命令显示当前网卡的地址信息。

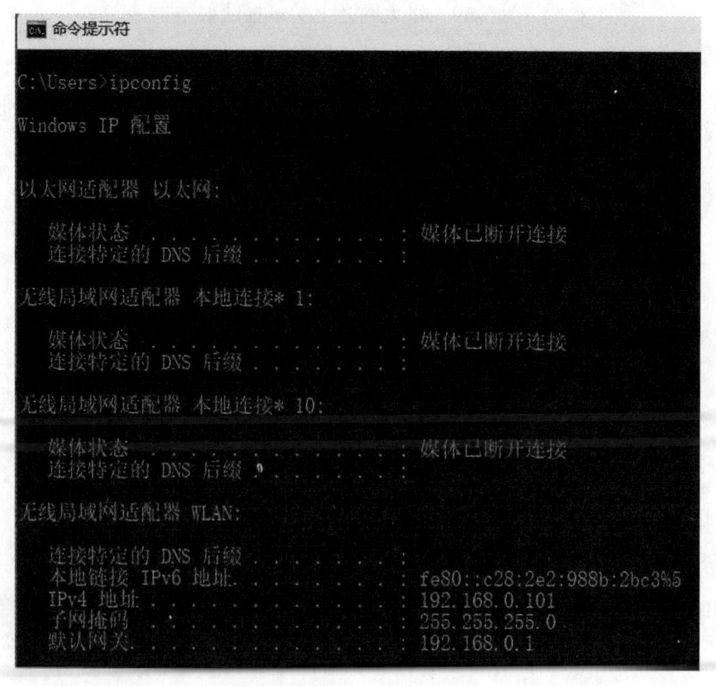

图 5-40 ipconfig 命令

5.6.2　ping 命令的使用

在使用互联网过程中，ping 是最常用的一种命令。不论 Unix、Linux，还是 Windows 都集成了 ping 命令。在网络中，经常使用 ping 命令来测试网络的连通性和可达性。实际上，ping 命令就是利用回应请求 / 应答 ICMP 报文来测试目的主机或路由器的可达性。不同网络操作系统对 ping 命令的实现稍有不同，较复杂的实现方法是发送一系列回送请求 ICMP 报文、捕获回送应答并提供丢失数据报的统计信息。而简单的实现方法则仅发送一个回送请求 ICMP 报文并等待回送应答。

在 Windows 网络操作系统中，除了可以使用简单的“ping 目的 IP 地址”形式外，还可以添加 ping 命令的选项，完整的 ping 命令用法，如图 5-41 所示。

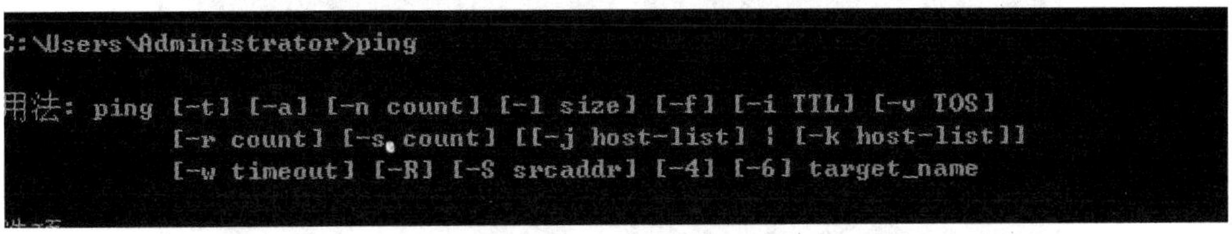

```
C:\Users\Administrator>ping

用法: ping [-t] [-a] [-n count] [-l size] [-f] [-i TTL] [-v TOS]
            [-r count] [-s count] [[-j host-list] | [-k host-list]]
            [-w timeout] [-R] [-S srcaddr] [-4] [-6] target_name
```

图 5-41　ping 命令用法

表 5-19 给出了 ping 命令各选项的具体含义。

表 5-19　ping 命令选项

选　项	意　义
-t	连续发送和接收回送请求和应答 ICMP 报文直到手动停止 (Ctrl + Break：查看统计信息；Ctrl + C：停止 ping 命令)
-a	将 IP 地址解析为主机名
-n count	发送回送请求 ICMP 报文的次数 (默认值为 4)
-l size	发送探测数据包的大小 (默认值为 32 字节)
-f	不允许分片 (默认为允许分片)
-i TTL	指定生存周期
-v TOS	指定要求的服务类型
-r count	记录路由
-s count	使用时间戳选项
-j host-list	使用松散源路由选项
-k host-list	使用严格源路由选项
-w timeout	指定等待每个回送应答的超时时间 (以 ms 为单位，默认值为 1000)

下面，通过一些实例来介绍 ping 命令的具体用法。

1. 连续发送 ping 探测报文

在有些情况下，连续发送 ping 探测报文可以便于互联网的调试工作。例如，在路由器的调试过程中，可以让测试主机连续发送 ping 测试报文，一旦配置正确，测试主机可以立即报告目的地可达信息。连续发送 ping 探测报文可以使用 -t 选项。图 5-42 给出了利用“ping -t 61.177.7.1”命令连续向目的地址为 61.177.7.1 的主机发送 ping 探测报文的情况。其中，可以使用组合键“Ctrl + Break”显示发送和接收回送请求 / 应答 ICMP 报文的统计信息，也可以使用“Ctrl + C”结束 ping 命令。

图 5-42　ping -t 命令

2. 自选数据长度的 ping 探测报文

在默认情况下，ping 命令使用的探测数据报长度为 32 B。如果希望使用更大的探测数据报，可以使用“-l”选项。图 5-43 利用“ping -l 100 61.177.7.1”向目的地址为 61.177.7.1 的主机发送数据长度为 100 B 的探测数据报。

图 5-43　ping -l size 命令

3. 不允许路由器对 ping 探测报分片

主机发送的 ping 探测报文通常允许中途的路由器分片，以便使探测报文通过 MTU 较小的网络。如果不允许 ping 报文在传输过程中被分片，可以使用“-f”选项。

如果指定的探测报文的长度太长，同时又不允许分片，探测数据报就无法到达目的地并返回应答。例如，在以太网中，如果指定不允许分片的探测数据报长度为 1600 B，那么，系统将给出目的地不可达报告，如图 5-44 所示。同时使用“-f”和“-l”选项，可以对探测报文经过路径上的最小 MTU 进行估计。

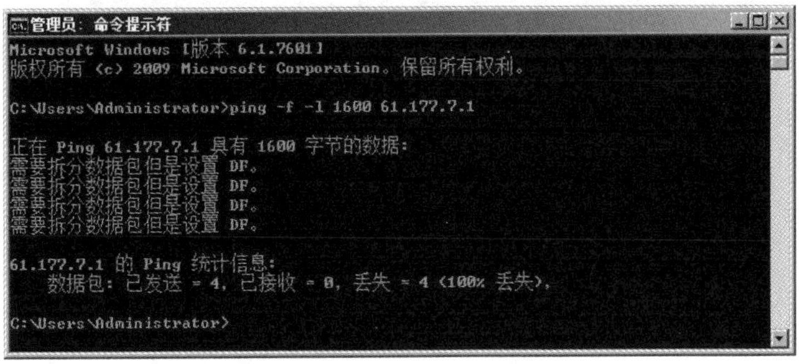

```
管理员: 命令提示符
Microsoft Windows [版本 6.1.7601]
版权所有 (c) 2009 Microsoft Corporation。保留所有权利。

C:\Users\Administrator>ping -f -l 1600 61.177.7.1

正在 Ping 61.177.7.1 具有 1600 字节的数据:
需要拆分数据包但是设置 DF。
需要拆分数据包但是设置 DF。
需要拆分数据包但是设置 DF。
需要拆分数据包但是设置 DF。

61.177.7.1 的 Ping 统计信息:
    数据包: 已发送 = 4, 已接收 = 0, 丢失 = 4 (100% 丢失),

C:\Users\Administrator>
```

图 5-44　在禁止分片的情况下，探测报文过长造成目的地不可达

如果 ping 命令目的地不可达，随着不可达的原因不同而异。常见的有以下两种情况：

(1) 目的网络不可达 (Destination Net Unreachable)：说明没有到目的地的路由，通常是由“Reply From”中列出的路由器路由信息错误造成的。

(2) 请求超时 (Request Timed Out)：表明在指定的时间内 (默认为 1000 ms) 没有对探测报文作出响应，其原因可能为路由器关闭、目标主机关闭、没有路由返回到主机或响应的等待时间大于指定的超时时间。

5.6.3　arp 命令的使用

多数网络操作系统都内置了一个 arp 命令，用于查看、添加和删除高速缓存区中的 ARP 表项。

在 Windows 中，高速 cache 中的 ARP 表可以包含动态和静态表项。动态表项随时间推移自动添加和删除。而静态表项则一直保留在高速 cache 中，直到管理员删除或重新启动计算机为止。

在 ARP 表中，每个动态表项的潜在生命周期是 10 min。在新表项加入时，定时器开始计时，如果某个表项添加后 2 min 内没有被再次使用，则此表项过期并从 ARP 表中删除；如果某个表项被再次使用，则该表项又收到 2 min 的生命周期；如果某个表项始终在使用，则它的最长生命周期为 10 min。

1. 显示高速 cache 中的 ARP 表

显示高速 cache 中的 ARP 表可以使用 arp -a 命令，因为 ARP 表在没有进行手工配置之前，通常为动态 ARP 表项。因此，表项的变动较大，arp -a 命令输出的结果也大不相同。如果高速 cache 中的 ARP 表项为空，则 arp -a 命令输出的结果为“No ARP Entries Found”；如果 ARP 表项中存在 IP 地址与 MAC 地址的映射关系，则 arp -a 命令显示该映射关系，如图 5-45 所示。

```
管理员: 命令提示符
Microsoft Windows [版本 6.1.7601]
版权所有 (c) 2009 Microsoft Corporation。保留所有权利。

C:\Users\Administrator>arp -a

接口: 192.168.145.1 --- 0xf
  Internet 地址         物理地址              类型
  192.168.145.254       00-50-56-fb-58-8e     动态
  192.168.145.255       ff-ff-ff-ff-ff-ff     静态
  224.0.0.22            01-00-5e-00-00-16     静态
  224.0.0.252           01-00-5e-00-00-fc     静态
  239.255.255.250       01-00-5e-7f-ff-fa     静态
  255.255.255.255       ff-ff-ff-ff-ff-ff     静态

接口: 192.168.135.1 --- 0x10
  Internet 地址         物理地址              类型
  192.168.135.254       00-50-56-f8-43-46     动态
  192.168.135.255       ff-ff-ff-ff-ff-ff     静态
  224.0.0.22            01-00-5e-00-00-16     静态
  224.0.0.252           01-00-5e-00-00-fc     静态
  239.255.255.250       01-00-5e-7f-ff-fa     静态
  255.255.255.255       ff-ff-ff-ff-ff-ff     静态

C:\Users\Administrator>_
```

图 5-45　arp -a 命令

2. 删除 ARP 表项

无论是动态表项还是静态表项，都可以通过“arp -d inet_addr”命令删除，其中 inet_addr 为该表项的 IP 地址。如果要删除 ARP 表中的所有表项，也可以使用“*”代替具体的 IP 地址。图 5-46 给出了 arp -d 命令的具体事例，并利用 arp -a 显示了运行 arp -d 命令后 ARP 表的具体变化情况。

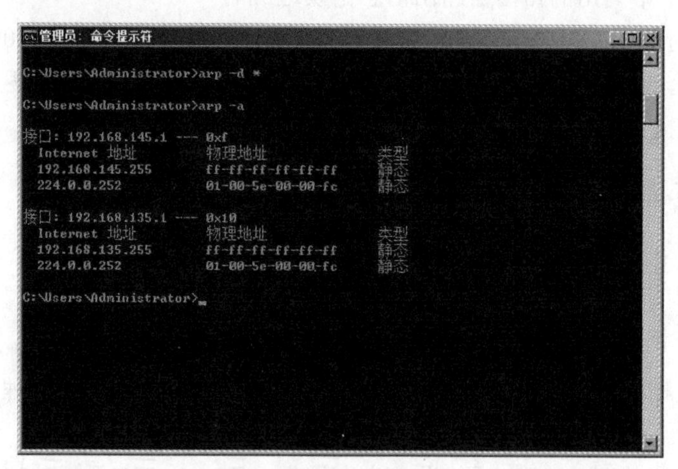

图 5-46　arp -d 命令

3. 添加 ARP 静态表项

存储在高速 cache 中的 ARP 表可以通过“arp -s inet_addr eth_addr”命令，将 IP 地址与 MAC 地址的映射关系手动加入到 ARP 静态表项中。其中 inet_addr 为 IP 地址，eth_addr 为与其相对应的 MAC 地址。通过 arp -s 命令加入的表项是静态表项，所以系统不会自动将它从 ARP 表中删除，直到管理员删除或关机。图 5-47 利用“arp -s 192.168.0.100 00-d0-09-f0-22-71”在 ARP 表中添加一个表项。通过 arp -a 命令可以看到，该表项是静态的。

管理员增加 ARP 表项时，一定要确保 IP 地址与 MAC 地址的映射关系是正确的，否则将导致发送失败。可以利用 arp -s 命令增加一条错误的 IP 地址与 MAC 地址的映射信息，再通过 ping 命令判断该计算机是否能够正常发送信息。

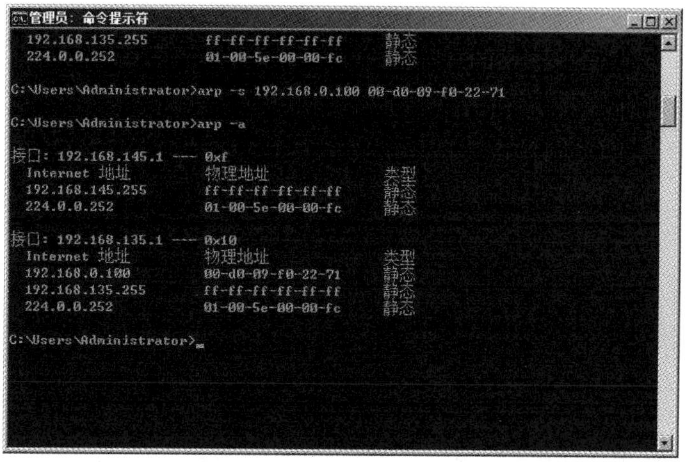

```
管理员: 命令提示符
  192.168.135.255       ff-ff-ff-ff-ff-ff     静态
  224.0.0.252           01-00-5e-00-00-fc     静态

C:\Users\Administrator>arp -s 192.168.0.100 00-d0-09-f0-22-71

C:\Users\Administrator>arp -a

接口: 192.168.145.1 --- 0xf
  Internet 地址         物理地址              类型
  192.168.145.255       ff-ff-ff-ff-ff-ff     静态
  224.0.0.252           01-00-5e-00-00-fc     静态

接口: 192.168.135.1 --- 0x10
  Internet 地址         物理地址              类型
  192.168.0.100         00-d0-09-f0-22-71     静态
  192.168.135.255       ff-ff-ff-ff-ff-ff     静态
  224.0.0.252           01-00-5e-00-00-fc     静态

C:\Users\Administrator>
```

图 5-47　arp -s 192.168.0.100 00-d0-09-f0-22-71

本 章 小 结

世界上存在着各种各样的网络，而每种网络都有其与众不同的技术特点。网络互联是 OSI 参考模型的网络层和 TCP/IP 体系结构的互联网需要解决的问题。

本章介绍了 IP 地址的表示方法、子网划分方法，介绍了可变长子网掩码、无分类域间路由选择等概念，这些内容是本章的重点。此外，深入解析了网络层协议 (IP 协议) 以及新一代 IP 协议 (IPv6)，这也是需要重点理解的内容。最后介绍了网络层中常用的网络命令。

思 考 与 练 习

一、选择题

1. IP 地址由一组 (　　) 的二进制数字组成。

A. 8 位　　　　B. 16 位

C. 32 位　　　　D. 64 位

2. ARP 协议的主要功能是 (　　)。

A. 将 IP 地址解析为物理地址　　　　B. 将物理地址解析为 IP 地址

C. 将主机域名解析为 IP 地址　　　　D. 将 IP 地址解析为主机域名

3. Ping 实用程序使用的是 (　　) 协议。

A. TCP/IP　　　　B. ICMP

C. PPP　　　　D. SLIP

4. 路由器运行于 OSI 模型的（　　）。

A. 数据链路层　　B. 网络层

C. 传输层　　D. 物理层

5. 已知 Internet 上某个 B 类 IP 地址的子网掩码为 255.255.254.0，因而该 B 类子网最多可支持（　　）台主机。

A. 509　　B. 510

C. 511　　D. 512

二、填空题

1. 用于网络软件测试以及本地机器进程间通信的保留地址是 __________。

2. 互联层中四个重要的协议是 __________、__________、__________、反向地址转换协议 RARP。

3. 一个 IP 数据报头部固定长度部分为 __________ 字节。

4. __________ 指令是用来显示主机内 IP 协议的配置信息。

5. IPv6 主首部包含 __________、__________ 及每个数据报都需要的重要信息。

三、简答题

1. 什么是特殊 IP 地址？什么是专用 IP 地址？它们各有什么用途？

2. 试简单说明 IP、ARP、RARP 和 ICMP 协议的作用。

3. IP 分为几类，如何表示？

4. 某单位申请到一个 B 类 IP 地址，其网络号为 136.53.0.0，现进行子网划分，若选用的子网掩码为 255.255.224.0，则可划分为多少个子网？每个子网的主机数最多为多少？请列出全部子网地址。

5. 主机地址是 200.200.200.0，掩码是 255.255.255.224，求第一个及第二个子网的网络地址、广播地址、可用的主机范围。

6. IPv6 有哪些特点？如何理解 IPv6 数据报中的扩展报头？IPv6 地址是怎样表示的？

7. 假定一家公司目前有 5 个部门 A 至 E，其中：A 部门有 50 台 PC，B 部门有 20 台 PC，C 部门有 30 台 PC，D 部门有 15 台 PC，E 部门有 20 台 PC，企业信息经理分配了一个总的网络地址 192.168.2.0/24 给你，作为网络管理员，你的任务是为每个部门划分单独的子网段，要求写出一个 IP 子网规划报告，你该怎样做？

参考答案

第 6 章　传　输　层

本章导读

传输层负责在进程间可靠、有序地传输数据，为上层应用提供坚实的通信基础。传输层协议主要有 TCP 和 UDP，它们通过各自的特点和机制确保了数据的可靠传输。

本章将重点介绍传输层协议的基本概念，并详细探讨传输层协议的分类与应用。

学习目标

- 理解传输层协议的作用与原理
- 了解 TCP、UDP 的常用端口号
- 掌握 TCP 协议的特点
- 掌握 UDP 协议的特点
- 掌握 TCP 的滑动窗口机制
- 理解 TCP 重传策略和拥塞控制
- 掌握 TCP、UDP 协议的功能及报文格式

6.1　传输层的基本概念

6.1.1　进程之间的通信

传输层协议的首要任务是提供进程到进程之间的通信 (Process-to-Process Communication)。进程是使用传输层服务的应用层实体 (相当于运行着的程序)。传输层向应用层提供通信服务，属于面向数据通信部分的最高层，同时也是用户功能中的最底层。

两台主机的通信就是两台主机中的应用进程互相通信。虽然网络层协议(如 IP 协议)能把数据分组送到目的主机，但是这个分组还停留在主机的网络层而没有交付给主机中的应用进程。故从传输层的角度看，通信的真正端点并不是主机而是主机中的应用进程，这种端到端的通信实际上是应用进程之间的通信。下面通过图 6-1 来说明传输层进程之间的通信。

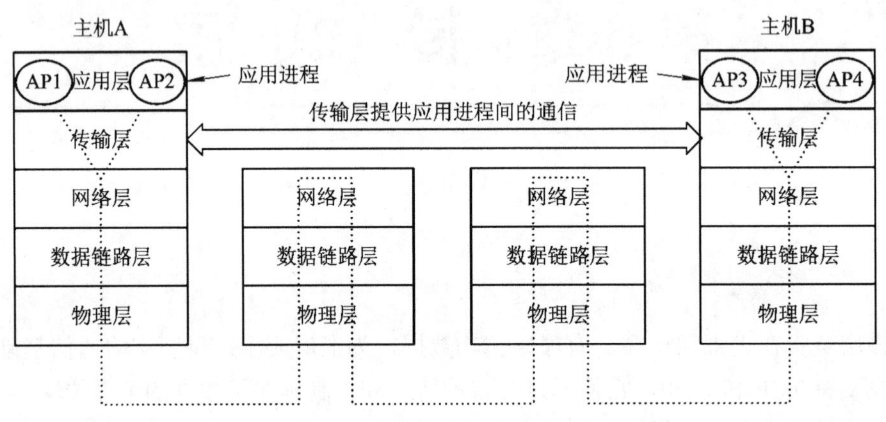

图 6-1　传输层进程之间的通信

6.1.2　传输层的功能

在计算机网络中，不同的进程或应用程序可能需要在同一网络层进行通信，允许多个进程共享同一个网络连接，可有效利用网络资源，提高通信效率。在图 6-1 中，主机 A 的应用进程 AP1 和主机 B 的应用进程 AP3 通信，与此同时应用进程 AP2 也和应用进程 AP3 通信。传输层通过复用和分用的机制，来实现多个进程之间的共享通信。

(1) 复用：将来自不同源的报文复用到同一网络层的连接上进行传输，以便在单一的物理连接上实现数据共享。

(2) 分用：将来自同一连接的报文分发给正确的进程，即根据报文中的信息将其传送给相应的应用进程。

6.1.3　传输层协议

传输层的两个主要协议为 TCP 和 UDP。

(1) 传输控制协议 TCP(Transmission Control Protocol)。TCP 提供面向连接的服务，在传送数据之前必须先建立连接，数据传送结束后要释放连接。由于 TCP 提供可靠的、面向连接的传输服务，因此不可避免地增加了许多开销，如确认、流量控制、计时器以及连接管理等。

(2) 用户数据报协议 UDP(User Datagram Protocol)。UDP 在传送数据之前不需要建立连接。远程主机的传输层在收到 UDP 报文后，不需要给出任何确认。虽然 UDP 不提供可靠交付，但在某些情况下 UDP 却是一种最为有效的工作方式。

6.1.4　寻址

寻址是指根据网络规划和协议确定目标地址的过程。当一个应用程序与另一个应用程序传输数据时，无论是使用面向连接的传输服务还是面向非连接的传输服务，都需要指定数据传输的目标地址。这个目标地址通常由 IP 地址和端口号两部分组成。当需要发送数据时，发送方将数据封装在一个数据包中，并在数据包头部添加目标主机的 IP 地址和端口号，然后将数据包发送到网络上，再按照 IP 地址找到目标主机，最后根据目标主机的端口号确定将数据包交付给哪个进程。

寻址的方式可以分为静态寻址和动态寻址两种。静态寻址是指手动配置每个设备的 IP 地址和端口号，这种方式适用于网络规模较小、设备数量较少的场景；动态寻址则是通过动态主机配置协议 (DHCP) 方式，自动为设备分配 IP 地址和端口号，这种方式适用于网络规模较大、设备数量较多的场景。

6.1.5　传输层的端口

传输层的端口用于标识应用层的进程，以便在通信中将数据正确地交付给目标进程。端口号分为三类：

(1) 公认端口号：范围为 0～1023，这类端口号可在网址 www.iana.org 中查到。IANA 把这些端口号指派给 TCP/IP 最重要的一些应用进程，明确表明了某种服务的协议，如 HTTP 通信通常使用 80 端口。

(2) 注册端口号：范围为 1024～49 151，这类端口号是为没有公认端口号的应用程序预备的。例如，许多系统处理动态端口从 1024 左右开始。

(3) 私有端口号：范围为 49 152～65 535。由于这类端口号仅在客户进程运行时才动态选择，因此又叫作短暂端口号。这类端口号留给客户进程暂时选择使用。当服务器进程收到客户进程的报文时，就会知道客户进程所使用的端口号。通信结束后，客户端会结束进程，这个端口就可以供其他客户进程使用。

6.2　传输控制协议

6.2.1　TCP 的主要特点

TCP 的主要特点如下：

(1) 面向连接的传输。应用进程在传输数据前必须先建立连接，数据传输完毕后要释放连接。

(2) 流量控制。根据接收方的处理能力动态地调整发送的数据量，防止因数据发送过多而导致接收方处理不过来。

(3) 高可靠性。通过一系列机制确保传输数据的准确性，不出现丢失、重复或乱序的情况。

(4) 全双工通信。TCP 支持全双工通信，通信双方都可以同时发送和接收数据。

(5) 面向字节流。TCP 将数据看作字节流，不区分数据边界，因此发送方和接收方可在任意时刻发送或接收数据。

(6) 提供紧急数据传送功能。即当有紧急数据需要发送时，发送进程会立即发送，接收方收到数据后会暂停当前工作，读取紧急数据并作相应处理。

6.2.2 TCP 报文段结构

1. TCP 报文段格式

TCP 报文段分为首部字段和数据字段两部分。TCP 报文段首部的长度范围为 20～60 B，前 20 B 是固定的，后面字节是根据需要而增加的选项。TCP 报文段结构如图 6-2 所示。

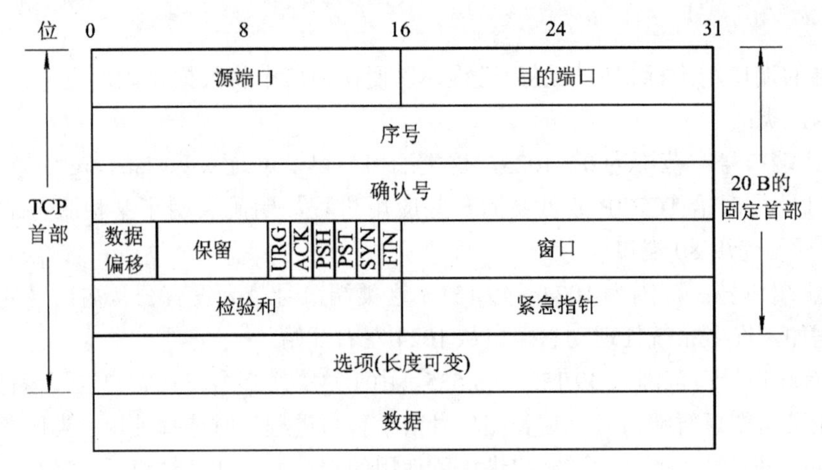

图 6-2　TCP 报文段格式

(1) 源端口和目的端口：各占 2 B，用于标识发送和接收应用程序的端口号。

(2) 序号：占 4 B。表示本报文段发送数据的第一个字节的编号，通过序列号，TCP 能够接收数据，并确认接收端所期望接收的下一个字节的序号。

(3) 确认号：占 4 B，是期望收到对方的下一个报文段的数据的第一个字节的序号，当接收端收到数据后，会回复一个确认报文给发送端，告知已成功接收的字节序列号。

(4) 数据偏移：占 4 位，它指出 TCP 报文段数据开始的地方离 TCP 报文段的起始处有多远，用于处理 TCP 报文段的分段。

“数据偏移”的单位是 32 位字 (即以 4 B 为计算单位)。由于 4 位二进制数能够表示的最大十进制数字是 15，因此数据偏移的最大值是 60 B，这也是 TCP 首部的最大长度 (即选项长度不能超过 40 B)。

(5) 保留：占 6 bit，保留为今后使用，目前应置为“0”。

(6) 紧急比特 URG(URGENT)：当 URG = 1 时，表明紧急指针字段有效，发送应用进程会通知发送端这是紧急数据。

(7) 确认比特 (ACK)：只有当 ACK = 1 时，确认序号字段才有效；当 ACK = 0 时，确认序号字段无效。

(8) 推送比特 (PSH)(PUSH)：当两个应用进程进行交互式通信时，有时在一端的应用进程希望在键入一个命令后立即收到对方的响应。这时，发送端 TCP 将 PSH 置“1”，并立即创建一个报文段发送出去。它请求接收端 TCP 尽快将接收到的数据交付给应用进程，而不再等到整个缓存都填满后再向上交付。

(9) 复位比特 (RST)(RESET)：当 RST = 1 时，表明 TCP 连接中出现了严重差错 (如主机崩溃或其他原因)，必须释放连接，然后重新建立传输连接。同时，RST = 1 还可以用来拒绝一个非法的报文段或拒绝打开一个连接。

(10) 同步比特 (SYN)：在连接建立时用来同步序号。当 SYN = 1 而 ACK = 0 时，表明这是一个连接请求报文段。若对方同意建立连接，则应在响应的报文段中使 SYN = 1 和 ACK = 1。因此，SYN 置为“1”表示这是一个连接请求或连接响应报文。

(11) 终止比特 (FIN)(FINAL)：用来释放一个连接。当 FIN = 1 时，表明此报文段发送端的数据已发送完毕，并要求释放传输连接。

(12) 窗口：占 2 B。窗口值是 $[0,\ 2^{16}-1]$ 的整数。“窗口”是指发送本报文段一方的接收窗口大小。窗口值告知对方从本报文段首部中的确认号算起，接收方目前允许对方发送的数据量 (以字节为单位)。

(13) 检验和：占 2 B。进行传输层的差错校验，用于确认数据在传输过程中是否被损坏或更改。

(14) 紧急数据指针：占 2 B。当标志字段中 URG 的值为 1 时，表示有紧急数据，紧急数据位于段的开始，紧急数据指针指向紧挨着紧急数据后的第一个字节，以区分紧急数据和非紧急数据。对于紧急数据接收方必须尽快送给高层应用。

(15) 选项：长度可变。可以包含多个选项字段，常见的选项有最大报文段长度、窗口扩大因子及时间戳等。

(16) 数据：可变大小，用户实际要传输的数据。

2. TCP 端口号

常用的 TCP 协议所使用的端口号如表 6-1 所示。

表 6-1　常用的 TCP 协议所使用的端口号

协议名称	协 议 内 容	所使用的端口号
FTP(控制)	文件传输服务	21
FTP(数据)		20
TELNET	远程登录	23
HTTP	超文本传输协议	80
SMTP	简单邮件传输协议	25
POP3	邮局协议 (接收邮件与 SMTP 对应)	110

6.2.3 TCP 传输连接管理

TCP 是面向连接的控制协议，传输连接是用来传送 TCP 报文的。TCP 传输连接的建立和释放是每一次面向连接的通信中必不可少的过程。传输连接有 3 个阶段：连接建立、数据传送和连接释放。传输连接的管理就是使传输连接的建立和释放都能正常地进行。

在 TCP 连接建立过程中需要解决以下 3 个问题：

(1) 使双方能够确知对方的存在。

(2) 允许双方协商一些参数 (如最大窗口值、是否使用窗口扩大选项和时间戳选项以及服务质量等)。

(3) 对传输实体资源 (如缓存大小、连接表中的项目等) 进行分配。

TCP 连接的建立采用客户 / 服务器模式。主动发起连接建立的应用进程叫作客户机，而被动等待连接建立的应用进程叫作服务器。

1. TCP 连接的建立

TCP 连接的建立采用 3 次握手协议，即在客户机和服务器之间交换 3 个 TCP 报文段。3 次握手的具体过程是：A 向 B 发送连接请求，B 回应对连接请求的确认段，A 再发送对 B 确认段的确认。TCP 建立连接的过程如图 6-3 所示。

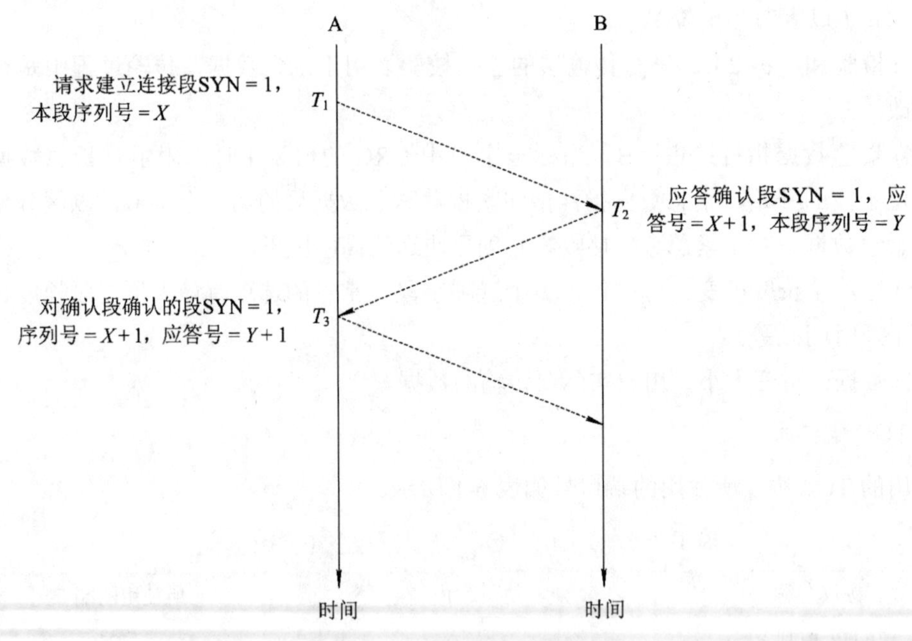

图 6-3 TCP 建立连接的过程

在图 6-3 中，SYN 为请求建立连接的标志，3 次握手过程如下：

在 T_1 时刻，A 向 B 发送请求建立连接段，序列号为 X。

在 T_2 时刻，B 发送应答 A 的 X 序列号的请求建立连接的段，并发送该应答段的应答号为 $X+1$，序列号为 Y。

在 T_3 时刻，A 发送对 B 的应答段的应答，应答号为 $Y+1$，表明应答号为 Y 的段已接收。

至此，连接建立成功，A、B 可以互相发送数据。

2. TCP 连接的释放

由于 TCP 是双工通信，因此一方的数据段发送完毕要终止连接时，另一方不一定发送完数据段。TCP 连接释放需要 4 次握手过程，如图 6-4 所示。

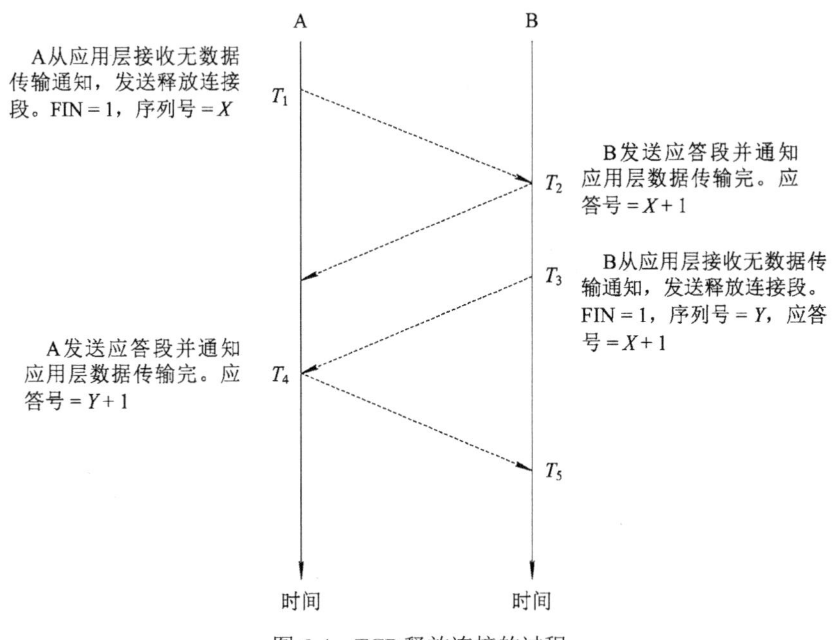

图 6-4 TCP 释放连接的过程

在图 6-2 中，FIN 为终止标志，TCP 释放连接的过程如下：

在 T_1 时刻，A 收到应用层的终止请求，发送释放连接段。

在 T_2 时刻，B 收到 A 发送的释放连接段，发送应答段，确认已经收到该段，并通知应用层 A 已经无数据发送，请求释放连接。

此时，B 仍然可以发送数据，但在 T_3 时刻收到无数据传输通知，向 A 发送释放连接段。

在 T_4 时刻，A 收到 B 的释放连接请求，A 向 B 发送应答段，确认已经收到该段，并中断连接。

在 T_5 时刻，B 收到 A 的确认，连接释放完成。

6.2.4 TCP 数据控制

1. TCP 滑动窗口控制

TCP 中的滑动窗口管理并不直接受制于确认信息。发送方不需要从应用层的数据一到就马上发送，可以等数据达到一定数量后一起发送。接收方也不用一接收到数据立即发送确认，可以等待接收的数据达到一定数量后一起发送确认。

TCP 滑动窗口协议中的接收窗口的大小是随着已经接收的数据量变化的。

在图 6-5 中，假定接收方有 4096 B 的缓冲区。ACK 为将要确认的字节号，即在此前的字节已经被正确接收；WIN 为可以接收的窗口大小；SEQ 为定序器，即发送数据段的起始字节号。

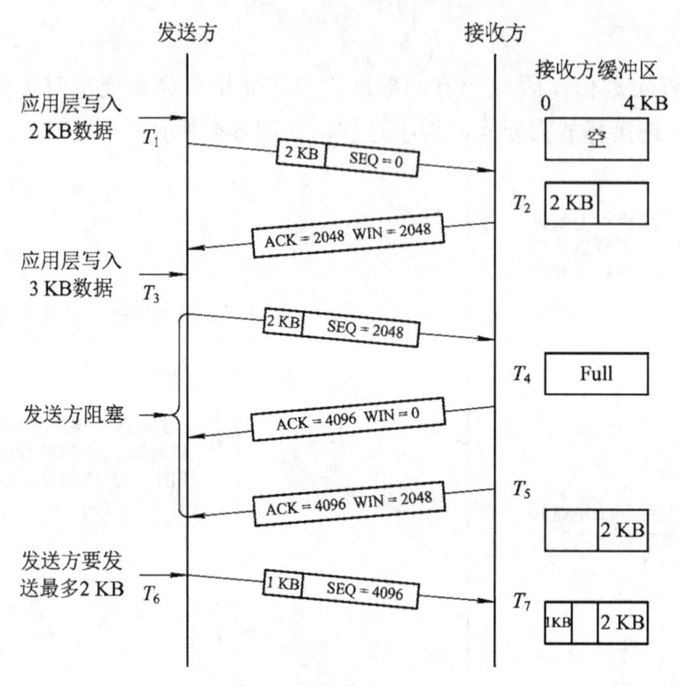

图 6-5 TCP 滑动窗口控制

在 T_1 时刻，发送方的应用写入 2048 B 的数据，发送数据段的起始字节号为 0。

在 T_2 时刻，接收方接收到发送方的数据段后，在没有交给应用层前，缓冲区被占用 2 KB，还剩下 2 KB，接收方向发送方发送确认段，ACK = 2048，WIN = 2048。

在 T_3 时刻，发送方收到应用层写入的 3 KB 的数据，但因接收方的缓冲区只剩下 2 KB，因此发送 2 KB 的数据段，SEQ = 2048。

在 T_4 时刻，接收方接收发送方的数据段后，在没有交给应用层前，缓冲区又被占用 2 KB，缓冲区满，接收方向发送方发送确认段，ACK = 4096，WIN = 0，此时发送方被阻塞。

在 T_5 时刻，接收方向应用层上传一个数据段，缓冲区被释放 2 KB，接收方向发送方发送确认段，通知发送方有 2048 B 缓冲区，即 WIN = 2048。

在 T_6 时刻，发送方发送余下的 1 KB 数据段，SEQ = 4096，此时，接收方缓冲区还剩下 1 KB。

2. TCP 数据重传策略

TCP 协议用于控制数据段是否需要重传的依据是设立重发定时器。在发送一个数据段的同时启动一个重发定时器，如果在定时器超时前收到确认，则关闭该定时器；如果定时器超时前没有收到确认，则重传该数据段。

这种重传策略的关键是对定时器初值的设定。目前采用较多的算法是 Jacobson 于 1988 年提出的一种不断调整超时时间间隔的动态算法。其工作原理是：对每条连接 TCP 都保持一个变量 RTT(Round Trip Time，往返时间)，用于存放当前到目的端往返所需要时间最接近的估计值。当发送一个数据段时，同时启动连接的定时器，如果在定时器超时前确认到达，则记录所需要的时间 (M)，并修正 RTT 的值；如果定时器超时前没有收到确认，则将 RTT 的值增加 1 倍。

3. TCP 拥塞控制

为了防止网络的拥塞现象，TCP 提出了一系列拥塞控制机制。最初由 V. Jacobson 在 1988 年的论文中提出 TCP 的拥塞控制由“慢启动 (Slow Start)”和“拥塞避免 (Congestion Avoidance)”组成，后来 TCP Reno 版本中又针对性地加入了“快速重传 (Fast Retransmit)”和“快速恢复 (Fast Recovery)”算法，再后来在 TCP NewReno 中又对“快速恢复”算法进行了改进。近些年又出现了选择性应答 (Selective Acknowledgement，SACK) 算法，还有其他方面的改进，成为网络研究的一个热点。

TCP 的拥塞控制主要是依赖一个拥塞窗口 (Cwnd) 来控制，窗口值的大小代表能够发送出去但还没有收到 ACK 的最大数据报文段，显然窗口越大，数据发送的速度也就越快，但是也有可能使网络出现拥塞。如果窗口值为 1，那么就简化为一个停 - 等协议，每发送一个数据包，都要等到对方的确认才能发送第二个数据包，显然数据传输效率低下。TCP 的拥塞控制算法就是要在这两者之间权衡，选取最好的 Cwnd 值，从而使网络吞吐量最大化且不产生拥塞。

(1) 慢启动。最初的 TCP 在连接建立成功后会向网络中发送大量的数据包，这样很容易导致网络中路由器缓存空间耗尽，从而发生拥塞。因此，新建立的连接一开始不能大量发送数据包，而只能根据网络情况逐步增加每次发送的数据量，以避免上述现象的发生。具体来说，当新建连接时，Cwnd 初始化为 1 个最大报文段 (MSS) 大小，发送端开始按照拥塞窗口大小发送数据，每当有一个报文段被确认，Cwnd 就增加 1 个 MSS 大小。这样 Cwnd 的值就随着 RTT 呈指数级增长。事实上，慢启动的速度一点也不慢，只是它的起点比较低。

(2) 拥塞避免。从慢启动可以看到，Cwnd 可以很快增长上来，从而最大限度利用网络带宽资源，但是 Cwnd 不能一直这样无限增长下去，一定需要某个限制。TCP 使用了一个慢启动门限 (ssthresh) 的变量，当 Cwnd 超过该值后，慢启动过程结束，进入拥塞避免阶段。拥塞避免的主要思想是加法增大，也就是 Cwnd 的值不再呈指数级增长，而是开始加法增加。此时当窗口中所有的报文段都被确认时，Cwnd 的值加 1，Cwnd 的值就随着 RTT 开始呈线性增长，这样就可以避免增长过快导致网络拥塞，慢慢地增加调整到网络的最佳值。

6.3 用户数据报传输协议

6.3.1 UDP 的主要特点

UDP 的主要特点如下：

(1) 无连接。UDP 发送数据前无须建立连接，一个应用进程如果有数据报要发送就直接发送，属于一种无连接的数据传输服务，因此减少了开销和发送数据之前的时延。

(2) 尽最大努力交付。UDP 不保证可靠交付。

(3) 面向报文。对于应用程序交下来的报文，UDP 在添加首部后就向下交付给 IP 层。UDP 对应用层交下来的报文既不合并，也不拆分，而是保留这些报文的边界。也就是说，应用层交给 UDP 多长的报文，UDP 就照样发送，即一次发送一个完整的报文。

(4) 没有拥塞控制。UDP 不包含拥塞控制机制，因此网络出现的拥塞不会使源主机的发送速率降低。

(5) 灵活性。UDP 支持一对一、一对多、多对一和多对多的通信模式。

由于 UDP 传输会出现分组丢失、重复、乱序的情况，应用程序需要负责传输可靠性方面的所有工作，因此 UDP 传输适用于无须应答并且通常一次只传送少量数据的情况。对于只有一个响应的情况，采用 UDP 可以避免建立和释放连接段时带来的额外开销和麻烦。

6.3.2 UDP 报文段结构

1. UDP 报文段格式

UDP 有两个字段：首部字段和数据字段。首部字段只有 8 B，由 4 个字段组成且每个字段的长度都是 2 B。

UDP 的功能简单，其段结构也简单。UDP 的段格式如图 6-6 所示。

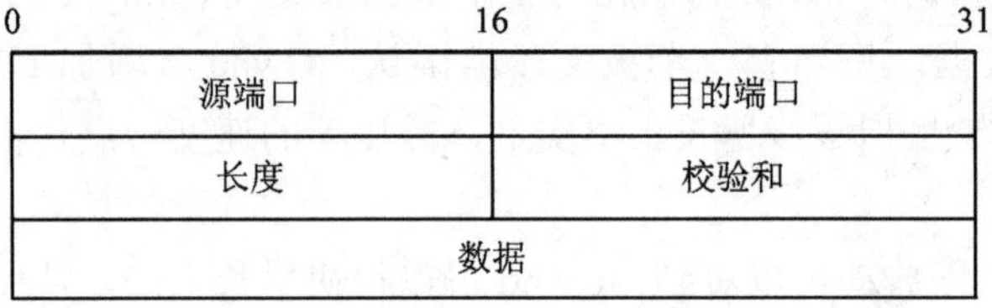

0	16 31
源端口	目的端口
长度	校验和
数据	

图 6-6 UDP 的段结构

(1) 源端口：占 2 B，标明发送端端口地址。

(2) 目的端口：占 2 B，标明接收端端口地址。

(3) 长度：占 2 B，指明包括 UDP 的头部在内的数据段的总长度。

(4) 校验和：占 2 B，检测 UDP 用户数据报在传输中是否有错，如果有错就丢弃。

2. UDP 端口号

常用的 UDP 端口号如表 6-2 所示。

表 6-2 常用的 UDP 协议的端口号

协议名称	协议内容	所使用的端口号
DNS	域名解析服务	53
SNMP	简单网络管理协议	161
QICQ	聊天软件	8000
TFTP	简单文件传输协议	69

6.3.3 UDP 协议的应用

在选择使用 UDP 协议时必须谨慎。在网络质量较差环境下，UDP 协议数据包丢失会比较严重。由于 UDP 无连接的特性，其具有资源消耗小、处理速度快的优点，因此 UDP 通常用于实时应用程序，如视频会议、在线游戏、语音聊天等，主要是因为这些应用程序通常要求实时性比较高，而且数据包丢失对应用程序的影响不是很大。

本 章 小 结

本章首先概述了传输层的一些基本概念，然后着重讲解了传输控制协议 (TCP) 和用户数据报协议 (UDP) 的工作原理和特点。

传输层介于网络层与应用层之间，它使用网络层提供的服务为应用层提供服务。传输层协议的复杂程度取决于网络传输质量和网络层服务的水平。传输层功能的实质是最终完成端到端的可靠连接，在此要特别明确“端”是指用户应用程序的“端口”，即传输层的“地址”实际上是通过具体的端口号来标识和定位的。

思 考 与 练 习

一、选择题

1. 在 TCP/IP 参考模型中，传输层的主要作用是在互联网络的源主机和目的主机对等实体之间建立用于会话的 (　　)。

A. 点到点连接　　　　B. 操作连接

C. 端到端连接　　　　D. 控制连接

2. (　　) 是 TCP/IP 模型传输层中的无连接协议 。

A. TCP 协议　　　　B. IP 协议

C. UDP 协议　　　　D. ICMP 协议

3. TCP 连接的建立过程和释放过程分别包括 (　　) 个步骤。

A. 2，3　　　　B. 3，3

C. 3，4　　　　D. 4，3

4. 下列关于 TCP 协议的叙述中，正确的是 (　　)。

A. TCP 是一个点到点的通信协议

B. TCP 提供了无连接的可靠数据传输

C. TCP 将来自上层的字节流组织成数据报，然后交给 IP 协议

D. TCP 将收到的报文段组成字节流交给上层

5. 一个 TCP 连接的数据传输阶段，如果发送端的发送窗口值由 2000 变为 3000，则意

味着发送端可以(　　)。

A. 在收到一个确认之前可以发送 3000 个 TCP 报文段

B. 在收到一个确认之前可以发送 1000 B

C. 在收到一个确认之前可以发送 3000 B

D. 在收到一个确认之前可以发送 2000 个 TCP 报文段

二、填空题

1. 传输层为 __________ 之间提供逻辑通信。

2. 在 TCP/IP 层次模型中，与 OSI 参考模型第四层对应的主要协议有 __________ 和 __________，其中后者提供无连接的不可靠传输服务。

3. 传输层与应用层的接口所设置的端口是一个 __________ 位的地址。

4. UDP 首部字段由 __________、__________、__________ 和 __________ 四部分组成。

5. TCP 报文的首部最小长度是 __________。

三、简答题

1. 试述 TCP 的主要特点、端口号分配。

2. 试述 UDP 的传输过程、端口号分配以及应用场合。

3. TCP 的连接建立与释放分别采用几次握手？具体步骤是什么？

4. TCP 的重传策略是什么？

参考答案

第7章 应 用 层

本章导读

应用层包括各种满足用户需求的应用程序，应用层协议是网络和用户之间的接口，即网络用户是通过不同的应用协议来使用网络的。应用层协议向用户提供各种实际的网络应用服务，使上网者能够更方便地使用网络上的资源。

本章将介绍目前在因特网上使用较广泛的应用层协议：DNS、动态主机配置协议(DHCP)、HTTP、FTP、电子邮件 (E-mail) 服务等。

学习目标

- 理解 DNS 的概念和域名结构
- 掌握域名解析的原理及过程
- 理解 WWW 服务的基本概念和工作过程
- 掌握文件传输服务的工作过程
- 掌握电子邮件服务的概念和工作过程

7.1 应用层的基本概念

应用层是网络模型的最高层，为用户或应用程序提供网络连接的接口，负责处理所有的应用程序与网络间的交互和通信。

应用层通过一系列协议为应用程序提供接口，同时承担着平台独立性、数据格式与编码标准化等任务。应用层的主要功能是实现“计算机之间的通信、协议规范与数据定义”。

从网络的体系结构来看，传输层、互联层和网络接口层为数据通信提供了一个通用的通信架构，确保数据能够准确、可靠地从一端传输到另一端。然而，真正满足用户需求的服务功能却是由应用软件提供的，这些应用软件在底层通信架构的基础上进行交互。应用软件使收发电子邮件、信息浏览、文件传输等日常网络活动成为可能。

在应用软件之间最常用、最重要的交互模型是客户 - 服务器 (C/S) 模型，如图 7-1 所示。互联网提供的 E-mail 服务、FTP 服务等都是以该模型为基础架构的。

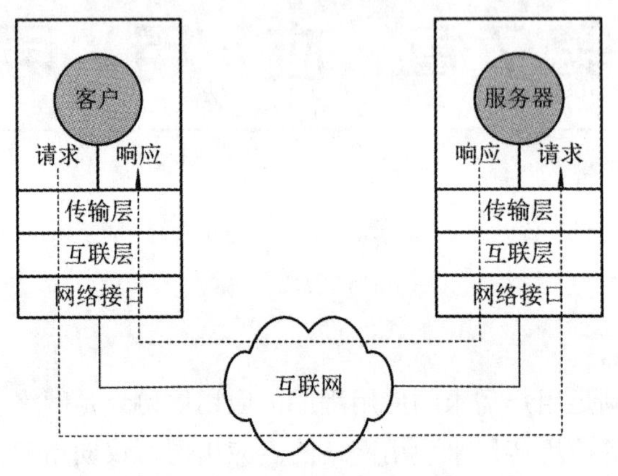

图 7-1　客户 - 服务器交互模型

应用层协议有 DNS、FTP、HTTP、SMTP 协议以及邮件读取协议 (POP3)、简单网络管理协议 (SNMP)、简单文件传送协议 (TFTP) 等。

7.2　域名系统服务

在 TCP/IP 互联网中，可以使用 IP 地址来识别主机，但是对一般用户而言，IP 地址太抽象了，用户更愿意利用易读、易记的字符串为主机命名。于是，域名系统 (Domain Name System，DNS) 应运而生。实质上，主机名是一种比 IP 地址更高级的地址形式，主机名的管理、主机名 -IP 地址映射等都是 DNS 要解决的重要问题。

7.2.1　DNS 的域名结构

互联网提供主机名的主要目的是让用户更方便地使用互联网。一种优秀的命名机制应能很好地解决以下 3 个问题：

(1) 全局唯一性。一个特定的主机名在整个互联网上是唯一的，它能在整个互联网中通用。不管用户在哪里，只要指定这个名字，就可以唯一地找到这台主机。

(2) 名字便于管理。优秀的命名机制应能方便地分配名字、确认名字以及回收名字。

(3) 高效地进行映射。用户级的名字不能为使用 IP 地址的协议软件所接受，而 IP 地址也不能为一般用户所理解，因此二者之间存在映射需求。优秀的命名机制可以使 DNS 高效地进行映射。

层次型命名机制 (Hierarchy Naming) 就是在命名中加入层次结构。在层次型命名机制中，主机的名字被划分成几个部分，而每一部分之间存在层次关系。实际上，我们在现实生活中经常使用层次型命名。例如，为了给朋友寄信，需要写明收信人地址 (如北京市海淀区双清路)，这种地址就具有一定的层次和结构。

层次型命名机制将名字空间划分成一个树状结构，如图 7-2 所示。每一节点都有一个相应的标识符，主机的名字就是从树叶到树根 (或从树根到树叶) 路径上各节点标识符的有序序列。例如，www→nankai→edu→cn 就是一台主机的完整名字。

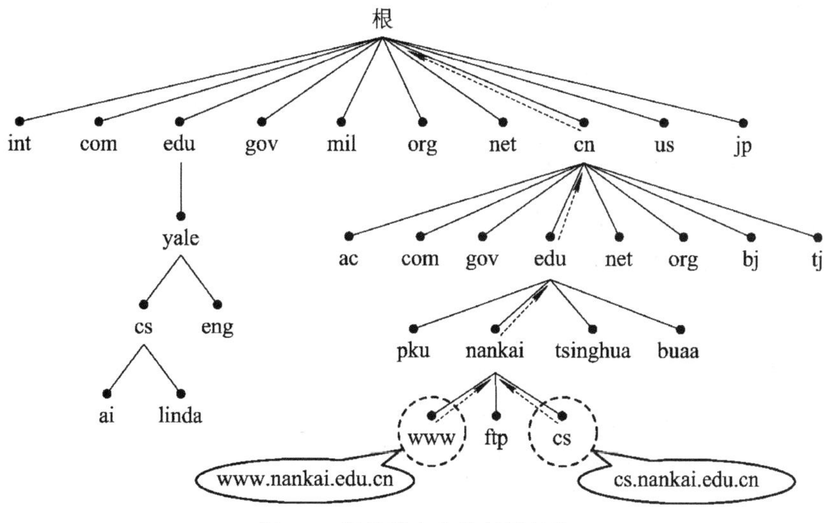

图 7-2　层次型名字的树状结构

层次型命名机制的这种特性对名字的管理非常有利。一棵名字树可以划分成几个子树，每个子树分配一个管理机构。只要这个管理机构能够保证自己分配的节点名字不重复，完整的主机名就不会重复和冲突。实际上，每个管理机构可以将自己管理的子树再次划分成若干部分，并将每一部分指定一个子部门负责管理。这样，对整个互联网名字的管理也形成了一个树状的层次化结构。

显然，只要同一子树下每层节点的标识符不冲突，完整的主机名绝对不会冲突。在图 7-2 所示的名字树中，尽管相同的 edu 出现了两次，然而由于它们出现在不同的节点之下 (一个在根节点下，一个在 cn 节点下)，因此完整的主机名不会产生冲突。

TCP/IP 域名语法只是一种抽象的标准，其中各标号值可任意填写，只要原则上符合层次型命名规则的要求即可。因此，任何组织均可根据域名语法构造本组织内部的域名，但这些域名的使用当然也仅限于组织内部。

作为国际性的大型互联网，Internet 规定了一组正式的通用标准标号，形成了国际通用顶级域名，如表 7-1 所示。顶级域的划分采用了两种划分模式，即组织模式和地理模式。前 7 个域对应组织模式，其余的域对应地理模式。地理模式的顶级域是按国家进行划分的，每个申请加入 Internet 的国家都可以作为一个顶级域，并向 Internet 域名管理机构 (NIC) 注册一个顶级域名，如 cn 代表中国、us 代表美国、uk 代表英国、jp 代表日本等。

表 7-1　Internet 顶级域名分配

顶级域名	机　构
com	商业组织
edu	教育机构
gov	政府部门
mil	军事部门
net	主要网络支持中心
org	上述以外的组织
int	国际组织
国家代码	各个国家

将顶级域的管理权分派给指定的子管理机构，各子管理机构对其管理的域继续进行划分，即划分成二级域，并将各二级域的管理权授予其下属的管理机构，如此下去，便形成了层次型域名结构。因为管理机构是逐级授权的，所以最终的域名都得到了 NIC 承认，成为 Internet 中的正式名字。

图 7-3 列举出了 Internet 域名结构中的一部分。顶级域名 cn 由中国互联网中心 (CNNIC) 管理，它将 cn 域划分成多个子域，包括 ac、com、edu、gov、net、org、bj 和 tj 等，并将二级域名 edu 的管理权授予给 CERNET 网络中心。CERNET 网络中心又将 edu 域划分成多个子域，即三级域，各大学和教育机构均可以在 edu 下向 CERNET 网络中心注册三级域名，如 edu 下的 tsinghua 代表清华大学、nankai 代表南开大学，并将这两个域名的管理权分别授予清华大学和南开大学。南开大学可以继续对三级域 nankai 进行划分，将四级域名分配给下属部门或主机，如 nankai 下的 cs 代表南开大学计算机系，而 www 和 ftp 代表两台主机等。

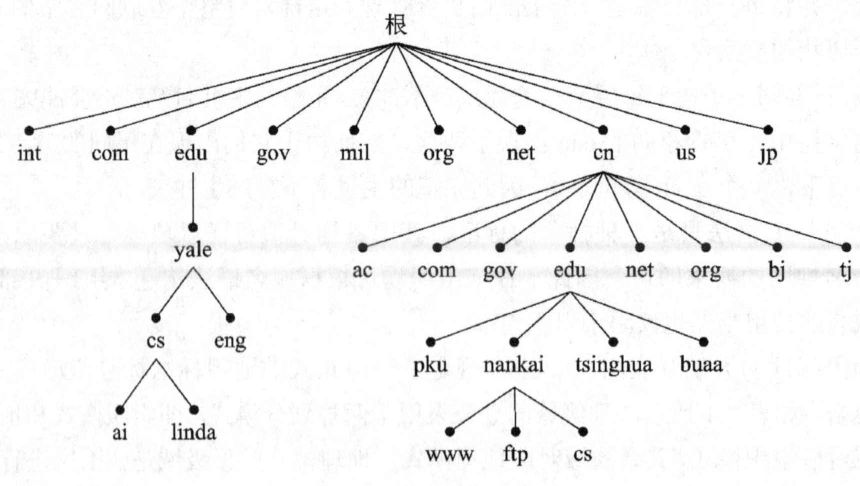

图 7-3　Internet 域名结构

主机域名的排列原则和域名结构相反，将顶级的域名放在最右边，主机名放在最左边。因此，主机域名的格式为：主机名 . 三级域名 . 二级域名 . 顶级域名。

例如：www.nankai.edu.cn 域名中 cn 代表顶级域名，edu 代表二级域名，nankai 代表三级域名，www 代表主机名。

7.2.2 域名解析

域名系统的提出为 TCP/IP 互联网用户提供了极大的方便。通常构成域名的各个部分 (各级域名) 都具有一定的含义，相对于主机的 IP 地址来说更容易记忆。但域名只是为用户提供了一种方便记忆的手段，主机之间不能直接使用域名进行通信，仍然要使用 IP 地址来完成数据的传输。当应用程序接收到用户输入的域名时，DNS 必须提供一种机制，该机制负责将域名映射为对应的 IP 地址，然后利用该 IP 地址将数据送往目的主机。

域名到 IP 地址的映射是由若干个域名服务器程序完成的。域名服务器程序在专设的节点上运行，而人们也常把运行该程序的计算机称为域名服务器。

当应用程序需要将一个主机域名映射为 IP 地址时，就调用域名解析函数 Resolve。解析函数将待转换的域名放在 DNS 请求中，以 UDP 报文方式发给本地域名服务器。本地的域名服务器在查找域名后，将对应的 IP 地址放在应答报文中返回。应用进程获得目的主机的 IP 地址后即可进行通信。若域名服务器不能回答该请求，则此域名服务器就暂时成为 DNS 中的另一个客户，直到找到能回答该请求的域名服务器为止。

每一个域名服务器都管理着一个 DNS 数据库，保存着一些域名到 IP 地址的映射关系。这些服务器还需连接到其他域名服务器上，这样当遇到本地不能解析的域名时，就会向其他服务器转发该解析请求。

因特网上的域名服务器系统也是按照域名的层次来安排的。每一个域名服务器都只对域名体系中的一部分进行管理。常用的域名服务器有以下 3 种类型。

1. 本地域名服务器 (Local Name Server)

在因特网域名空间的任何一个子域都可以拥有一个本地域名服务器，本地域名服务器中通常只保存属于本子域的域名-IP 地址对。一个子域中的主机一般都将本地域名服务器配置为默认域名服务器。

当一个主机发出域名解析请求时，这个请求首先被送往默认的域名服务器。本地域名服务器通常距离用户比较近，一般不超过几个路由的距离。当所要解析的域名属于同一个本地子域时，本地域名服务器能够立即将解析到的 IP 地址返回给请求的主机，而不需要再去查询其他域名服务器。

2. 根域名服务器 (Root Name Server)

目前在因特网上有十几个根域名服务器。当一个本地域名服务器不能基于本地 DNS 数据库响应某个主机的解析请求查询时，它就以 DNS 客户的身份向某一根域名服务器查询。若根域名服务器有被查询主机的信息，就发送 DNS 应答报文给本地域名服务器，然后本地域名服务器再应答发出解析请求的主机。

在根域名服务器中可能也没有需要查询的域名信息，但它一定知道保存被查询主机名字映射的授权域名服务器的 IP 地址。通常根域名服务器用来管理顶级域，并不直接对顶级域下面所属的域名进行转换，但它一定能够找到下面的所有二级域名的域名服务器，这样以此类推，一直向下解析，直到查询到所请求的域名。

3. 授权域名服务器 (Authoriative Name Server)

每一个主机都必须在授权域名服务器处登记，通常一个主机的授权域名服务器就是它所在子域的一个本地域名服务器。为了保证工作的可靠性，一个主机应该有至少两个授权域名服务器。许多域名服务器同时充当本地域名服务器和授权域名服务器。授权域名服务器能够将其管辖的主机名转换为该主机的 IP 地址。

因特网允许各个单位根据单位的具体情况将本单位的域名划分为若干个域名服务器管辖区 (Zone)，一般在各管辖区中设置相应的授权域名服务器，管辖区是域的子集。

实际上，在域名解析过程中，只要域名解析器软件知道如何访问任意一个域名服务器，而每一域名服务器都至少知道根服务器的 IP 地址及其父节点服务器的 IP 地址，域名解析就可以按顺序进行。

域名解析有两种方式：

(1) 递归解析 (Recursive Resolution)：要求域名服务器系统一次性完成全部名字 - 地址变换。

(2) 反复解析 (Iterative Resolution)：每次请求一个服务器，失败后再请求别的服务器。

假定主机 m.xyz.com 打算发送邮件给主机 y.abc.com，那么首先域名为 m.xyz.com 的主机需要知道域名为 y.abc.com 的主机的 IP 地址。域名解析过程如图 7-4 所示。

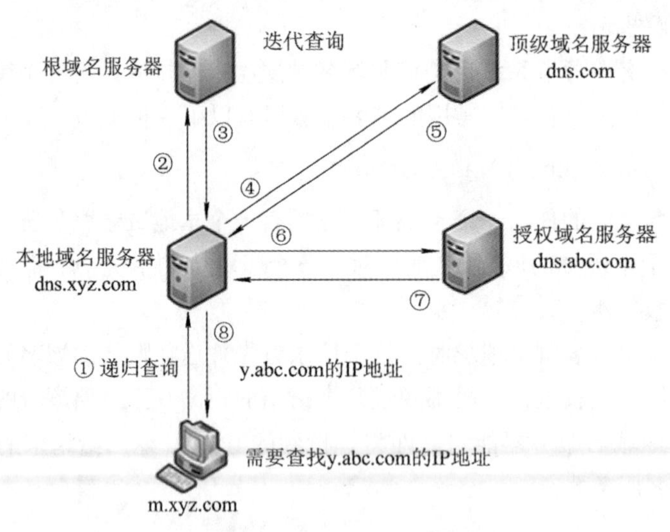

图 7-4　域名解析过程

(1) 主机 m.xyz.com 向其本地域名服务器 dns.xyz.com 进行递归查询。

(2) 本地域名服务器采用迭代查询。先向一个根域名服务器查询。

(3) 根域名服务器告诉本地域名服务器下一次应查询的顶级域名服务器 dns.com 的 IP 地址。

(4) 本地域名服务器向顶级域名服务器 dns.com 进行查询。

(5) 顶级域名服务器 dns.com 告诉本地域名服务器下一次应查询的授权域名服务器 dns.abc.com 的 IP 地址。

(6) 本地域名服务器向授权域名服务器 dns.abc.com 进行查询。

(7) 授权域名服务器 dns.abc.com 告诉本地域名服务器所查询的主机的 IP 地址。

(8) 本地域名服务器把查询结果告诉主机 m.xyz.com。

7.3 DHCP 服务

在一个使用 TCP/IP 协议的网络中，每一台计算机至少有一个 IP 地址，才能与其他计算机连接通信。为了便于统一规划和管理网络中的 IP 地址，DHCP(Dynamic Host Configure Protocol，动态主机配置协议) 应运而生。它不仅可以为客户机动态地配置 IP 地址，而且可以完成其他相关环境配置工作 (如 Default Gateway、DNS、WINS 等参数设置)，可以为某个 IP 地址预留固定的 IP，可以与其他类型的服务器交换信息。DHCP 可以使网络管理和维护的压力大为减轻。

7.3.1 DHCP 服务的基本概念

DHCP 服务的基本概念如下：

(1) 作用域。作用域是一个网络中的所有可分配的 IP 地址的连续范围，主要用来定义网络中单一的物理子网的 IP 地址范围。作用域是服务器用来管理并分配 IP 地址给网络客户主要工具。

(2) 超级作用域。超级作用域是一组作用域的集合，用来实现同一个物理子网中包含多个逻辑子网的情况。在超级作用域中，只包含一个成员作用域或子作用域的列表。超级作用域并不用于设置具体的地址范围，子作用域的各种属性需要单独设置。

(3) 排除范围。排除范围是不用于分配的 IP 地址序列，用来保证在这个序列中的 IP 地址不会被 DHCP 服务器分配给客户机。

(4) 地址池。在用户定义了 DHCP 范围及排除范围后，剩余的地址构成一个地址池，地址池中的地址可以被动态地分配给网络中的客户机使用。

(5) 租约。租约是 DHCP 服务器为客户机分配 IP 地址时指定的时间长度，在这个时间范围内客户机可以使用所获得的 IP 地址。当客户机获得 IP 地址时，租约被激活。在租约到期前，客户机需要更新 IP 地址的租约；当租约过期或从服务器上删除时，则租约停止。

(6) 保留地址。用户可以利用保留地址创建一个永久的地址租约。保留地址保证子网中的指定硬件设备始终使用同一个 IP 地址。

(7) 选项类型。选项类型是 DHCP 服务器给 DHCP 工作站分配服务租约时分配的其他客户配置参数。经常使用的选项包括默认网关的 IP 地址、WINS 服务器以及 DNS 服务器。一般在设置每个范围时这些选项都被激活。DHCP 管理器允许设置应用于服务器上所有范围的默认选项。大多数选项都是通过 RFC 2132 预先设定好的，但用户可以根据需要利用 DHCP 管理器定义及添加自定义选项类型。

7.3.2 DHCP 服务的工作过程

1. 客户机的 IP 自动设置

DHCP 的客户机启动登录网络时如无法与 DHCP 服务器通信，将自动给自己配置一个 IP 地址和子网掩码，此方式称为 IP auto_configuration。其通过使用 DHCP Client 服务完成 IP 及其他参数的配置，具体过程如下：

(1) DHCP 客户机试图与 DHCP 服务器建立联系以获取配置信息，若失败，则从 B 类地址段 169.254.0.0 中挑选一个作为自己的 IP，子网掩码为 255.255.0.0，然后利用 ARP 广播来确定该地址是否被使用；若成功，则继续尝试其他地址 (最多 10 次)。若不是，则使用该地址 (可以理解为临时地址)。

(2) 使用临时地址的 DHCP 客户机每隔 5 min 尝试与 DHCP 服务器联系一次，一旦联络上，DHCP 服务器能分配给它一个有效的 IP 地址，则 DHCP 客户机立即用有效地址替换临时地址。如果 DHCP 客户机已经从服务器上获得了一个租约，那么在其重新启动登录网络时将进行以下操作：

若租约依然有效，则 DHCP 客户机将联系更新事宜 (好比与图书馆联系续借事宜)。若联系不上 DHCP 服务器，它就 ping 原租约中的网关，若成功，则表示自己还在原来网络中，继续使用原来的租约，租期过半时继续尝试与 DHCP 服务器联络；若失败，则认为自己被移到一个没有 DHCP 服务器的网络，于是采用上述方法使用临时地址。

2. 客户机如何获得配置信息

DHCP 客户机启动登录网络时通过以下步骤从 DHCP 服务器获得租约：

(1) DHCP 客户机在本地子网中先发送 DHCP discover 信息，此信息以广播的形式发送，因为客户机此时还不知道 DHCP 服务器的 IP 地址。

(2) 在 DHCP 服务器收到 DHCP 客户机广播的 DHCP discover 信息后，向 DHCP 客户机发送 DHCP offer 信息，其中包括一个可租用的 IP 地址。

(3) 如果没有 DHCP 服务器对客户机的请求作出反应，可能发生以下两种情况：

如果客户使用的是 Windows 2000 及以上操作系统，则自动设置 IP 地址的功能处于激活状态，那么客户机自动给自己分配一个 IP 地址。

如果使用其他操作系统或自动设置 IP 地址的功能被禁止，则客户机无法获得 IP 地址，初始化失败。但客户机在后台每隔 5 min 发送 4 次 DHCP discover 信息，直到它收到 DHCP offer 信息。

(4) 一旦客户机收到 DHCP offer 信息，就发送 DHCP request 信息到服务器，表示它将使用服务器所提供的 IP 地址。

(5) DHCP 服务器在收到 DHCP request 信息后，即发送 DHCP ACK 确认信息以确定此租约成立，且此信息中还包含其他 DHCP 选项信息。

(6) 客户机收到确认信息后，利用其中的信息配置其 TCP/IP 属性，并加入网络中。

DHCP 客户机从 DHCP 服务器获得租约的过程如图 7-5 所示。

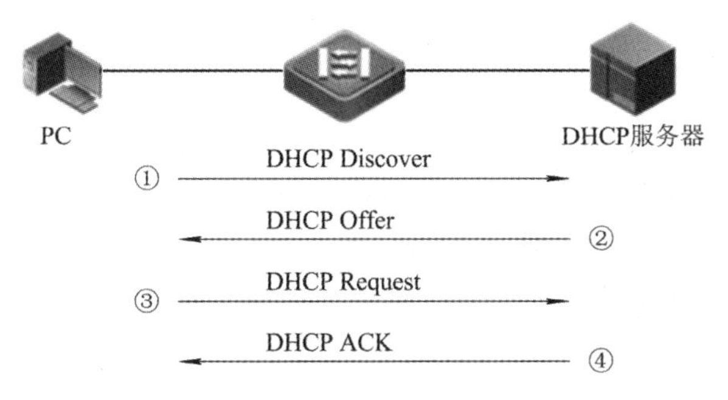

图 7-5　DHCP 客户机获取地址过程

在客户机租期达到 50% 时，客户机则需要更新租约。DHCP 客户机更新租约的过程如下：

(1) 客户机直接向提供租约的服务器发送请求，要求更新及延长现有地址的租约。

(2) 如果 DHCP 服务器收到请求，那么发送 DHCP 确认信息给客户机，更新客户机的租约。

(3) 如果客户机无法与提供租约的服务器取得联系，那么客户机一直等到租期达到 87.5% 时，客户机进入到一种重新申请的状态，向网络上所有的 DHCP 服务器广播 DHC Pdiscover 请求以更新现有地址的租约。

(4) 如果有服务器响应客户机的请求，那么客户机使用该服务器提供的地址信息更新现有的租约。

(5) 如果租约过期或无法与其他服务器通信，那么客户机将无法使用现有地址的租约。

(6) 客户机返回到初始启动状态，利用前面所述的步骤重新获取 IP 地址租约。

7.4 WWW 服务

WWW(World Wide Web) 也称万维网。万维网是一个大规模、联机式的信息储藏所，英文简称为 Web。万维网用链接的方法能非常方便地从因特网上的一个站点访问另一个站点 (即“链接到另一个站点”)，从而主动地按需获取丰富的信息。

7.4.1 WWW 服务的基本概念

1. HTML 和 Web 页面

万维网是一个分布式的超媒体 (Hypermedia) 系统，是超文本 (Hypertext) 系统的扩充。超文本是万维网的基础。超媒体与超文本的区别是文档内容不同。超文本文档仅包含文本信息，而超媒体文档不仅包含文本信息，还包含其他表示方式的信息，如图形、图像、声音、动画，甚至活动视频图像。

万维网客户程序与万维网服务器程序之间的交互遵守严格的协议，即超文本传输协议HTTP(Hypertext Transfer Protocol)。HTTP 是一个应用层协议，它使用 TCP 连接进行可靠的传送。

万维网使用超文本标记语言 (Hypertext Markup Language，HTML)，使万维网页面的设计者可以很方便地从本页面的某处链接到因特网上任何一个万维网页面。

2. URL 的格式

统一资源定位符 (Uniform Resource Locator，URL) 是用来表示从因特网上得到的资源位置和访问这些资源的方法。URL 给资源位置提供一种抽象的识别方法，并用这种方法给资源定位。只要能够对资源定位，系统就可以对资源进行各种操作，如存取、更新、替换和查找其属性。

这里所说的“资源”是指在因特网上可以被访问的任何对象，包括文件目录、文件、文档、图像、声音以及与因特网相连的任何形式的数据等。

URL 的一般形式如下：

< 协议 >://< 主机 >:< 端口 >/< 路径 >

协议指现在最常用的协议，即 HTTP、ftp。协议后面必须写上“://”，不能省略。主机指该主机在因特网上的域名或 IP 地址。端口和路径有时可省略。

对于万维网网点的访问需要使用 HTTP 协议。HTTP 的默认端口号是 80，通常可省略。路径是指因特网的上某个主页 (Home Page)。例如，要查询有关清华大学的信息，就可先进入清华大学的主页，其 URL 为 http://www.tsinghua.edu.cn/。URL 里面的字母不分大小写。用户使用 URL 还可以访问其他服务器，如 FTP 或 USENET 新闻组等。

7.4.2　WWW 服务的工作过程

HTTP 协议定义了浏览器 (即万维网客户进程) 如何向万维网服务器请求万维网文档，以及服务器如何把文档传送给浏览器。它是万维网上能够可靠地交换文件 (包括文本、声音、图像等各种多媒体文件) 的重要基础。万维网的工作过程如图 7-6 所示。

图 7-6　WWW 服务的工作过程

每个万维网网点都有一个服务器进程，它不断地监听 TCP 的端口 80，以便发现是否有浏览器向它发送连接建立请求。一旦监听到连接建立请求并建立了 TCP 连接，浏览器就向万维网服务器发出浏览某个页面的请求，接着服务器就返回所请求的页面作为响应，最后释放 TCP 连接。浏览器和服务器之间的请求和响应的交互，必须按照 HTTP 规定的格式和规则。HTTP 报文通常都使用 TCP 连接传送。

7.5 文件传输服务

文件传输协议 (File Transfer Protocol，FTP) 协议是 Internet 上文件传输的基础，通常所说的 FTP 就是基于该协议的一种服务。FTP 允许 Internet 上的用户将一台计算机上的文件传输到另一台计算机上，几乎支持所有类型的文件传输，包括文本文件、二进制可执行文件、声音文件、图像文件、数据压缩文件等。

FTP 实际上是一套文件传输服务软件，以文件传输为界面，使用简单的 get 或 put 命令即可进行文件的下载或上传，如同在 Internet 上执行文件复制命令一样。尽管大多数 FTP 服务器主机都采用 UNIX 操作系统，但普通用户通过 Windows 也能方便地使用 FTP。

FTP 最大的特点是用户可以使用 Internet 上众多的匿名 FTP 服务器。所谓匿名服务器，是指不需要专门的用户名和口令就可进入的系统。用户连接匿名 FTP 服务器时，登录成功后，用户便可从匿名服务器上传和下载文件。匿名服务器的标准目录为 pub，用户通常可以访问该目录下所有子目录中的文件。考虑到安全问题，大多数匿名服务器不允许用户上传文件。

7.5.1 FTP 的工作过程

FTP 是 TCP/IP 的一种具体应用，工作在 OSI 参考模型的第 7 层、TCP 模型的第 4 层 (即应用层) 上。FTP 客户端和服务器建立连接前要经过 3 次握手的过程，这样可以确保客户端与服务器之间的连接是可靠的，为数据的安全传输提供保证。

FTP 并不像 HTTP 那样只需要一个端口作为连接 (如 HTTP 的默认端口是 80)。FTP 需要两个端口：一个端口号为 21 的端口作为控制连接端口，用于发送指令给服务器以及等待服务器响应；另一个端口号为 20 的端口作为数据传输端口，用于建立数据传输通道，这个通道主要有 3 个作用：

(1) 从客户机向服务器发送一个文件。

(2) 从服务器向客户机发送一个文件。

(3) 从服务器向客户机发送文件或目录列表。

使用 FTP 时，要求用户在两台计算机上都具有自己的或者可用的账号。但为了支持文件的共享，有些 FTP 服务器提供了匿名 FTP 服务。用户在对应的主机上可以采用公共的账号“anonymous”，口令一般使用自己的电子邮件地址，以便匿名 FTP 服务器的管理人员知道谁在使用系统，并且可以方便地与用户取得联系。匿名 FTP 服务主要用于下载公共文件，如共享文件、软件升级文件、用户手册等。FTP 服务的工作过程如图 7-7 所示。

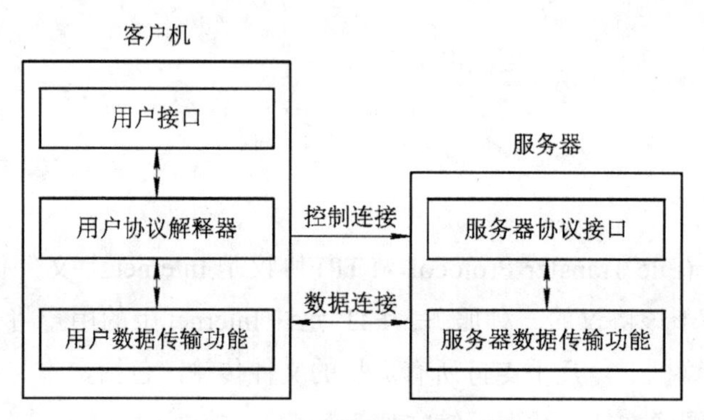

图 7-7　FTP 服务的工作过程

7.5.2　FTP 的连接模式

FTP 的连接模式有 PORT(主动模式) 和 PASV(被动模式) 两种。

1. PORT 模式

PORT 模式是 FTP 的客户端发送 PROT 命令到 FTP 服务器，FTP 客户端首先要和 FTP 服务器的 21 端口连接，通过这个通道发送命令，客户端需要接收数据时在这个通道上发送包含了客户端用什么端口接收数据的 PORT 命令。在传送数据时，服务器通过自己的 20 端口发送数据，但是必须和客户端建立一个新的连接用于传送数据。

2. PASV 模式

PASV 模式是 FTP 的客户端发送 PASV 命令到 FTP 服务器，它在建立控制通道时和 PORT 模式类似，当客户端通过这个通道发送 PASV 命令时，FTP 服务器打开一个随机端口并且通知客户端在这个端口上传送数据的请求，然后 FTP 服务器将通过这个端口进行数据传送，这时 FTP 服务器不再需要建立一个新的与客户端之间的连接。

7.6　电子邮件服务

电子邮件 (E-mail) 是因特网上最为流行的应用之一。如同邮递员分发投递传统邮件一样，电子邮件的收发也是异步的，也就是说人们是在方便的时候发送和阅读邮件的，无须预先与别人协同。与传统邮件不同的是，电子邮件既迅速，又易于分发，而且成本低。另外，现代的电子邮件消息可以包含超链接、HTML 格式文本、图像、声音，甚至视频数据，沟通更加多样化。

7.6.1 电子邮件服务的基本概念

1. 邮件服务器

电子邮件服务器是处理邮件交换的软硬件设施的总称，包括电子邮件程序、电子邮箱等。它是为用户提供 E-mail 服务的电子邮件系统，人们通过访问服务器实现邮件的交换。电子邮件服务器又分为发送电子邮件服务器和接收电子邮件服务器两种。

2. 电子邮件地址

与传统通信方式一样，电子邮件之间的通信也需要有双方的电子邮件地址。一般而言，电子邮件地址的格式为：用户名 @ 域名。

(1) 用户名：即用户电子邮箱的账号，对同一个邮件接收服务器来说，用户在申请电子邮箱时只能使用未被占用的用户名。

(2) @：读作“at”，用来连接用户名和邮件接收服务器的域名。

(3) 域名：用户电子邮箱所在的邮件接收服务器域名，用以标志其所在的位置。

例如：abc@163.com 就是一个合法的电子邮件地址。

3. 邮件传输协议

常见的电子邮件传输协议有 SMTP 协议、MIME 协议、POP3 协议和 IMAP 协议等。这几种协议都是在 TCP/IP 协议的基础上定义的。

1) SMTP 协议

SMTP(Simple Mail Transfer Protocol，简单邮件传输协议) 是一种提供可靠且高效的电子邮件传输协议，主要负责定义底层的邮件系统如何将电子邮件从一台计算机传送至另一台计算机。

2) MIME 协议

MIME(Multipurpose Internet Mail Extensions，多用途 Internet 邮件扩展) 是一种编码标准，解决 SMTP 协议仅能传送 ASCII 码文本文件的限制。MIME 协议定义了各种类型的数据，如声音、图像、表格等。通过对这些类型的数据进行编码，并将它们作为电子邮件的附件进行处理，就可以保证这些内容完整、正确地传输。

3) POP3 协议

POP3(Post Office Protocol Version3，邮局协议版本 3) 主要定义如何将电子邮件从电子邮箱传输到本地计算机。在通常情况下，将一台服务器设置成存放用户电子邮件的“邮局”后，用户即可采用 POP3 协议来访问服务器上的电子邮箱，接收自己的邮件。

4) IMAP 协议

IMAP(Internet Message Access Protocol，Internet 信息传输协议) 是 POP3 的一种替代

协议，提供邮件检索和邮件处理的功能。从邮件客户端软件就可以对服务器上的邮件和文件夹等进行操作。IMAP 协议增强了电子邮件的灵活性，能够大大节省用户查看电子邮件的时间。

7.6.2 电子邮件服务的工作过程

电子邮件系统主要由以下构件组成：

(1) 用户代理：用于用户编辑和发送邮件、接收和阅读邮件。

(2) 邮件服务器：负责存储和管理邮件，并在发送和接收过程中起到中转作用。

(3) 邮件传输协议：确保邮件在不同服务器之间能够安全、可靠地传输。

电子邮件的发送主要涉及 3 个步骤，如图 7-8 所示。

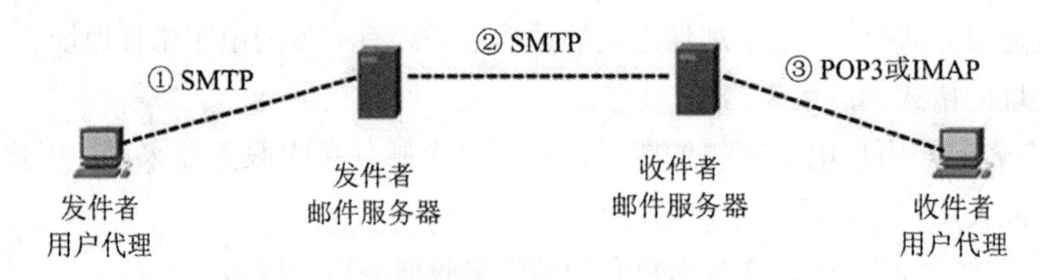

图 7-8　电子邮件服务的工作过程

(1) 发件人调用用户代理来编辑要发送的邮件。

(2) 用户代理用 SMTP 将邮件传送给发送端邮件服务器。

(3) 发送端邮件服务器将邮件放入邮件缓存队列中，等待发送。

(4) 运行在发送端邮件服务器的 SMTP 客户进程发现在邮件缓存中有待发送的邮件，就向运行在接收邮件服务器的 SMTP 服务器进程发起 TCP 连接。

(5) 一旦建立 TCP 连接，SMTP 客户进程就向远程 SMTP 进程发送邮件。

(6) 运行在接收端邮件服务器中的 SMTP 服务器进程收到邮件后，将邮件放入收件人的用户邮箱中，等待收件人在其方便时读取。

(7) 收件人在准备收信时，调用用户代理，使用 POP3(或 IMAP) 协议将自己的邮件从接收端邮件服务器的用户邮箱中取回。

本 章 小 结

应用层作为网络协议体系结构的最高层，是计算机网络和用户的接口，网络用户是通过应用层提供的各种服务来使用网络的。本章介绍了目前在因特网上基本的、常见的应用，如 DNS、DHCP、HTTP、FTP 和 E-mail 服务等，还介绍了应用层的 C/S 架构。通过本章的学习，掌握应用层在网络通信和数据交换中的作用及功能，对于理解和分析网络应用的工作原理、性能优化以及解决实际应用问题具有重要的意义。

思考与练习

一、选择题

1. 远程登录使用 ( ) 协议。

A. SMTP　　B. POP3

C. TELNET　　D. IMAP

2. Internet Explorer 是目前流行的浏览器软件，它的主要功能之一是浏览 ( )。

A. 网页文件　　B. 文本文件

C. 多媒体文件　　D. 图像文件

3. 客户机提出服务请求，网络将用户请求传送到服务器，服务器执行用户请求，完成所要求的操作并将结果送回用户，这种工作模式称为 ( )。

A. Client/Server 模式

B. 对等模式

C. CSMA/CD 模式

D. Token Ring 模式

4. HTTP 是 ( )。

A. 统一资源定位器

B. 远程登录协议

C. 文件传输协议

D. 超文本传输协议

5. 使用匿名 FTP 服务，用户登录时常常使用 ( ) 作为用户名。

A. anonymous

B. 主机的 IP 地址

C. 自己的 E-mail 地址

D. 节点的 IP 地址

二、填空题

1. FTP 能识别的两种基本的文件格式是 __________ 文件和 __________ 文件。

2. 在 Internet 中，URL 的中文名称是 __________，我国的顶级域名是 __________。

3. Internet 中的用户远程登录是指用户使用 __________ 命令，使自己的计算机暂时成为远程计算机的一个仿真终端。

4. 域名是通过 __________ 转换成 IP 地址的。

5. 地址 ftp://218.0.0.123 中的 ftp 是指 __________。

三、简答题

1. 什么是客户机 / 服务器 (C/S) 模式？该模式有何特点？

2. 目前有哪些国际通用顶级域名？

3. 什么是域名服务？

4. 简述 HTML、HTTP 和 URL 的含义及其作用。

5. Internet 的域名结构是怎样的？

6. 说明域名解析过程。

7. 说明文件传输协议的原理。

8. DHCP 可以自动完成哪些内容设置？

9. DHCP 的客户机如何获得配置信息？

参考答案

第 8 章　计算机网络安全

本章导读

随着计算机网络的应用越来越广泛，人们的日常生活、工作、学习等各个方面几乎都会应用到计算机网络。尤其是计算机网络应用到电子商务、电子政务以及企事业单位的管理等领域，对计算机网络的安全要求也越来越高。一些恶意者利用各种手段对计算机网络安全造成各种威胁。因此，计算机网络安全越来越受到人们的关注，成为一个研究的新课题。

本章主要介绍计算机网络面临的安全威胁、加密技术和防范措施等内容，旨在帮助读者全面了解网络安全领域的基本概念、原理和方法，提升网络安全意识和能力。

学习目标

- 理解网络空间安全存在的问题
- 了解密码学的基本概念
- 理解传统的加密技术及使用方法
- 理解对称密钥和公钥体系的基本原理
- 了解数字签名、摘要的作用及原理
- 了解网络安全的防范措施

8.1 网络安全基础概述

随着计算机网络技术的迅猛发展，以 Internet 为代表的全球性信息化浪潮日益高涨，信息网络技术的应用日益普及，应用领域从传统的小型业务系统逐渐向大型、关键业务系统扩展。然而，随着网络技术的普及，信息安全问题也逐渐凸显，成为人们日益关注的焦点，而 Internet 所具有的开放性、国际性和自由性在增加应用自由度的同时，对信息安全也提出了更高的要求。

8.1.1 网络安全的概念

网络安全 (Network Security) 是指网络系统的硬件、软件及其系统中的数据受到保护，不受偶然因素或者恶意攻击而遭到破坏、更改、泄露，确保系统能够连续、可靠、正常地运行，网络服务不中断。网络安全包括网络设备安全、网络信息安全和网络软件安全，其主要目的是确保网络数据的可用性、完整性和保密性。

(1) 可用性：授权用户在正常访问信息和资源时不被拒绝，可以及时获取服务。此外，当网络信息系统部分受损或需要降级使用时，仍能为授权用户提供有效服务，即保证为用户提供稳定的服务。

(2) 完整性：信息在未经合法授权时不能被改变的特性，即信息在生成、存储或传输过程中保证不被偶然或蓄意地删除、修改、伪造、乱序等破坏和丢失的特性。完整性是一种面向信息的安全性，它要求保持信息的原样，即信息能正确地生成、存储和传输。

(3) 保密性：信息在产生、传送、处理和存储过程中不泄露给非授权的个人或组织。一般是通过加密技术对信息进行加密处理来实现的，经过加密处理后的加密信息，即使被非授权者截取，也会由于非授权者无法解密而不能了解其内容。

8.1.2 网络面临的威胁

网络安全威胁主要影响网络系统的服务、信息保密性和可用性。这些威胁源于网络本身的不可靠性和脆弱性以及外部的人为破坏。网络安全的威胁类型主要有以下 5 种。

(1) 物理威胁与设备安全：物理威胁可能源于意外或故意的物理损害，如设备盗窃、物理损伤。重要的是要注意网络设备的安全和在更换硬件时的数据销毁，以防止数据被恢复。

(2) 系统、软件和协议漏洞：这类漏洞包括操作系统的缺陷、网络协议的脆弱性以及由于硬件、软件和人为因素导致的网络和数据库漏洞。例如，操作系统可能在安装过程中暴露出端口开放、认证服务不足等问题。基于 TCP/IP 的网络协议，由于最初设计时未重视安全问题，也存在漏洞。因此，硬件和软件的缺陷也可能被攻击者非法访问或对系统造成威胁。

(3) 体系结构的安全性：多数网络体系结构在设计和实施时可能存在安全隐患。如果网络的不同部分缺乏有效协同防御机制，那么整个网络体系的安全性可能受到威胁。

(4) 恶意软件与黑客攻击：包括黑客程序、计算机病毒、网络蠕虫、特洛伊木马、后门程序和僵尸网络等。这些恶意软件或程序旨在攻击网络系统，可能导致数据泄露、资源滥用破坏系统完整性和可用性。

网络安全是一个复杂且持续的挑战。由于网络系统天然存在漏洞，绝对的安全是不可能的，因此，关键在于通过采取各种措施降低风险。了解并应对这些威胁，是确保网络环境安全的重要步骤。

8.1.3 网络安全模型

网络安全是一个复杂且综合的系统工程，必须保证网络系统和信息资源的整体安全性。为此，人们建立各种网络安全模型，并对网络的整体安全性进行深入研究。网络安全评估是依据有关准则对网络系统及由其处理、传输、存储信息的保密性、完整性、可用性等安全属性进行全面评价的过程，是实现网络安全保障的有效措施。

网络安全模型在构建网络安全体系和结构方面发挥着重要作用，并进行具体的网络安全解决方案的制订、规划、设计和实施，同时也可以用于描述和研究实际应用中网络安全的实施过程。常用的网络安全模型有 MPDRR、APPDRR 等。

1. MPDRR 安全模型

MPDRR 安全模型是一种比较常见的具有纵深防御体系的网络安全模型，主要包含管理 (Management)、防护 (Protection)、检测 (Detection)、响应 (Responsen) 和恢复 (Recovery)5 个关键环节，如图 8-1 所示。

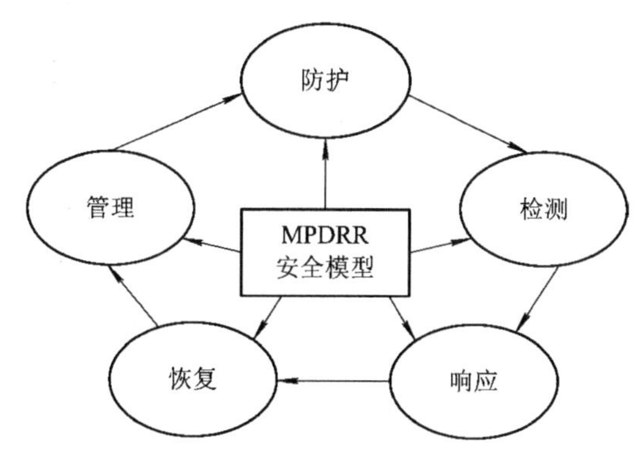

图 8-1　MPDRR 安全模型

MPDRR 安全模型将技术和管理融为一体，整个安全体系的建立必须经过安全管理进行统一协调和实施。管理是整个安全体系的基础，它包括安全策略、过程和意识的制订与实施，是成功建立安全系统的关键。防护是通过一系列的安全措施，如安装防火墙、使用加密技术等，来预防潜在的攻击。检测是通过使用各种检测工具和技术，对系统进行实时监测，及时发现潜在的安全威胁。响应是在系统遭受攻击或出现故障后，尽快恢复数据和系统的可用性，将损失降到最低。这 5 个环节相互协作，形成一个完整的网络安全体系。

2. APPDRR 安全模型

APPDRR 安全模型是一个全面而系统的网络安全框架，由风险评估、安全策略、系统防护、动态检测、实时响应和灾难恢复 6 个环节组成，如图 8-2 所示。

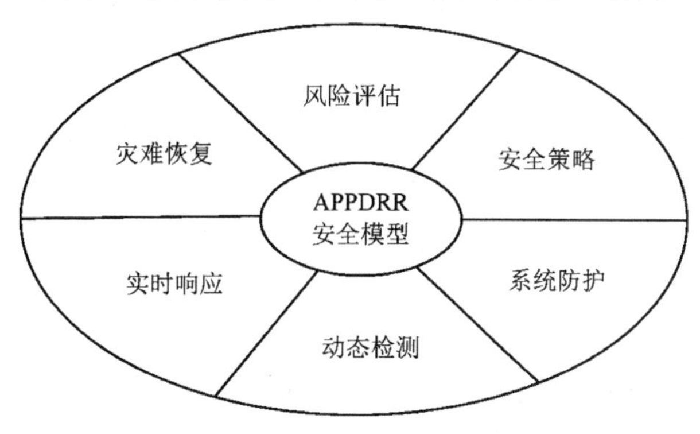

图 8-2　APPDRR 安全模型

风险评估是网络安全的第1个重要环节，通过它能够掌握网络面临的风险信息，进而采取必要的措施，使网络安全水平呈现动态螺旋上升的趋势。

安全策略是网络安全的第2个重要环节，起着承上启下的作用：一方面，安全策略应当随着风险评估的结果和安全需求的变化进行相应的更新；另一方面，安全策略在整个网络安全工作中处于原则性的指导地位，其后的检测、响应等环节都是在安全策略的基础上展开的。

系统防护是网络安全的第3个重要环节，体现网络安全的静态防护措施。

动态检测和实时响应体现安全动态防护与安全入侵、安全威胁的对抗性特征。

灾难恢复是网络安全的最后一个环节，在系统遭受攻击或出现故障后，应尽快恢复数据和系统的可用性，将损失降到最低。APPDRR模型展示了网络安全的相对性和动态螺旋上升的过程。不存在百分百的静态网络安全，网络安全是一个不断改进的过程。

8.2 网络安全法律法规

8.2.1 网络安全的发展

了解网络安全的发展历程体现了其日益复杂和不断演进的特性。关于网络安全发展的一些重要事件和趋势如下：

(1) 20世纪70年代至80年代初期，以“黑客”为代表的早期计算机安全事件开始出现，这引起了人们对计算机安全的关注。

(2) 20世纪80年代中期至90年代初期，计算机病毒开始广泛传播，这使得计算机安全面临更大的挑战。

(3) 20世纪90年代中期至21世纪初期，随着互联网的普及，网络攻击事件剧增，引起了各界对网络安全的关注。

(4) 2000年至2010年，随着移动设备和社交网络的出现，网络安全问题进一步加剧，出现了一系列新的安全威胁。

(5) 2010年至2020年，云计算和大数据技术的普及使网络攻击的规模和威力进一步增强，防范网络威胁成了一项全球性的任务。

(6) 2020年至2023年，人工智能和物联网技术的快速发展带来了新型威胁，如智能设备的安全漏洞和数据隐私保护问题，这就要求安全技术不断发展和更新，以适应日益复杂的网络环境。

总的来说，网络安全发展史是一个不断发展和演变的过程。随着计算机技术的推进和互联网的普及，网络安全问题也变得越来越复杂。只有不断提高对网络安全的认识和加强安全技术的研发，才能够有效地应对各种网络安全威胁。

8.2.2　国际与国内网络安全法律法规

1. 国际网络安全法律法规及标准

在国际层面，网络安全法律法规和标准的制定主要由多边组织、国际合作机构及领先国家的立法机构共同承担。这些规范旨在促进全球数据保护、打击网络犯罪，并维护网络空间的安全与稳定。主要的法律法规和标准包括：

(1) 联合国指导制定的信息安全和网络空间使用指导原则。

(2)《网络犯罪公约》(布达佩斯公约)：2001 年开放签署，是首个国际性打击网络犯罪的条约。

(3) 欧盟的《通用数据保护条例》(GDPR)：2016 年通过，2018 年 5 月生效，为数据保护和隐私设定了严格的规范。

(4) ISO/IEC 27000 系列标准：是国际上具有代表性的信息安全管理体系标准，标准涉及的安全管理控制项目主要包括安全策略、安全组织、资产分类与控制、人员安全、物理与环境安全、通信与运作、访问控制、系统开发与维护、事故管理、业务持续运行、符合性等。

2. 我国网络安全法律法规

我国在网络安全法律法规方面的发展虽起步较晚，但已迅速形成了一套较为完善的体系。主要法律法规按实施时间排序包括：

(1)《中华人民共和国反恐怖主义法》：2016 年 1 月 1 日实施，涉及网络空间的使用和监控，防止恐怖主义活动。

(2)《中华人民共和国网络安全法》：2017 年 6 月 1 日实施，覆盖网络安全策略、网络运营者安全义务、个人信息保护等方面。

(3)《中华人民共和国电子商务法》：2019 年 1 月 1 日实施，包括网络交易安全、个人信息保护和电子支付等内容。

(4)《中华人民共和国网络信息内容生态治理规定》：2020 年 3 月 1 日实施，加强网络信息内容管理，保护网络空间清朗。

(5)《中华人民共和国数据安全法》：2021 年 9 月 1 日实施，规范数据处理活动，保障数据安全，促进数据利用。

(6)《中华人民共和国个人信息保护法》：2021 年 11 月 1 日实施，明确个人信息处理规则，强调信息主体权利。

这些法律法规不仅是网络空间治理的重要工具，也是维护国家安全、促进经济社会发展和保护公民权利的关键。通过学习这些法律法规，可以更好地理解网络空间的复杂性和治理的多维性，为未来的网络安全工作和研究奠定坚实的基础。

8.3 数据加密技术

数据加密技术是研究计算机信息加密、解密及其变换的科学，是数学和计算机的交叉学科，也是一门新兴的学科。在国际范围内，它已成为计算机安全主要的研究方向，也是计算机安全课程中的主要内容。

数据加密技术是对数据信息进行编码和解码的技术，数据信息没有被处理之前称为“明文”，“明文”使用某种方法隐藏它的真实内容以后称为“密文”。把“明文”变成“密文”的过程称为加密 (Encrypt)；反之，把“密文”变成“明文”的过程称为解密 (Decrypt)。加密和解密过程如图 8-3 所示。

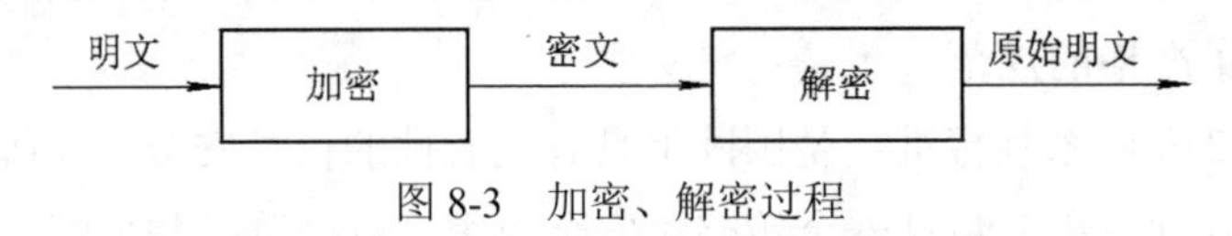

图 8-3　加密、解密过程

如果加密和解密所使用的密钥相同，则这种加密算法称为对称加密算法，否则称为非对称加密算法。

8.3.1　对称加密算法

对称加密算法即加密和解密使用相同密钥的算法，也被称为单密钥加密。在这种算法中，发送方将明文和加密密钥一起经过特殊加密算法处理后，变成复杂的加密密文发送出去。接收方收到密文后，若想解读原文，则需要使用加密用过的密钥及相同算法的逆算法对密文进行解密，才能使其恢复成可读明文。

对称加密算法的类型包括 DES、TripleDES、RC4、BlowFish 等。这些算法的具体实现机制不同，但都采用了单密钥密码的加密方法。

对称加密算法的优点主要在于其加密和解密速度快、算法公开、计算量小、加密效率高，且加密和解密使用相同的密钥，因此在大量数据传输时效率更高。此外，对称加密算法的加密强度高，能够提供很好的安全保障。

对称加密算法也存在一些缺点。首先，在分布式网络系统上使用对称加密算法比较困难，因为每个用户都需要拥有一个唯一的密钥，因此在用户数量较多的情况下，密钥管理变得非常复杂，密钥数量会呈几何级数增长，容易发生泄露。其次，对称加密算法无法提供信息鉴别功能，无法验证消息的完整性和准确性。

在实际应用中，对称加密算法适合用于小规模网络或者安全性要求不高的场景。如果需要在大规模网络或者高安全性的场景下进行加密，则建议使用非对称加密算法。

8.3.2　非对称加密算法

非对称加密算法也被称为公开密钥加密算法，是指加密和解密使用不同密钥的算法。

这种算法需要两个密钥：公开密钥 (Public key) 和私有密钥 (Private key)。公开密钥与私有密钥是一对，如果用公开密钥对数据进行加密，只有用对应的私有密钥才能解密；如果用私有密钥对数据进行加密，那么只有用对应的公开密钥才能解密。

非对称加密算法的主要算法有 RSA、Elgamal、背包算法、Rabin、D-H、ECC(椭圆曲线加密算法) 等。

非对称加密算法的优点主要在于其安全性更高，公钥是公开的，密钥是自己保存的，不需要将私钥给别人。这种加密方式使得只有拥有相应私钥的用户才能解密信息，有效避免了密钥泄露的风险，提高了信息传输的安全性。

非对称加密算法也存在一些缺点。首先，加密和解密花费时间长、速度慢，只适合对少量数据进行加密。这是由于非对称加密算法需要使用成对的公钥和私钥进行加密和解密操作，计算量较大，导致加密和解密的速度相对较慢。其次，非对称加密算法需要使用多个密钥，增加了密钥管理的复杂性。在实际应用中，需要妥善保管好私钥，并确保其安全传输，否则一旦私钥泄露，信息的安全性将受到威胁。

在实际应用中，如果需要传输大量数据或者要求更高的加密效率，对称加密算法可能更为合适；如果对安全性要求较高，且数据量较小，则可以考虑使用非对称加密算法。

8.4 网络安全技术

计算机网络经常面临的安全性威胁有 4 种：截获 (从网络上窃听他人的通信内容)、中断 (有意中断他人在网络上的通信)、篡改 (故意篡改网络上传送的报文) 和伪造 (伪造信息在网络上传送)。其中，截获信息的攻击称为被动攻击，而更改信息和拒绝用户使用资源的攻击称为主动攻击。下面介绍几种常见的网络安全技术，其均涉及数据安全、软硬件安全、通信安全等方面。

8.4.1 数据安全技术

数据安全技术包括数字签名 (Digital Signature)、数字摘要 (Digital Digest)、数字时间戳 (DTS)、数字信封和数字证书等。下面仅对数字签名、数字摘要和数字时间戳作一简单介绍。

1. 数字签名

数字签名与传统方式的签名具有同样的功效，可以进行身份认证以及当事人的不可抵赖性。

数字签名采用公开密钥加密技术，是公开密钥加密技术应用的一个实例。数字签名使用两对公开密钥的加密 / 解密的密钥，将它们分别表示为 (k, k') 和 (j, j')。其中 k 和 j

是公开的加密密钥，k' 是发送方的私钥，j' 是接收方的私钥。

密钥对具有以下性质：

$$E_k(D_{k'}(P)) = D_{k'}(E_k(P)) = P$$

$$E_j(D_{j'}(P)) = D_{j'}(E_j(P)) = P$$

式中，P 为明文。从上述公式可以看出，不论对明文先加密、再解密，还是对明文先解密、再加密，均可得到明文。

图 8-4 为利用两对加密 / 解密密钥进行数字签名的过程。

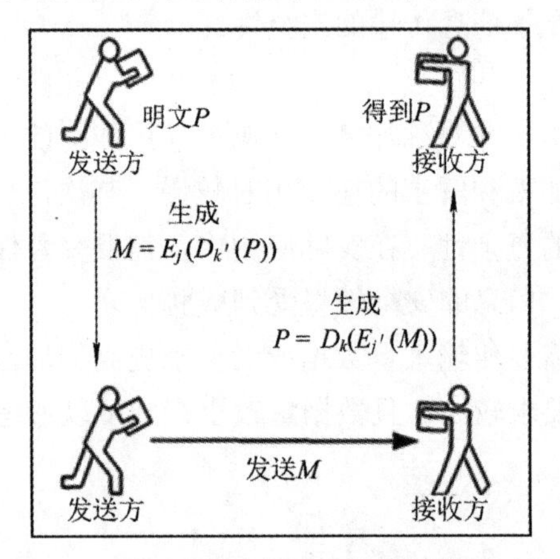

图 8-4　利用两对密钥进行数字签名的过程

数字签名的具体步骤如下：

(1) 发送方将明文 P 先用发送方的私钥解密，再用接收方的公钥对解密结果加密，生成 M，并发送给接收方。

(2) 接收方接收到 M 后，先用接收方的私钥对 M 解密，得到 $D_{k'}(P)$，再用与发送方的公钥解密，得到明文 P。

(3) 接收方将 $D_{k'}(P)$ 与 P 同时保存可用作后续验证。

(4) 如果发送方否认曾经发送过 P 或者质疑接收方保存的 P'的有效性 (为了与发送方原始发送的 P 区别，暂时标为 P')，可以请第三方公证。

(5) 可将 $D_{k'}(P)$ 用与其相对应的公钥加密得到原始的 P，与接收方保存的 P'对照，如果相同说明没被修改。同时，由于 $D_{k'}(P)$ 是用只有发送方知道的私钥进行解密的，因此发送方不可抵赖。

2. 数字摘要

上述介绍的数字签名的方法需要对传输的整个信息文档进行两次加密 / 解密，这就需要占用较多的时间，而在实际应用中，只有部分信息需要数字签名，这时便适合使用数字摘要。数字摘要将整个信息文档与唯一的、固定长度 (28 位) 的值 (数字摘要) 相对应，只要对数字摘要进行加密就可以达到身份认证和不可抵赖的作用。

(1) 数字摘要一般由散列函数 (Hash 函数) 计算获得。

单向散列函数应具备下列条件：

① 若 P 是任意长度的信息或文档，H 表示信息或文档与唯一的固定长度相对应的函数，数学形式为：$H(P) = V$(数字摘要)。

② 已知 V 不能推算出 P。

③ 不同的 P 不能得出相同的 V，即同一个 P 只能得出唯一的 V，如同人的指纹。

(2) 采用散列函数的数字签名过程如下：

① 发送方将发送文档 P 通过散列函数求出数字摘要，$V = H(P)$。

② 发送方用自己的私钥对数字摘要加密，产生数字签名 $E_{k'}(V)$。

③ 发送方将明文 P 和数字签名 $E_{k'}(V)$ 同时发送给接收方。

④ 接收方用公钥对数字签名解密，同时对接收到的明文 P 用散列函数 H 产生另一个摘要。

⑤ 将解密后的摘要与用散列函数产生的另一个摘要相互比较，若一致，则说明 P 在传输过程中未被修改。

⑥ 接收方保存明文 P 和数字签名。

⑦ 如果发送方否认所发送的 P 或怀疑 P 被修改过，可以用与数字签名相同的方法认证其不可抵赖。图 8-5 为采用散列函数的数字签名过程。

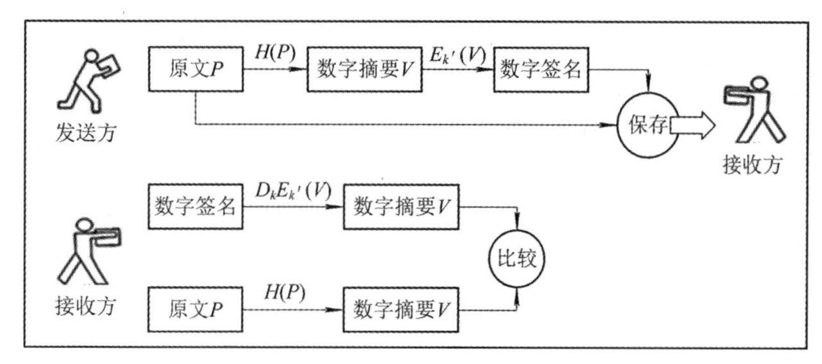

图 8-5　采用散列函数的数字签名过程

3. 数字时间戳

在实际应用中，时间往往是一项十分重要的信息。数字时间戳 (Digital Time Stamp，DTS) 能为电子文件提供发表时间的安全保护。

数字时间戳是一种网上安全服务项目，由专门的机构提供。时间戳实际上是一个经加密后形成的凭证文档，包括以下 3 个部分：

(1) 需要 DTS 的文件的摘要。

(2) DTS 收到文件的时间和日期。

(3) DTS 的数字签名。

时间戳产生的过程为：用户首先将需要加 DTS 的文件用散列函数加密形式数字摘要；然后将数字摘要发送到 DTS 认证单位；该认证单位在收到的数字摘要文档中加入收到数字摘要的日期和时间信息，再对该文档加密 (数字签名)；最后送回用户。需要注意的是，书面签署文件的时间是由签署人自己写上的，而 DTS 则不同，它是由 DTS 认证单位来加的，以该认证单位收到文件的时间为依据。

8.4.2 VPN和APN

VPN(Virtual Private Network，虚拟专用网络)和APN(Access Point Name，接入点名称)是两个不同的网络概念，虽然它们有些相似之处，但在实际应用和功能上存在着明显的区别。

VPN是在公共网络上建立起一个私密、安全的通信隧道，用于在不安全的网络上传输数据。它通过加密和隧道技术进行数据保护和隐私保密，使用户能够在各种网络中建立起一个安全的网络连接。

VPN通常在应用程序或操作系统级别上部署，并且需要客户端软件或者设备支持。它可以在各种设备上使用，如计算机、手机、平板等。VPN常见的应用场景如下：

(1) 远程访问：允许用户通过公共网络(如互联网)访问私有网络资源，实现跨地域、跨网络的连接。

(2) 数据加密：通过加密技术对传输的数据进行保护，确保数据在公共网络中传输时不被黑客或监控窃取。

(3) 绕过封锁：使用VPN可以绕过地理限制、封锁和审查，访问被限制或屏蔽的内容和网站。

APN是手机在无线网络上连接互联网时使用的网络参数，用于建立数据连接和访问互联网。APN通常由运营商提供，包含一系列网络配置信息，如接入点名称、身份验证类型、代理服务器地址等。APN的作用是识别和区分不同的移动网络，以确保手机可以访问互联网。

APN通常是在手机设置或网络设置中配置的。对于不同的运营商和移动设备，APN配置可能会有所不同。APN的主要功能如下：

(1) 数据接入：手机通过APN建立数据连接，使用移动网络访问互联网，包括浏览网页、发送消息、下载文件等。

(2) 访问控制：APN可以对访问互联网的权限进行控制，如限制某些用户或设备的访问，管理数据流量等。

综上所述，VPN和APN是两个不同的概念。VPN是一种安全通信隧道技术，可以在公共网络中保护用户数据的安全和隐私，主要应用于远程访问和数据加密；而APN是用于移动网络连接和访问互联网的网络参数，用于识别和配置手机连接互联网的信息。虽然它们都涉及网络连接和数据传输，但其目的、应用场景和功能均不同。

8.4.3 防火墙

1. 防火墙的概念

防火墙的概念起源于中世纪的城堡防卫系统。那时，人们在城堡的周围挖一条护城河以保护城堡的安全，每个进入城堡的人都要经过一个吊桥，接受城门守卫的检查。在网络中，人们借鉴了这种思想，设计了一种网络安全防护系统，即防火墙系统。

防火墙将网络分成内部网络和外部网络两部分，如图8-6所示，并认为内部网络是安全的和可信赖的，而外部网络则是不安全和不可信的。防火墙检查和监测所有进出内部网的信息流，防止未经授权的通信进出被保护的内部网络。

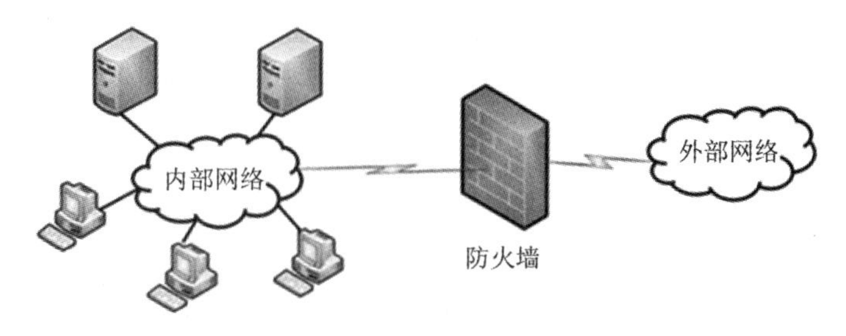

图 8-6 防火墙

2. 防火墙的分类

防火墙是位于两个或多个网络间实施网络间访问控制的一组组件的集合，包括主机系统、路由器、网络安全策略和用于网络安全控制与管理的软硬件系统等。防火墙是不同网络或网络安全域之间信息的出入口，能够根据网络安全策略控制 (允许、拒绝、监测) 出入网络的信息流，且本身具有较强的抗攻击能力。

1) 按照防火墙的软、硬件形式分类

按照防火墙的软、硬件形式区分，防火墙可以分为软件防火墙、硬件防火墙以及芯片级防火墙。

(1) 软件防火墙。

软件防火墙是一种安装在计算机操作系统上的软件产品，它利用软件技术实现网络通信时的安全控制，可以对流入和流出的网络通信进行监控和过滤以防止潜在的威胁和攻击。

软件防火墙厂商中做网络版软件防火墙最出名的是 Checkpoint。这类防火墙对于计算机的硬件和操作系统没有特殊要求，但用户需要定期更新和升级，以确保其安全保护的能力。

(2) 硬件防火墙。

硬件防火墙通常基于专用的硬件平台，它采用专用的操作系统，具有较高的处理速度和性能。常见的硬件防火墙外形和路由器相似。

传统硬件防火墙一般至少具备 3 个端口，分别接内网、外网和 DMZ 区 (非军事化区)。现在一些新的硬件防火墙扩展了端口，常见的四端防火墙将第四个端口作为配置口、管理端口。很多防火墙还可以进一步扩展端口数目。

(3) 芯片级防火墙。

芯片级防火墙基于专门的硬件平台，没有操作系统。专有的 ASIC 芯片或其他专用硬件加速模块可实现防火墙功能。芯片级防火墙比其他种类的防火墙速度更快，处理能力更强，性能更好。

做芯片级防火墙最出名的厂商有 NetScreen、FortiNet、Cisco 等。这类防火墙由于是专用 OS(操作系统)，因此防火墙本身的漏洞比较少，不过价格相对比较高。

2) 按照防火墙实现技术的不同分类

按照防火墙实现技术的不同，防火墙可以分为包过滤防火墙、状态 / 动态检测防火墙和应用程序代理防火墙。

(1) 包过滤防火墙。

包过滤防火墙是第一代防火墙，又称网络层防火墙，在每一个数据包传送到源主机时都会在网络层进行过滤，对于不合法的数据访问，防火墙会选择阻拦并丢弃。包过滤防火墙通常基于 IP 层和 TCP 层，根据预设的过滤规则对数据包进行过滤。由于包过滤防火墙只关心数据包的地址和端口信息，不关心应用层的数据内容，因此其处理速度快，但安全性相对较低。

(2) 状态 / 动态检测防火墙。

状态 / 动态检测防火墙是一种改进的防火墙技术，它不仅能够检测单个数据包的信息，还可以跟踪通过防火墙的网络连接状态，这样防火墙就可以使用组附加的标准，以确定该数据包是允许或者拒绝通信。状态 / 动态检测防火墙能够更好地防止某些类型的攻击，如基于会话的攻击和基于状态的攻击，但其实现较为复杂，需要较多的计算和存储资源。

(3) 应用程序代理防火墙。

应用程序代理防火墙又称应用层防火墙，工作于 OSI 参考模型的应用层上，能够识别和拦截应用层的数据。应用程序代理防火墙实际上并不允许在它连接的网络之间直接通信。它是通过代理服务器来处理网络通信的。代理服务器检查和修改应用层的数据，以实现安全控制。

8.4.4　SSL 协议

安全套接层 (SSL) 协议是目前应用最广泛的安全传输协议之一。它作为 Web 安全性解决方案，由 Netscape 公司于 1995 年提出。现在，SSL 已经作为事实标准被众多网络产品提供商所采纳。SSL 利用公开加密技术，在传输层上提供安全的数据传送通道。

SSL 协议的工作流程包括连接建立、证书验证、随机数生成和协商、会话密钥生成、SSL 握手过程、数据传输和连接关闭。通过 SSL 协议的运作，可以保障网络通信的安全性，防止数据被窃听、篡改或伪造。SSL 协议的工作流程如下：

(1) 客户端发起 SSL 连接：客户端与服务器建立通信前，需要通过读取 URL 的协议头或端口号来判断是否需要进行 SSL 连接。如果需要 SSL 连接，客户端会向服务器发起连接请求，并告诉服务器协议版本号和支持的加密套件等信息。

(2) 服务器证书验证：服务器收到客户端的请求后，会向客户端发送服务器的证书。证书中包含了服务器的公钥、证书颁发机构 (CA) 的签名和有效期等信息。客户端会验证证书的有效性和完整性，确认证书是否由可信的 CA 签名。

(3) 客户端生成随机数：客户端会生成一个随机数，用来作为对称加密算法的密钥。该密钥将在之后的通信过程中用于加密和解密数据。

(4) 会话密钥生成：客户端使用服务器的公钥加密生成随机数，并发送给服务器。服务器收到客户端的加密随机数后，使用自己的私钥解密，得到客户端的随机数。接下来，客户端和服务器使用两个随机数，通过一系列算法协商生成一个会话密钥，用于后续的数据加密。

(5) SSL 握手过程：在会话密钥生成后，客户端和服务器会进行 SSL 握手过程，用于对通信参数的协商和身份认证。

① 客户端向服务器发送一个随机数，用于生成会话密钥的预主密钥。

② 服务器向客户端发送一个随机数和自己的证书。如果服务器需要客户端提供身份认证，还会要求客户端发送自己的证书。

③ 客户端验证服务器的证书，如果证书无效或不受信任，会终止连接。

④ 客户端生成一个用于加密通信的随机数，称为主密钥。

⑤ 主密钥通过服务器的公钥加密，并发送给服务器。

⑥ 服务器接收到客户端发送的主密钥后，使用自己的私钥解密得到主密钥。

⑦ SSL 握手阶段结束，客户端和服务器都已经生成了相同的主密钥，用于后续的数据加密和解密。

(6) 数据传输：SSL 握手成功后，客户端和服务器使用对称加密算法和生成的会话密钥来加密和解密数据。所有的数据传输都经过加密处理，以保证传输的安全性。

(7) SSL 连接关闭：当通信结束时，可以选择主动关闭 SSL 连接或等待一段时间后自动关闭。关闭连接过程中需要进行一系列的清理工作，包括关闭加密算法、销毁会话密钥和释放资源等。

本章小结

本章从计算机网络的安全体系入手，按照安全体系的结构模型，探讨在计算机网络的不同层次应该实施的不同的安全技术和措施。重点介绍了数据的加密技术的重要性，包括传统的加密技术以及现有网络比较流行的数据加密技术。最后从实际应用的角度出发，介绍了常用保障网络安全的措施，旨在为读者提供全面的网络安全防护指导。

思考与练习

一、选择题

1. 如果 m 表示明文，c 表示密文，E 代表加密变换，D 代表解密变换，则下列表达式中描述加密过程的是 (　　)。

A. $c = E(\mathrm{m})$　　B. $c = D(m)$

C. $m = E(c)$　　D. $m = D(c)$

2. RSA 属于 (　　)。

A. 传统密码体制　　B. 非对称密码体制

C. 现代密码体制　　D. 对称密码体制

3. DES 中子密钥的位数是 (　　)。

A. 32　　B. 48

C. 56　　D. 64

4. 防止发送方否认的方法是（　　）。

A. 消息认证　　B. 保密

C. 日志　　D. 数字签名

5. 用公钥密码体制签名时，应该用（　　）加密消息。

A. 会话钥　　B. 公钥

C. 私钥　　D. 共享钥

二、填空题

1. 信息在网络中的流动过程有可能受到 __________、__________、修改或捏造等形式的安全攻击。

2. __________ 的加密和解密密钥相同，属于一种对称加密技术。

3. RSA 是一种基于 __________ 原理的公钥加密算法。

4. 数字签名采用 __________ 加密技术，是 __________ 加密技术应用的一个实例。

5. __________ 是目前应用最广泛的安全传输协议之一。

三、简答题

1. 网络安全面临的威胁主要有哪些？

2. 防火墙技术有哪些优缺点？

3. 移位密码密钥 $K = 3$，明文为 meet me after the party，求密文是多少。

4. 密文为 XPPE XP LQEPC ESP ALCEJ，移位密钥 $K = 11$，求明文是多少。

5. 维基尼亚密码应用，假设 $m = 4$，密钥字为“love”，密文为“XSZXXSVJESMXSSKECHT”，求明文是多少。

6. 列出你熟悉的几种常用的网络安全防护措施。

参考答案

下篇　实训篇

实验 1　双绞线的制作

【实验目的】

(1) 了解双绞线的组成和作用，理解双绞线的优点和应用场景。

(2) 掌握双绞线的制作方法和制作过程中的注意事项。

(3) 学会使用绞线钳、剥线钳、网线测试仪等工具。

(4) 培养实践能力和实验操作技巧，提高细致、耐心、严谨的工作态度。

【实验准备】

双绞线的制作非常简单，就是把双绞线的 4 对 8 芯网线按一定规则插入到水晶头中，需要准备的材料有双绞线和水晶头以及专用压线钳。水晶头示意图如图 S1-1 所示。

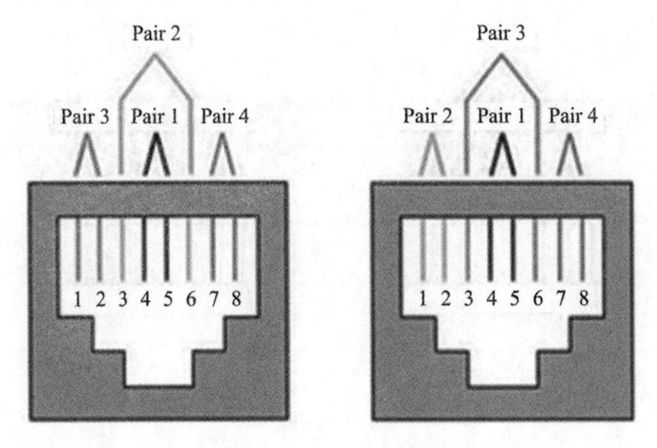

图 S1-1　水晶头示意图

双绞线的制作方式有两种国际标准，分别为 EIA/TIA-568A 以及 EIA/TIA-568B，如表 S1-1 所示。

表 S1-1　双绞线线序

EIA/TIA-568A 线序	白绿	绿	白橙	蓝	白蓝	橙	白棕	棕
EIA/TIA-568B 线序	白橙	橙	白绿	蓝	白蓝	绿	白棕	棕

这两种标准的差异在于线对的接线顺序不同，利用这两种标准，可以制作直通线缆和交叉线缆。直通线缆用于终端设备 (如计算机) 与中心设备 (如交换机) 的连接，而交叉线缆用于终端设备之间的连接。

直通线：两端线序排列一致，一一对应，即不改变线的排序 (两端都使用 EIA/TIA-568A 或 EIA/TIA-568B 线序)。直通线线序如图 S1-2 所示。

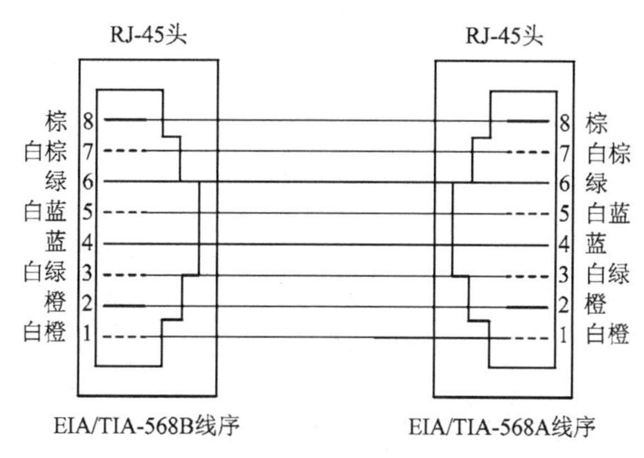

图 S1-2　直通线线序

交叉线：改变线的排列顺序，采用“1—3，2—6”的交叉原则，即电缆一端用 EIA/TIA-568A 线序，另一端用 EIA/TIA-568B 线序。交叉线线序如图 S1-3 所示。

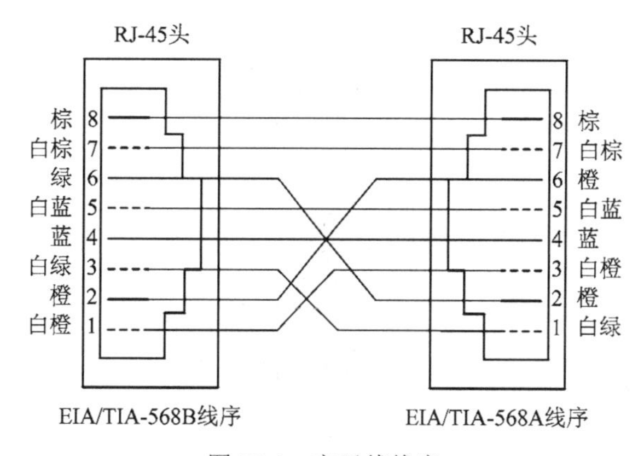

图 S1-3　交叉线线序

【实验步骤】

(1) 制作双绞线。

① 准备工具和材料：RJ-45 工具钳、水晶头、适当长度双绞线、测线仪等。RJ-45 工具钳是制作网线的专用工具，一把钳子同时具备剪线、剥线、压线 3 种功能，如图 S1-4 所示。

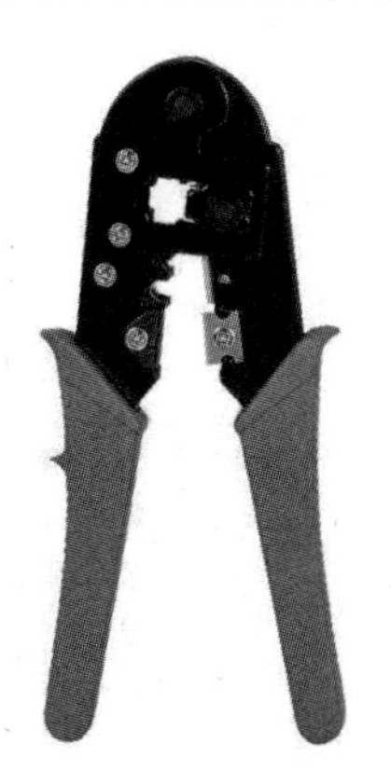

图 S-4　工具钳

② 剥线：使用工具钳将双绞线的外皮剥掉，露出 8 条绞线，如图 S1-5 所示。

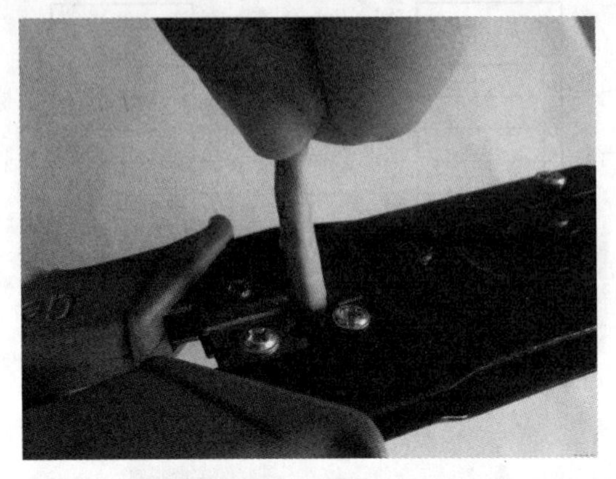

图 S1-5　剥线

③ 整理线序：将 8 条绞线按照 EIA/TIA-568A 或 EIA/TIA-568B 标准进行排列，注意每条绞线的颜色和顺序都要按照标准排列，如图 S1-6 所示。

图 S1-6　理线

④ 切断不需要的部分：用工具钳剪掉不需要的部分，注意不要剪断已经整理好的绞线。

⑤ 插入水晶头：将整理好的绞线插入水晶头槽中，注意每条绞线都要插入对应的槽中，不能错位，如图 S1-7 所示。

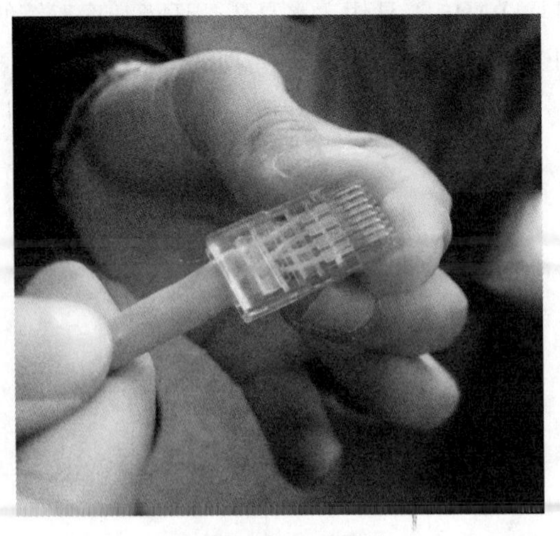

图 S1-7　插入水晶头

注意：在插入绞线到水晶头时，确保金属片面对自己，从左到右检查线序是否正确。

⑥ 压接水晶头：使用工具钳将水晶头压紧，注意力度要适中，不能太紧或太松，如图 S1-8 所示。

图 S1-8　压接水晶头

⑦ 完成制作：完成网站一端水晶头的制作后，重复以上步骤制作另一端。

(2) 测试做好的网线。

① 使用测线仪测试做好的网线，可以检测出网线中是否存在接触不良、线序不正确等问题。将测线仪两端的接口与待测网线的两端相连，如图 S1-9 所示。

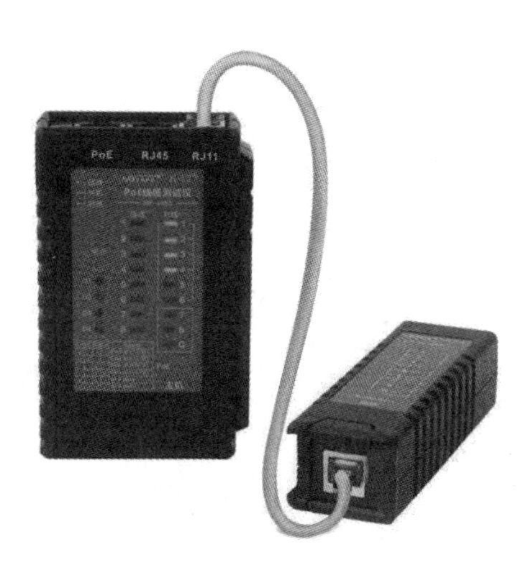

图 S1-9　测试网线

② 打开测线仪的开关，等待测线仪自检完成。

(3) 查看测试结果。

直通线和交叉线在测线仪上的指示灯亮的顺序不同。如果是直通线，那么测线试仪上的灯应该是 1～8 依次亮；如果是交叉线，那么测线仪的亮灯顺序应该是 1—3、2—6、3—1、4—4、5—5、6—2、7—7、7—8。亮灯原则是同种颜色的线缆同时亮。

实验2 光纤熔接

【实验目的】

(1) 了解光纤熔接的基本操作步骤。

(2) 掌握熔接机的使用方法。

(3) 熟悉常用的光纤熔接工具。

【实验准备】

实验准备内容如下：

(1) 确保实验环境干净整洁，并保持良好的通风。

(2) 检查熔接机的电源是否正常，并确保机器内部无杂质。

(3) 准备所需的光纤样品，确保其表面无损坏或污染。

(4) 准备好切割刀、米勒钳、酒精棉和热缩套管。

【实验步骤】

(1) 光纤剥皮。

用切割刀小心地剥去光纤外层的保护层，暴露出内部的裸露光纤，确保剥去的长度适当，通常为几毫米，如图 S2-1 所示。

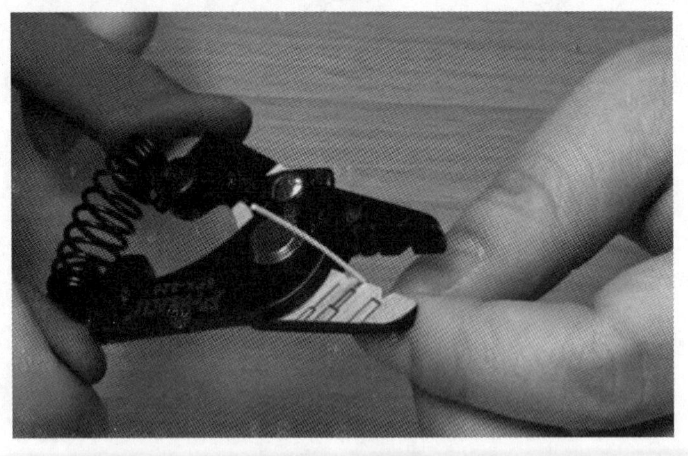

图 S2-1 光纤剥皮

(2) 光纤切割。

使用切割刀或米勒钳将光纤剪断，留下需要连接的两段光纤，确保切割面尽可能平整，避免产生额外的损伤或碎屑，如图 S2-2 所示。

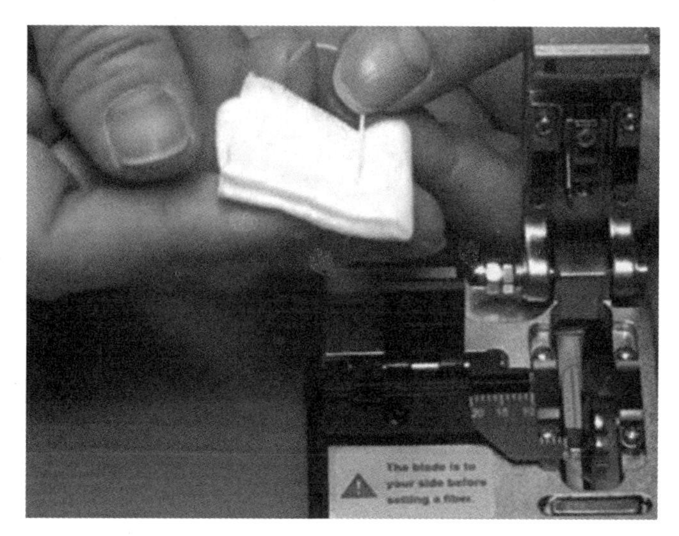

图 S2-2　光纤切割

(3) 光纤熔接。

① 打开熔接机，根据机器的指示进行预热操作，确保机器达到熔接温度。

② 将待熔接的两段光纤分别放入机器的光纤架上，并对其进行精确定位，使两段光纤的端面对齐。

③ 关闭熔接机的盖子，启动熔接程序，机器将自动进行熔接过程。等待熔接完成后，打开机器盖子，取出已熔接好的光纤，如图 S2-3 所示。

图 S2-3　光纤熔接

(4) 光纤盘绕。

① 将熔接好的光纤端面清洁干净，使用酒精棉擦拭，确保无污染物。

② 将熔接处插入热缩套管中，确保热缩套管覆盖熔接处的长度适当。

③ 使用热风枪或其他适当的工具加热热缩套管，使其紧密包裹光纤连接处，形成稳固的保护层，如图 S2-4 所示。

图 S2-4　光纤盘线

(5) 清理工作。

① 关闭熔接机并断开电源。

② 将使用过的切割刀、米勒钳等工具进行清洁和消毒。

③ 清理实验区域，保持整洁。

注意事项：

(1) 操作熔接机时，应遵循机器的安全操作规程，确保安全。

(2) 在操作光纤时，要小心避免光纤的弯曲、折断或损坏。

(3) 使用切割刀和米勒钳时要小心，避免切割到手或引起其他伤害。

(4) 在热缩套管加热过程中，注意避免热伤害和烟雾吸入。

(5) 实验结束后，清理工作要彻底，确保实验环境整洁。

实验 3　交换机的基本配置

任务 1　初识交换机模式

【实验目的】

(1) 掌握交换机命令行各种操作模式的区别。

(2) 掌握模式之间的切换。

【实验准备】

(1) 知识准备。

当用户和交换机管理界面建立一个新的会话连接时 (进入配置界面)，首先处于用户模式，只有少量命令可以使用且结果不会被保存。要使用所有命令必须输入特权模式的口令进入特权模式，特权模式下可以进入全局模式。使用配置模式的命令会对当前运行的配置产生影响，如果用户保存了配置信息，那么这些命令将被保存下来，并在系统重启时再次执行。模式切换如图 S3-1 所示。

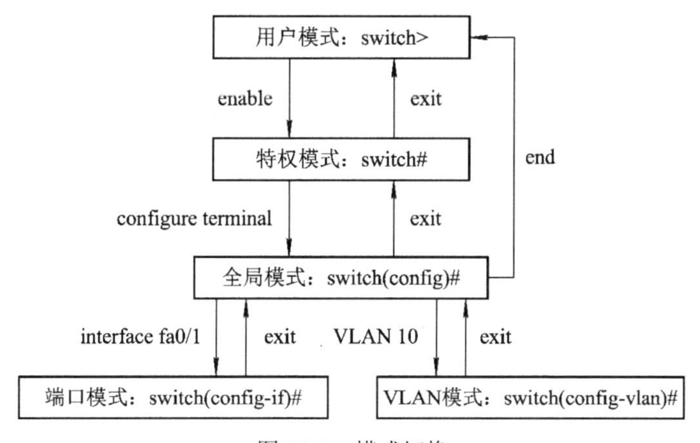

图 S3-1　模式切换

(2) 材料准备。

实验前需要准备一台二层交换机。

【实验拓扑】

二层交换机如图 S3-2 所示。

图 S3-2　二层交换机

【实验步骤】

(1) 各模式之间的切换。

```
Switch>enable              ! 在用户模式下进入特权模式
Switch#
Switch#exit                ! 返回用户模式
```

Switch>

Switch#configure terminal　　　　　　　　　! 进入全局配置模式

Switch(config)#exit

Switch#

Switch(config)#interface fastethernet 0/1　　　! 进入接口配置模式

Switch(config-if)#exit

Switch(config)#

(2) 获得帮助命令。

Switch>?　　　　　　　　! 列出用户模式下的所有命令

Switch#?　　　　　　　　! 列出特权模式下的所有命令

Switch>s?　　　　　　　 ! 列出用户模式下所有以 s 开头的命令

Switch>show?　　　　　　! 列出用户模式下 show 命令后附带的参数

Switch#show conf<Tab>?　! 自动补齐

Switch#show configuration? ! 列出该命令的下一个关联的关键字

任务 2　交换机端口配置

【实验目的】

(1) 掌握交换机的基本配置。

(2) 掌握交换机端口的常用配置参数。

【实验准备】

配置交换机的设备名称和每次登录交换机时提示相关信息。交换机 Fastethernet 端口默认情况下是 10 Mb/s 或 100 Mb/s 自适应端口，双工模式也为自适应。在默认情况下，所有交换机端口均开启。交换机 Fastethernet 端口支持端口速率、双工模式的配置。

【实验拓扑】

交换机端口配置如图 S3-3 所示。

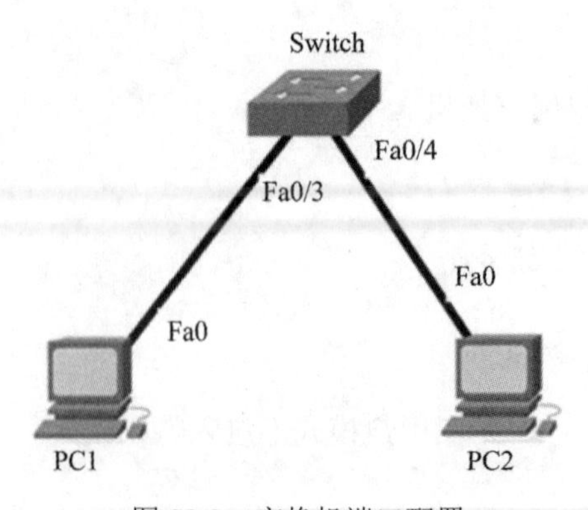

图 S3-3　交换机端口配置

【实验步骤】

(1) 交换机设备名称的配置。

```
switch>enable
switch#config terminal
switch(config)#hostname s2126-1              ! 配置交换机的设备名称为 s2126-1
s2126-1(config)#
```

(2) 交换机端口参数的配置。

```
s2126-1 (config)#interface fastethernet 0/3  ! 进入 Fa0/3 的端口模式
s2126-1 (config-if)#speed 10                 ! 配置端口速率为 10 Mb/s
s2126-1 (config-if)#duplex half              ! 配置端口的双工模式为半双工
s2126-1 (config-if)#no shutdown              ! 开启该端口，使端口转发数据
```

配置端口速率参数有 100(100 Mb/s)、10(10 Mb/s)、auto(自适应)，默认是 auto。

配置双工模式有 full(全双工)、half(半双工)、auto(自适应)，默认是 auto。

(3) 查看交换机端口的配置信息。

```
switch#show interface fastethernet 0/3
```

交换机端口在默认情况下是开启的，AdminStatus 是 UP 状态，如果该端口没有实际连接其他设备，那么 OperStatus 是 down 状态。

(4) 查看交换机的系统和配置信息。

```
s2126-1#show version                         ! 查看交换机的版本信息
s2126-1# Show mac-address-table              ! 查看交换机当前的 MAC 地址表信息
s2126-1# Show running-config                 ! 查看交换机当前生效的配置信息
```

任务3　交换机端口隔离配置

【实验目的】

(1) 理解 Port VLAN 的配置。

(2) 掌握 VLAN 创建的指令。

(3) 掌握端口加入 VLAN 的指令。

【实验准备】

(1) 实验背景描述。

假设此交换机是宽带小区城域网中的 1 台楼道交换机，住户 PC1 连接在交换机的 0/5 口，住户 PC2 连接在交换机的 0/15 口。现要实现端口隔离。

(2) 知识准备。

VLAN 是指在一个物理网段内进行逻辑划分。VLAN 最大的特性是不受物理位置的限制，可以进行灵活的划分。VLAN 具备了一个物理网段所具备的特性。相同 VLAN 内的主机可以互相直接访问，不同 VLAN 的主机之间互相访问必须经由设备进行转发。广播数据包只可以在本 VLAN 内进行传输，不能传输到其他 VLAN 中。

Port Vlan 是实现 VLAN 的方式之一，Port Vlan 是利用交换机的端口进行 VLAN 的划分，一个端口只能属于一个 VLAN。

(3) 材料准备。

实验前需要准备二层交换机 (1 台)、主机 (2 台)、直通线 (1 条)。

【实验拓扑】

交换机端口隔离如图 S3-4 所示。

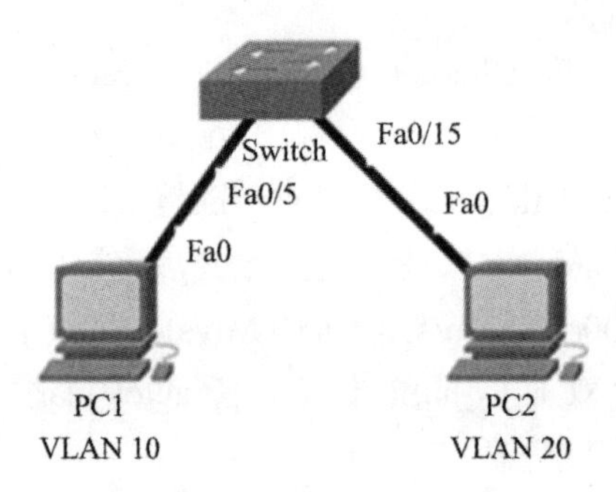

图 S3-4　交换机端口隔离

【实验步骤】

(1) 创建 VLAN，在未划分 VLAN 前两台 PC 互相 ping 可以通信。

switch#config terminal　　！进入交换机全局配置模式

switch(config)#vlan 10　　！创建 vlan 10

switch(config-vlan)#name test10　　！将 vlan 10 命名为 test10

switch(config-vlan)#exit

switch(config)#vlan 20　　！创建 vlan 20

switch(config-vlan)#name test20　　！将 vlan 20 命名为 test20

验证测试：

switch#show vlan　　！查看已配置 vlan 信息

(2) 将接口分配到 VLAN。

switch#config terminal

switch(config)#interface fastethernet 0/5　　！把 F0/5 的端口加入 vlan 10 中

switch(config-if)#switchport access vlan 10

switch(config-if)#exit

！进行 F0/15 的端口加入 vlan 20 中

switch(config)#interface fastethernet 0/15

switch(config-if)#switchport access vlan 20

switch(config-if)#exit

验证测试：

switch#show vlan　　！查看端口加入 vlan 信息 (如图 S3-5 所示)

```
Switch#show vlan

VLAN Name                             Status    Ports
---- -------------------------------- --------- -------------------------------
1    default                          active    Fa0/1, Fa0/2, Fa0/3, Fa0/4
                                                Fa0/6, Fa0/7, Fa0/8, Fa0/9
                                                Fa0/10, Fa0/11, Fa0/12, Fa0/13
                                                Fa0/14, Fa0/16, Fa0/17, Fa0/18
                                                Fa0/19, Fa0/20, Fa0/21, Fa0/22
                                                Fa0/23, Fa0/24
10   VLAN0010                         active    Fa0/5
20   VLAN0020                         active    Fa0/15
```

图 S3-5　VLAN 信息

(3) 测试。

互 ping 测试结果如图 S3-6 所示。

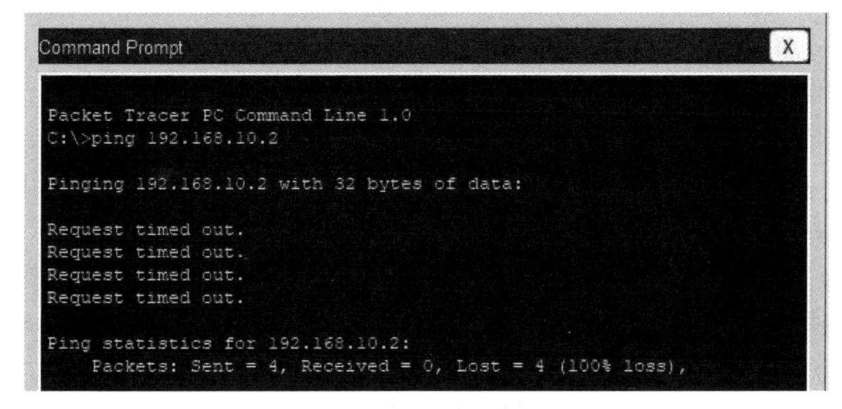

图 S3-6　互 ping 测试结果

在交换机中，来自不同 VLAN 的接口之间无法直接通过 ping 命令实现连接和通信。

注意事项：

(1) 交换机所有的端口在默认情况下属于 access 端口，可直接将端口加入某一 VLAN，利用 switchport mode access/trunk 命令可以更改端口的 VLAN 模式。

(2) VLAN1 属于系统的默认 VLAN，不可以删除。

(3) 要删除某个 VLAN，可使用“no”命令，如 switch(config)#no vlan 10。

(4) 要删除某个 VLAN，应先将属于该 VLAN 的端口加入别的 VLAN，再删除之。

实验4　网络指令的使用

【实验目的】

(1) 了解 ping 命令、ipconfig 命令、netstat 命令、tracert 命令和 arp 命令的基本用法。

(2) 掌握使用这些命令进行网络连接测试、获取网络配置信息、诊断网络问题以及跟踪数据包的路径的能力。

【实验准备】

(1) 实验环境准备。

在进行实验之前，要确保计算机已经安装适当的操作系统和网络连接。推荐使用 Windows 操作系统，并确保已经正确安装了网络驱动程序和相关软件。

(2) 知识准备。

ping 命令：用于测试与目标主机之间的连接性和延迟。ping 命令发送 ICMP 数据包到目标主机，并等待回应。通过测量往返时间，可以评估网络连接的质量。

ipconfig 命令：用于显示计算机的 IP 配置信息。ipconfig 命令通过查询操作系统的网络配置数据库来获取和显示计算机的 IP 地址、子网掩码、默认网关、DNS 服务器等信息。

netstat 命令：用于显示计算机的网络连接和网络统计信息。netstat 命令可以列出计算机当前的网络连接状态，包括本地主机与其他主机之间建立的连接以及监听特定端口的网络服务。

tracert 命令：用于跟踪数据包在网络中的路径和到达目标主机所经过的路由器。tracert 命令向目标主机发送一系列数据包，并在每一跳上记录往返时间。通过显示数据包经过的路由器地址，可以帮助诊断网络中的延迟和故障。

arp 命令：用于显示和操作计算机的 arp(地址解析协议) 缓存表。arp 命令可以显示计算机中存储的 IP 地址和对应的 MAC 地址之间的映射关系。arp 协议用于将 IP 地址转换为 MAC 地址，以实现在局域网内的通信。

【实验步骤】

(1) ping 命令。

ping 127.0.0.1：通过 ping 本地回环地址，可以验证计算机的网络适配器 (网卡) 是否正常工作，如图 S4-1 所示。

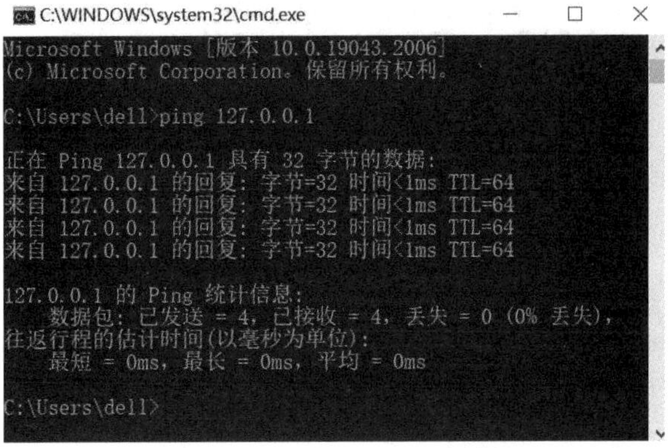

```
C:\WINDOWS\system32\cmd.exe
Microsoft Windows [版本 10.0.19043.2006]
(c) Microsoft Corporation。保留所有权利。

C:\Users\dell>ping 127.0.0.1

正在 Ping 127.0.0.1 具有 32 字节的数据:
来自 127.0.0.1 的回复: 字节=32 时间<1ms TTL=64
来自 127.0.0.1 的回复: 字节=32 时间<1ms TTL=64
来自 127.0.0.1 的回复: 字节=32 时间<1ms TTL=64
来自 127.0.0.1 的回复: 字节=32 时间<1ms TTL=64

127.0.0.1 的 Ping 统计信息:
    数据包: 已发送 = 4，已接收 = 4，丢失 = 0 (0% 丢失)，
往返行程的估计时间(以毫秒为单位):
    最短 = 0ms，最长 = 0ms，平均 = 0ms

C:\Users\dell>
```

图 S4-1　ping 回环地址

ping 域名：测试主机与该域名所对应的服务器之间的网络连接。以百度 (www.baidu.com) 为例，如图 S4-2 所示。

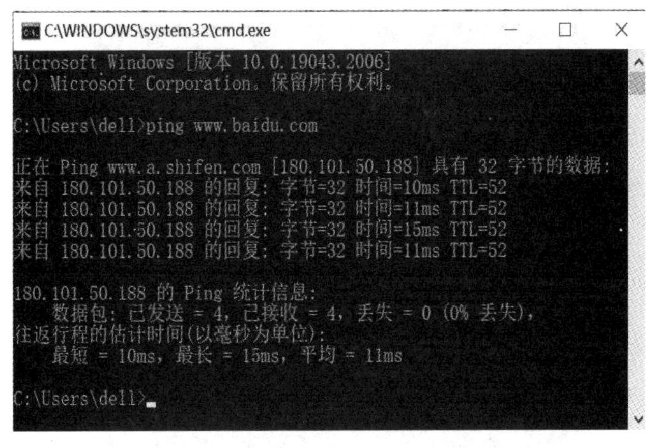

图 S4-2　ping 域名

ping 局域网内其他 IP 或者远程 IP：测试自己计算机与该 IP 地址所对应的主机之间的网络连接。以百度的 IP 地址为例。通过 nslookup www.baidu.com 解析百度的 IP 地址为 180.101.50.242 或 180.101.50.188，如图 S4-3 所示。ping 百度的 IP 地址，测试远程地址的连通性，如图 S4-4 所示。

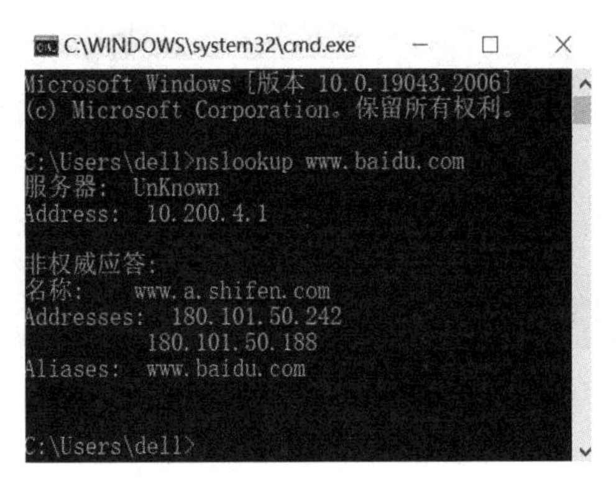

图 S4-3　解析百度的 IP 地址

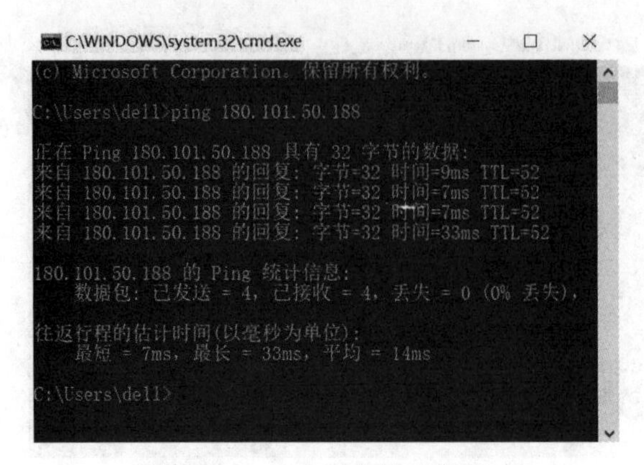

图 S4-4 ping 百度的 IP 地址

ping ip -t：连续对 IP 地址执行 ping 命令，直到被用户以“Ctrl + C”中断，如图 S4-5 所示。

图 S4-5 ping ip -t 命令图

ping ip -n：执行特定次数的 ping 命令，如图 S4-6 所示。

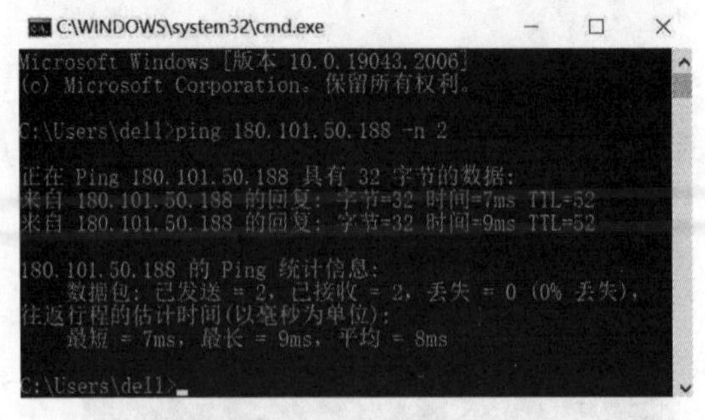

图 S4-6 ping ip -n 命令

(2) ipconfig 命令。

ipconfig/all：显示详细信息，如图 S4-7 所示。

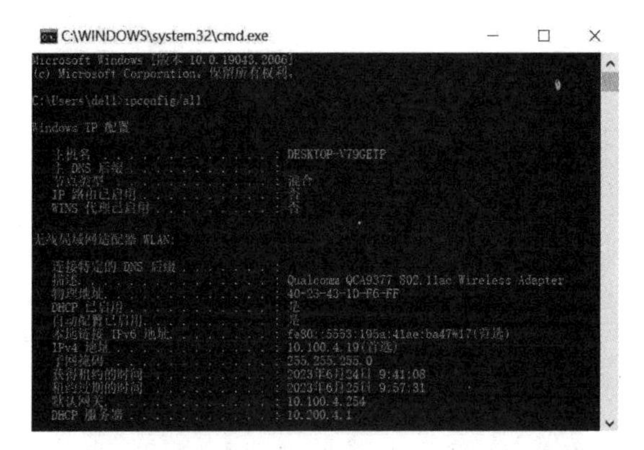

图 S4-7　ipconfig/all 命令

ipconfig/renew：执行“ipconfig /renew”命令会向 DHCP 服务器发送请求以获取新的 IP 地址和其他网络配置信息，并且显示所有适配器，如图 S4-8 所示。

图 S4-8　ipconfig/renew 命令

ipconfig/release：释放所有匹配的连接，出现了短暂的断网现象，如图 S4-9 所示。

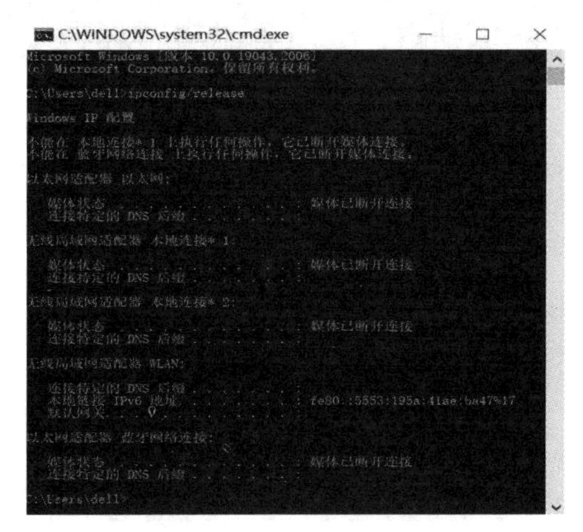

图 S4-9　ipconfig/release 命令

(3) netstat 命令。

netstat：显示各协议相关的统计及数据，一般用于检查本地主机的各个端口的网络连接情况，如图 S4-10 所示。

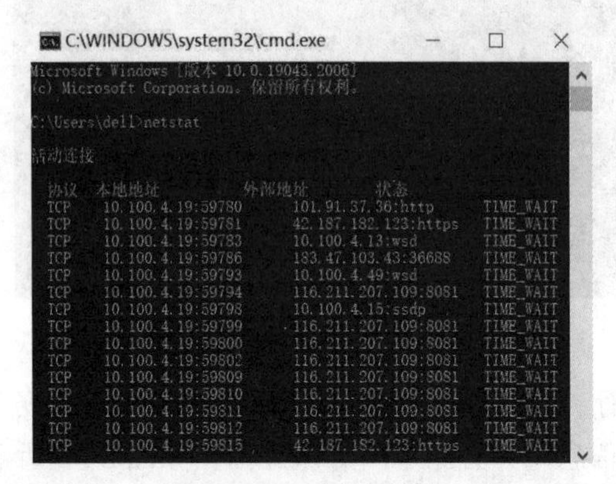

图 S4-10　netstat 命令

netstat -r：显示网络各种通信协议的状态，如图 S4-11 所示。

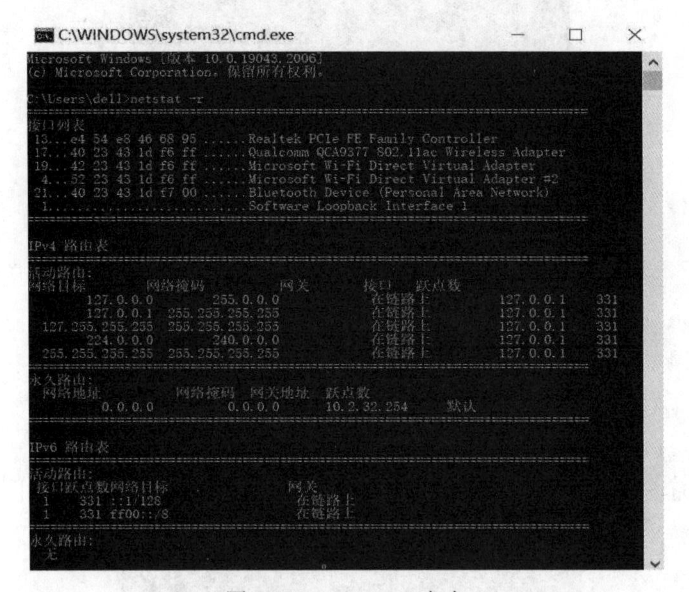

图 S4-11　netstat -r 命令

netstat -e：显示以太网层的数据统计情况，如图 S4-12 所示。

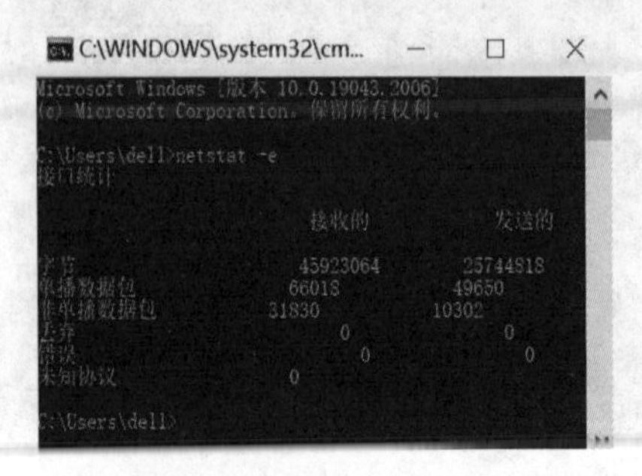

图 S4-12　netstat -e 命令

netstat -a：显示网络中有效连接的信息，如图 S4-13 所示。

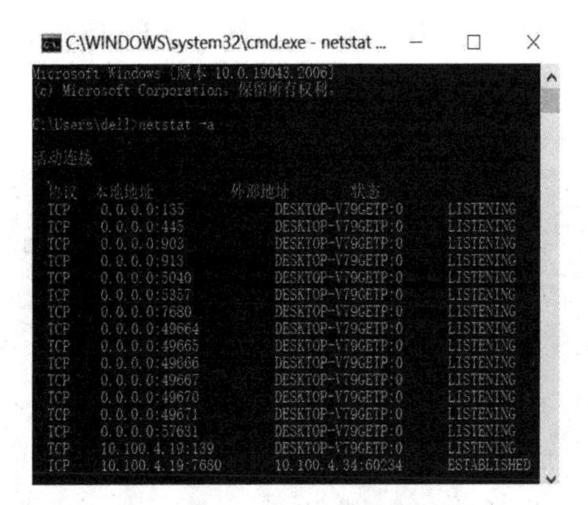

图 S4-13　netstat -a 命令

(4) tracert 命令。

tracert 域名或者对应的 IP 地址：以 www.baidu.com 和百度的 IP 地址 180.101.50.188 为例，如图 S4-14、图 S4-15 所示。

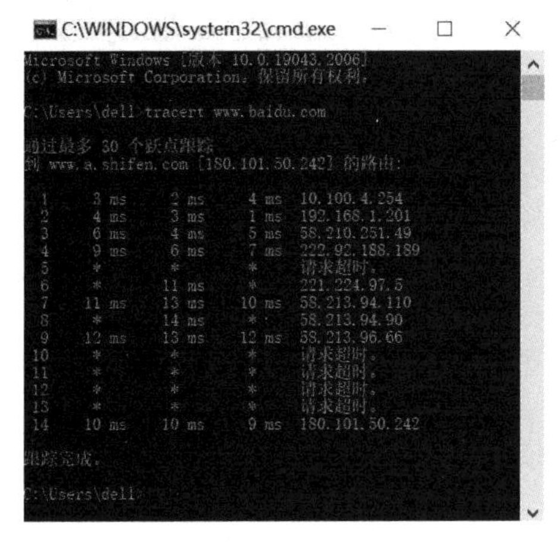

图 S4-14　tracert 域名

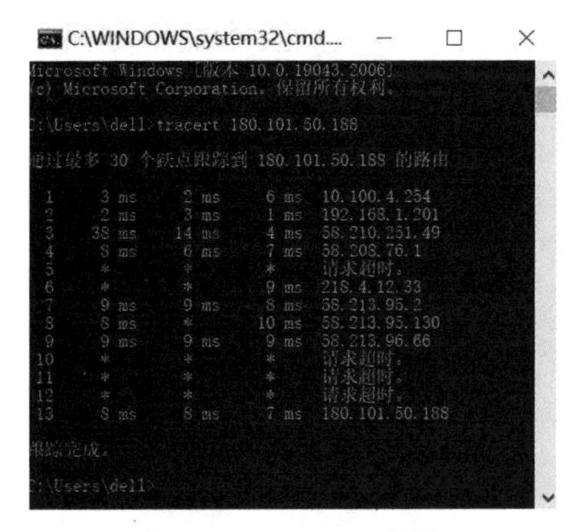

图 S4-15　tracert IP 地址

(5) arp 命令。

通过运行“arp”命令，可以查看计算机当前的 ARP 缓存表，其中包含 IP 地址和对应的物理 MAC 地址，如图 S4-16 所示。

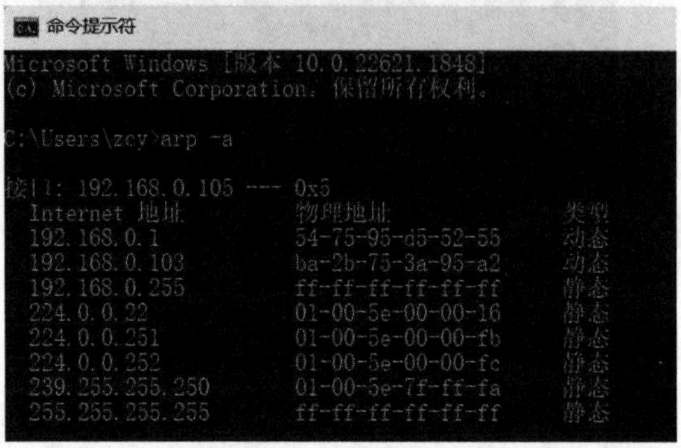

```
命令提示符
Microsoft Windows [版本 10.0.22621.1848]
(c) Microsoft Corporation。保留所有权利。

C:\Users\zcy>arp -a

接口: 192.168.0.105 --- 0x5
  Internet 地址         物理地址              类型
  192.168.0.1           54-75-95-d5-52-55     动态
  192.168.0.103         ba-2b-75-3a-95-a2     动态
  192.168.0.255         ff-ff-ff-ff-ff-ff     静态
  224.0.0.22            01-00-5e-00-00-16     静态
  224.0.0.251           01-00-5e-00-00-fb     静态
  224.0.0.252           01-00-5e-00-00-fc     静态
  239.255.255.250       01-00-5e-7f-ff-fa     静态
  255.255.255.255       ff-ff-ff-ff-ff-ff     静态
```

图 S4-16　arp 命令

实验 5 路由器配置

任务 1 路由器端口的基本配置

【实验目的】

(1) 掌握路由器端口的常用配置参数。

(2) 掌握 DCE 和 DTE 端口的区别。

【实验准备】

(1) 知识准备。

路由器 Fastethernet 端口默认情况下为 10/100 M 自适应端口，双工模式也为自适应，并且在默认情况下路由器物理端口处于关闭状态。

路由器提供广域网接口 (serial 高速同步串口)，使用 V.35 线缆连接广域网接口链路。在广域网连接时，一端为 DCE(数据通信设备)，一端为 DTE(数据终端设备)。要求必须在 DCE 端配置时钟频率 (Clock Rate) 才能保证链路的连通。

在路由器的物理端口可以灵活配置带宽，但最大值为该端口的实际物理带宽。

(2) 材料准备。

实验前需要准备路由器 (2 台)、V.35 线缆 (1 条)。

【实验拓扑】

路由器端口配置如图 S5-1 所示。

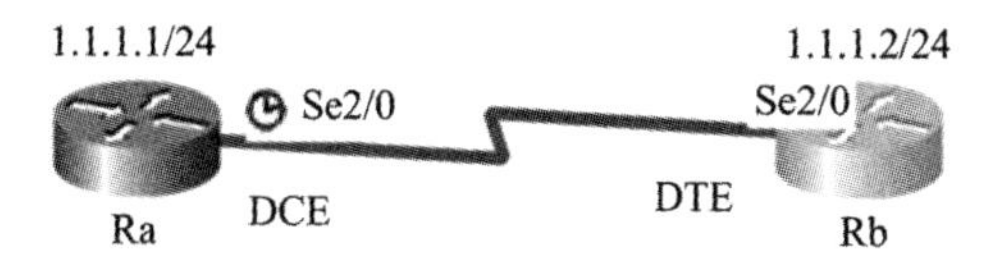

图 S5-1 路由器端口配置

需要注意的是，在使用 V.35 线缆连接两台路由器的同步串口时，注意区分 DCE 端和 DTE 端。

【实验步骤】

(1) 路由器 A 端口参数的配置。

```
Router#config terminal
Router (config)#hostname Ra
Ra(config)#interface serial 2/0                    ! 进行 s2/0 的端口模式
Ra(config-if)#ip address 1.1.1.1 255.255.255.0     ! 配置端口的 IP 地址
Ra(config-if)#clock rate 64000                     ! 在 DCE 接口上配置的时钟频率为 64 000
Ra(config-if)#no shutdown                          ! 开启该端口，使端口转发数据
```

(2) 路由器 B 端口参数的配置。

Router#config terminal

Router (config)#hostname Rb

Rb(config)#interface serial 2/0　　！进行 s2/0 的端口模式

Rb(config-if)#ip address 1.1.1.1 255.255.255.0　　！配置端口的 IP 地址

Rb(config-if)#no shutdown　　！开启该端口，使端口转发数据

(3) 查看路由器端口配置的参数。

Ra#show interface serial 2/0　　！查看 Ra serial 2/0 接口的状态

Rb#show interface serial 2/0　　！查看 Rb serial 2/0 接口的状态

Rb#show ip interface serial 2/0　　！查看该端口的 IP 协议相关属性

验证配置

Ra#ping 1.1.1.2　　！在 Ra ping 对端 Rb serial 2/0 接口的 IP 地址

注意事项：

(1) 路由器端口默认情况下是关闭的，需要 no shutdown 开启端口。

(2) serial 接口正常的端口速率最大是 2.048 Mb/s。

(3) show interface 和 show ip interface 之间的区别。

任务 2　查看路由器的系统和配置信息

【实验目的】

(1) 掌握查看路由器系统和配置信息的指令。

(2) 掌握当前路由器的工作状态。

【实验准备】

(1) 知识准备。

① 查看路由器的系统和配置信息命令要在特权模式下执行。

② Show version：查看路由器的版本信息，可以查看到路由器的硬件版本信息和软件版本信息。

③ Show ip route：查看路由表信息。

④ Show running-config：查看路由器当前生效的配置信息。

(2) 材料准备。

实验前需要准备路由器 (1 台)、主机 (1 台)、交叉线 (1 条)。

【实验拓扑】

查看路由器的系统参数，如图 S5-2 所示。

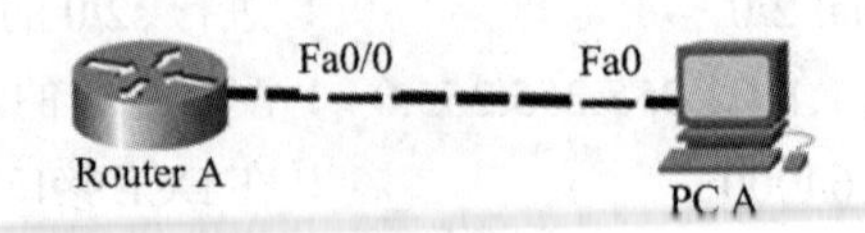

图 S5-2　查看路由器的系统参数

【实验步骤】

(1) 路由器端口参数的配置。

Router >enable

Router #config terminal

Router (config)#hostname Router A　　　　！配置路由器的设备名称为 Router A

Router A (config)#interface fastethernet 1/0　！进行 F1/0 的端口模式

Router A (config-if)#ip address 192.168.1.1 255.255.255.0　　！配置端口的 IP 地址

Router A (config-if)#no shutdown

(2) 查看路由器各项的配置信息。

Router A #show version

Router A # Show ip route

Router A # Show running-config

注意事项：

(1) Show running-config 是查看当前生效的配置信息。Show startup-config 是查看保存在 NVRAM 中的配置文件信息。

(2) 路由器的配置信息全部加载在 RAM 中生效。路由器在启动过程中是将 NVRAM 里的配置文件加载到 RAM 中生效。

实验 6　DNS 服务器配置

【实验目的】

(1) 了解 DNS 服务器的配置过程以及正向解析和反向解析的过程。

(2) 熟悉 DNS 服务的安装。

(3) 掌握正向解析区的配置和管理。

【实验准备】

(1) 一台安装了 Windows Server 2019 操作系统的服务器。

(2) 一台安装了 Windows 10 操作系统的客户机。

【实验步骤】

1) 安装 DNS 服务

① 打开网络和 Internet 设置，单击以太网，打开以太网属性，选择 Internet 协议版本 4，配置 Windows Server 2019 服务器的 IP 地址，如图 S6-1 所示。

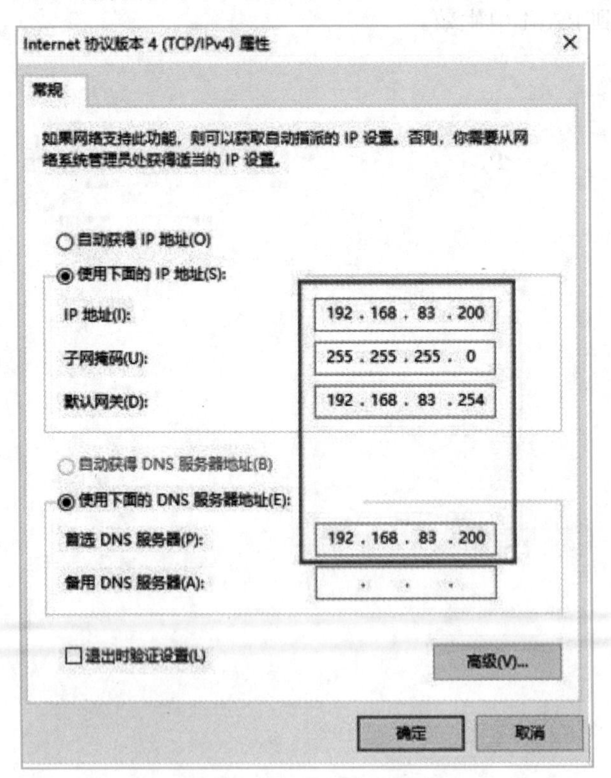

图 S6-1　配置服务器地址

② 安装 DNS 服务，打开服务器管理器，单击“添加角色和功能”，如图 S6-2、图 S6-3 所示。

图 S6-2　打开服务器管理器

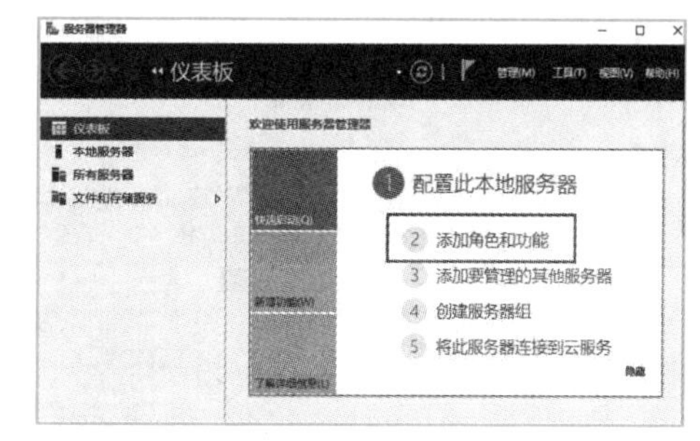

图 S6-3　添加角色和功能

③ 进入选择安装类型界面，单击“下一步”，如图 S6-4 所示。

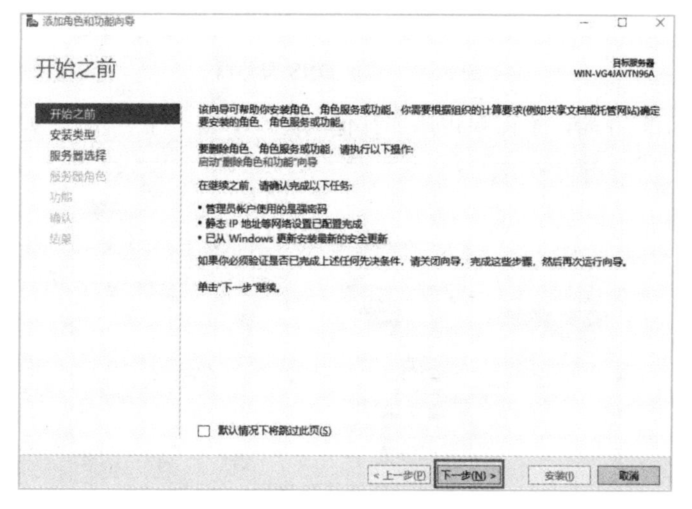

图 S6-4　启动服务器向导

④ 进入选择目标服务器界面，从服务器池中选择服务器，选择当前服务器，单击“下一步”，如图 S6-5 所示。

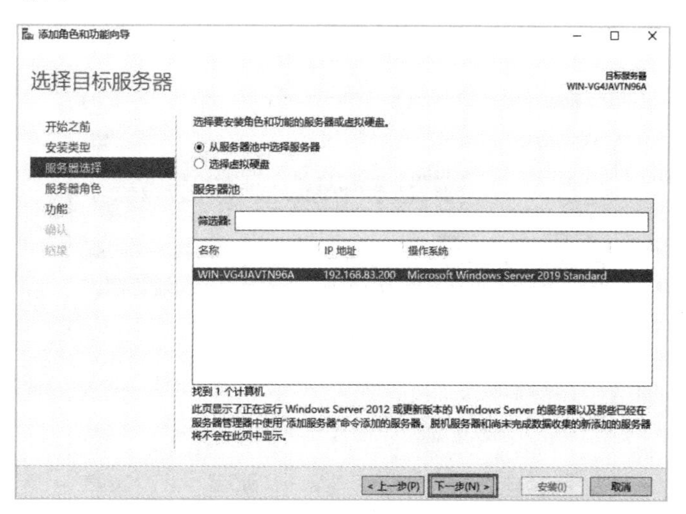

图 S6-5　选择目标服务器

⑤ 进入选择服务器角色界面，选中 DNS 服务器前面的复选框，自动弹出添加 DNS 服务器所需的功能界面，单击“添加功能”，如图 S6-6 所示。

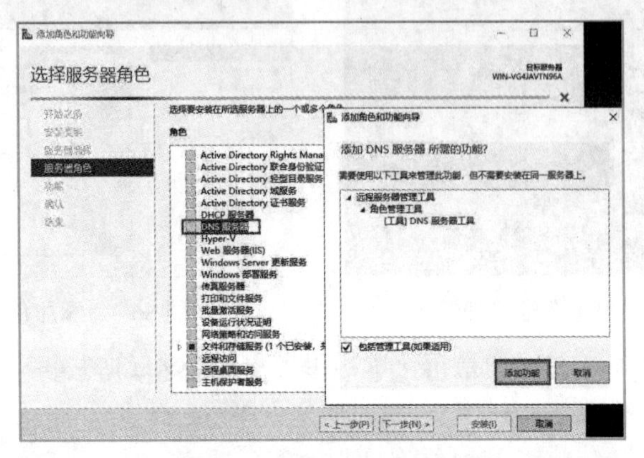

图 S6-6　添加 DNS 服务器

⑥ 进入选择功能界面，不需要再添加其他功能，单击“下一步”，如图 S6-7 所示。

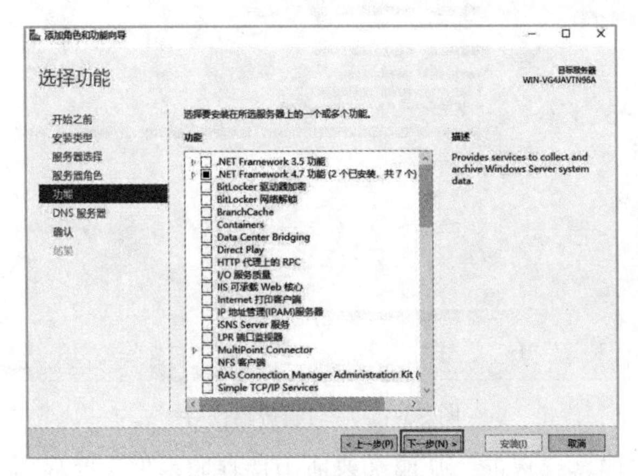

图 S6-7　选择功能

⑦ 进入 DNS 服务器界面，该界面用于说明 DNS 服务器的作用及注意事项，如图 S6-8 所示。

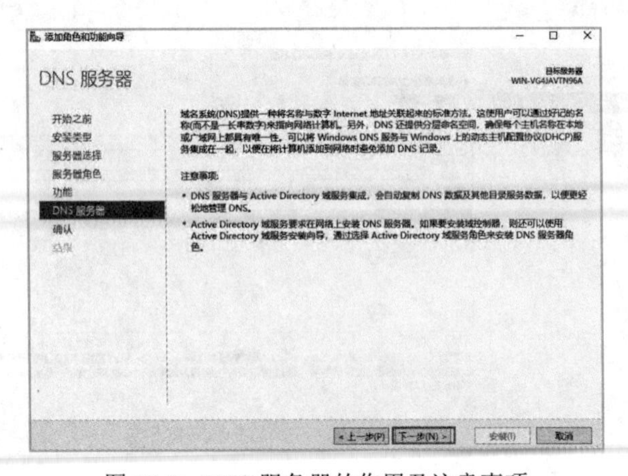

图 S6-8　DNS 服务器的作用及注意事项

⑧ 进入确认安装所选内容界面，显示前面所选择要安装的内容，如图 S6-9 所示。

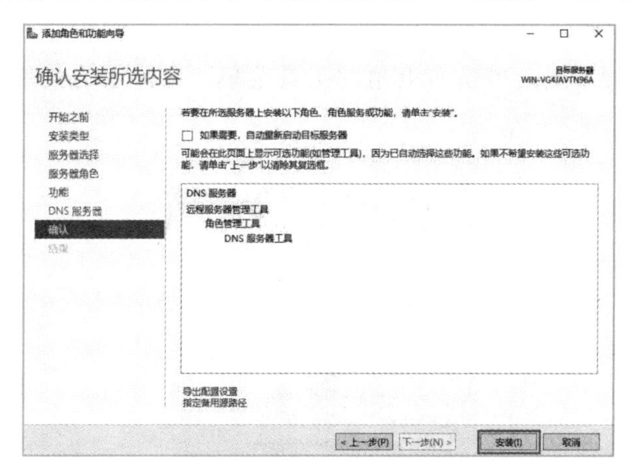

图 S6-9　确认安装所选内容

⑨ 进入安装进度界面，安装过程需要等待一段时间，安装完成后，会在进度条下面显示已在 Server 上安装成功，如图 S6-10 所示。

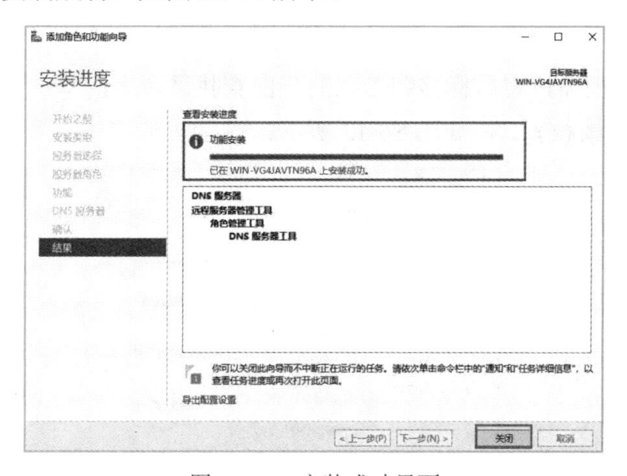

图 S6-10　安装成功界面

⑩ 返回服务器管理器仪表板界面，可以看到 DNS 服务已经成功安装，如图 S6-11 所示。

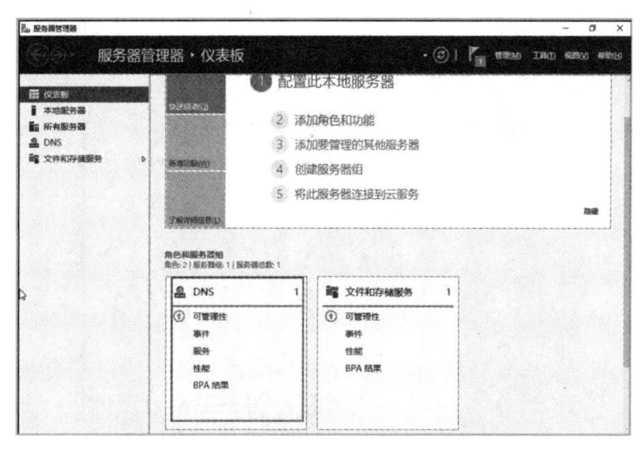

图 S6-11　查看 DNS 服务器仪表板

2) DNS 正向解析

(1) 创建正向解析区。

① 打开服务器管理器，单击右上角的工具菜单，在弹出的菜单中选择 DNS，如图 S6-12 所示。

图 S6-12　选择 DNS 服务器功能

② 打开 DNS 管理器，将鼠标移到左侧的正向查找区域上，单击鼠标右键，在弹出的菜单中选择“新建区域 (Z)…”，如图 S6-13 所示。

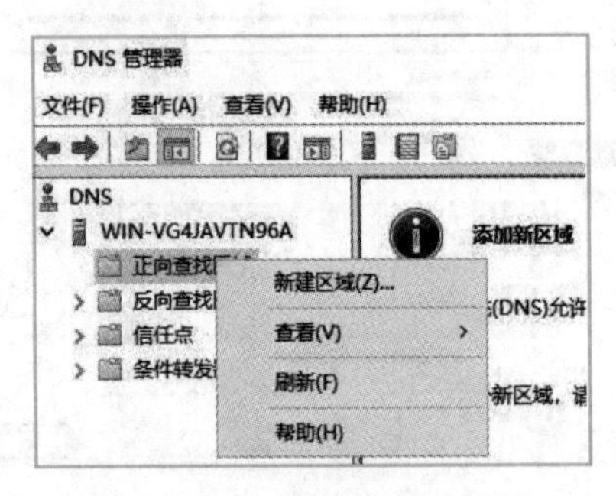

图 S6-13　正向查找新建区域

③ 进入新建区域向导欢迎界面，如图 S6-14 所示。

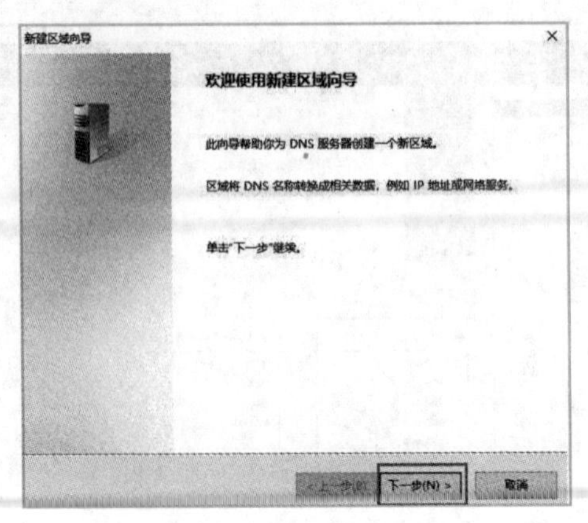

图 S6-14　新建区域向导界面

④ 进入区域类型选择界面，选择区域类型为“主要区域”，如图 S6-15 所示。

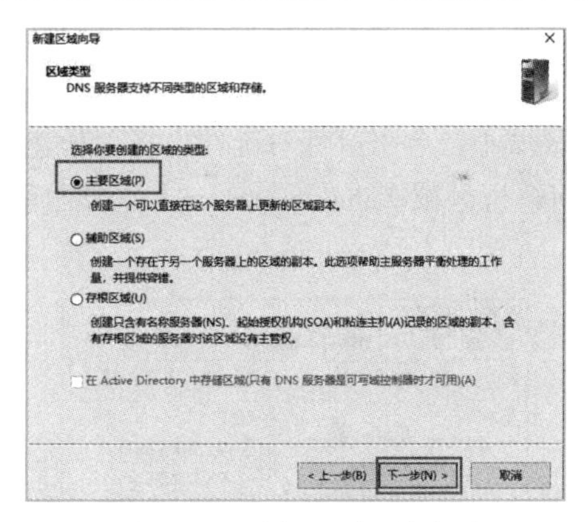

图 S6-15　选择主要区域类型

⑤ 进入区域名称界面，在区域名称中输入本 DNS 服务器负责管理的区域名称 wangluo.edu.cn，单击“下一步”，如图 S6-16 所示。进入区域文件界面，保持默认配置，如图 S6-17 所示。

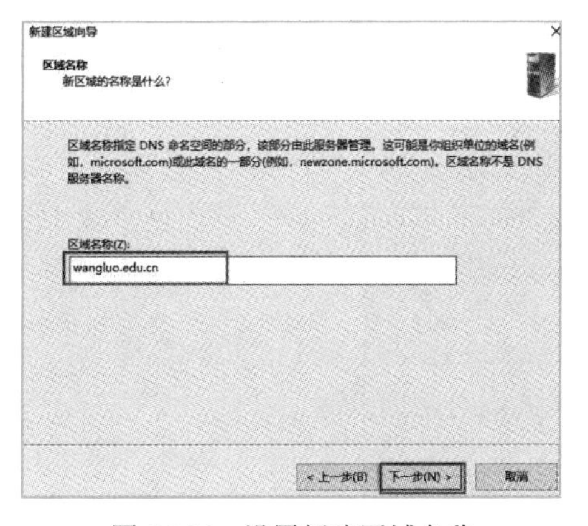

图 S6-16　设置新建区域名称

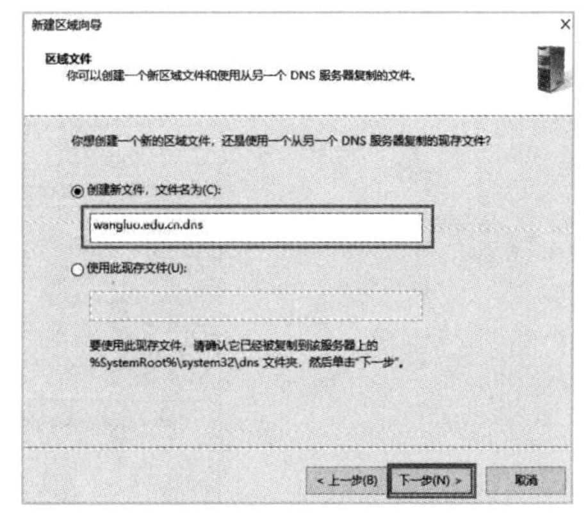

图 S6-17　区域文件界面

⑥ 进入动态更新界面，选择“不允许动态更新”，如图 S6-18 所示。

⑦ 进入新建区域向导完成界面，显示了前面设置的信息，如图 S6-19 所示。

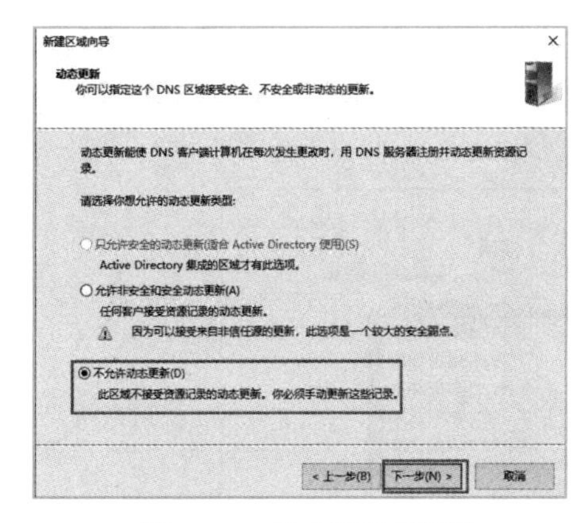

图 S6-18　动态更新界面图

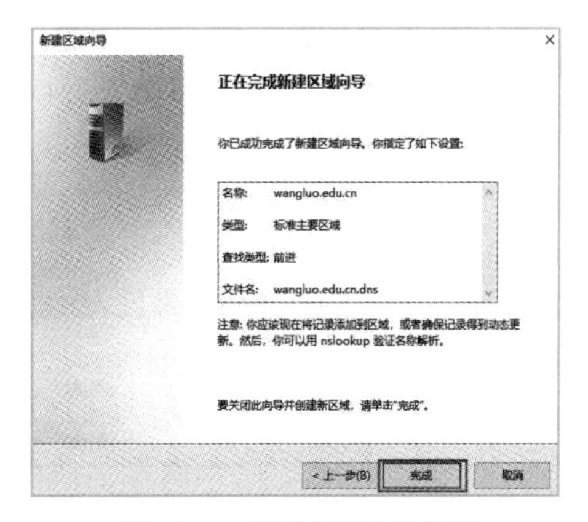

图 S6-19　新建区域向导界面

(2) 添加正向解析资源记录。

主机记录是DNS服务器中用于记录一个区域中主机域名与IP地址的对应关系的记录类型。在IPv4中，主机记录又称为A记录，而在IPv6中则称为AAAA记录。

① 在新建的正向解析区域中，单击鼠标右键并选择“新建主机(A或AAAA)”，以添加主机记录。在新建的正向解析区域wangluo.edu.cn上，单击鼠标右键，在弹出的菜单中选择“新建主机(A或AAAA)(S)...”，如图S6-20所示。

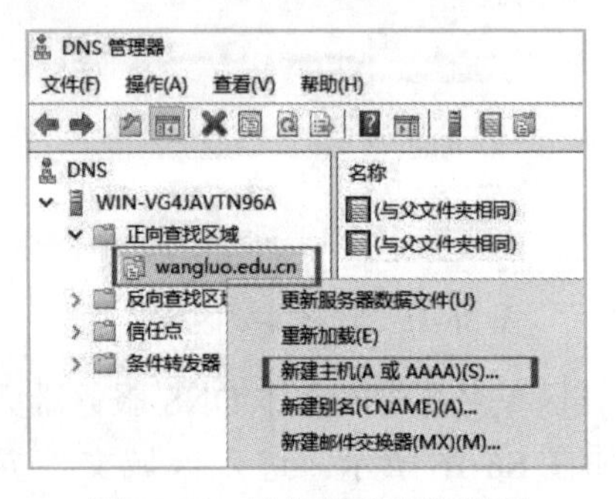

图S6-20　选择新建主机界面

② 进入新建主机界面，在名称中输入主机名dns1，在IP地址中输入该域名对应的IP地址192.168.83.200，如图S6-21所示。

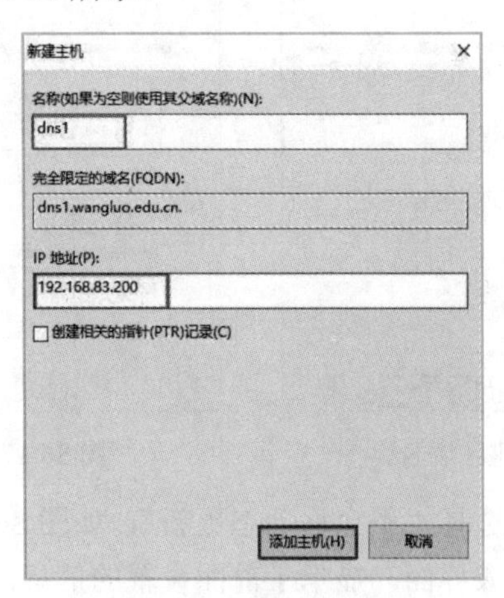

图S6-21　新建主机界面

③ 同理，在正向区域中为其他服务器添加主机记录(dns2、www、ftp、mail)，如图S6-22所示。

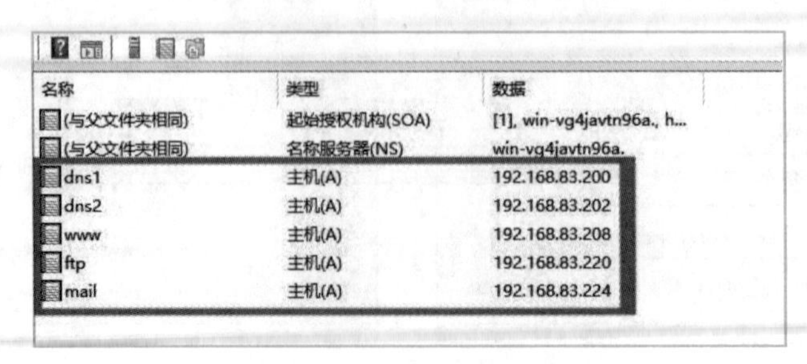

图S6-22　主机记录界面

(3) 为主机记录添加别名。

别名记录是主机记录的另一个名称。在邮件服务器的域名中，可以使用别名记录来为 SMTP 和 POP3 服务器添加别名。这样，通过这些别名，可以将特定的域名映射到相应的邮件服务器。

① 在正向解析区域 wangluo.edu.cn 上，单击鼠标右键，在弹出的菜单中选择新建别名，如图 S6-23 所示。

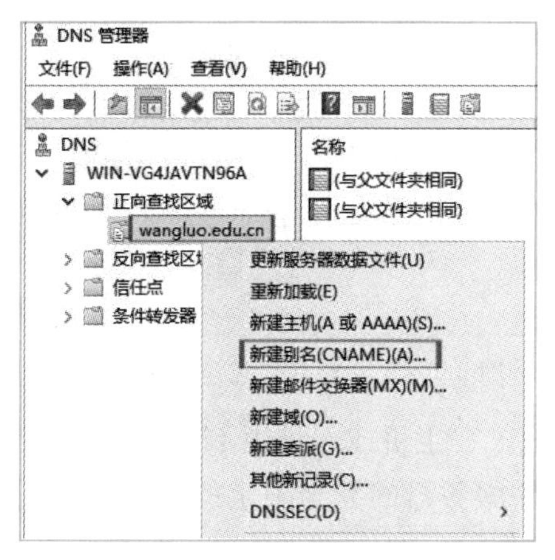

图 S6-23　新建别名界面

② 进入别名 (CNAME) 界面，在别名中输入 smtp，在目标主机的完全合格的域名中输入 mail.wangluo.edu.cn，如图 S6-24 所示。采用相同步骤为 mail.wangluo.edu.cn 创建名为 pop3.wangluo.edu.cn 的别名，如图 S6-25 所示。

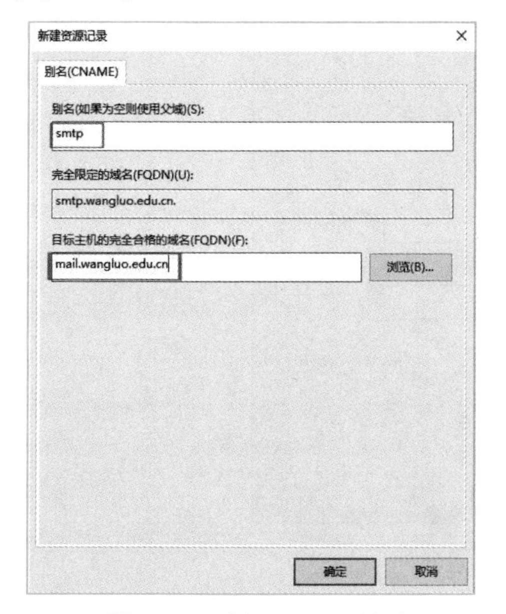

图 S6-24　别名 CNAME 界面

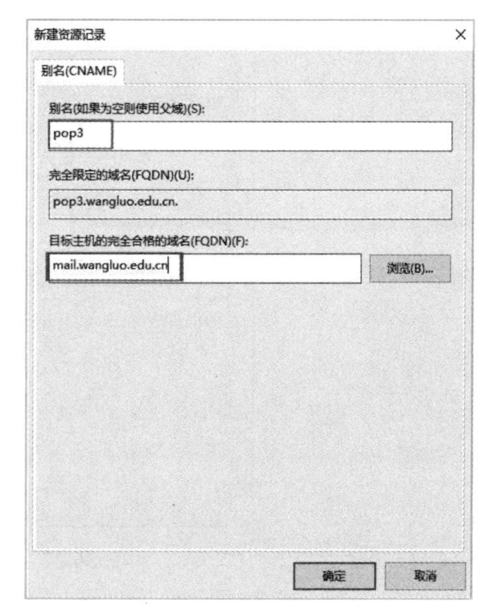

图 S6-25　创建新的别名

(4) 为区域创建邮件交换记录。

邮件交换记录用于指明本区域的邮件服务器。

① 在正向解析区域 wangluo.edu.cn 上，单击鼠标右键，在弹出的菜单中选择新建邮件交换器，如图 S6-26 所示。

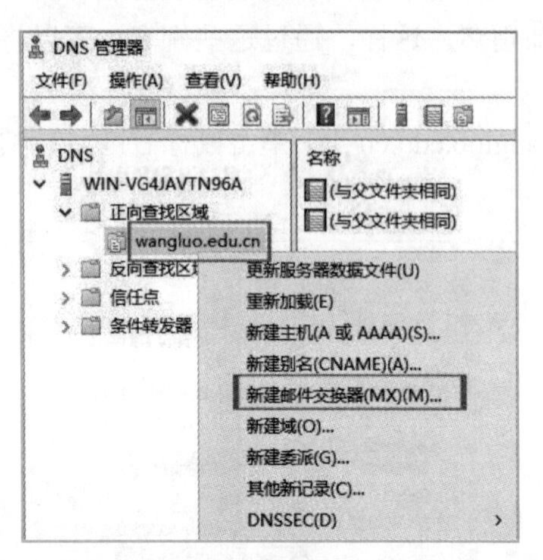

图 S6-26　选择新建邮件交换器界面

② 打开邮件交换器界面，在主机或子域中不输入任何文字，表示邮件交换记录属于区域 wangluo.edu.cn。在邮件服务器的完全限定的域名中输入邮件服务器的完整域 mail.wangluo.edu.cn，如图 S6-27 所示。

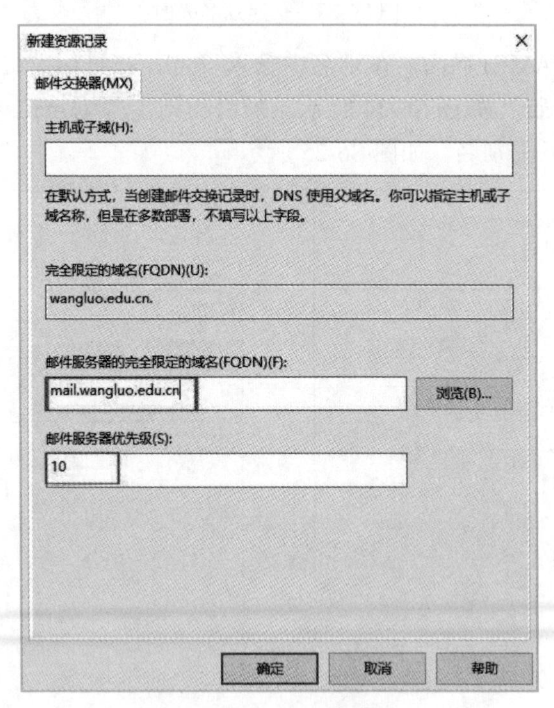

图 S6-27　邮件交换机界面

(5) 验证正向解析功能。

① 打开网络和 Internet 设置，单击以太网，打开以太网属性，选择 Internet 协议版本 4，配置 Windows 10 客户机的 IP 地址，如图 S6-28 所示。

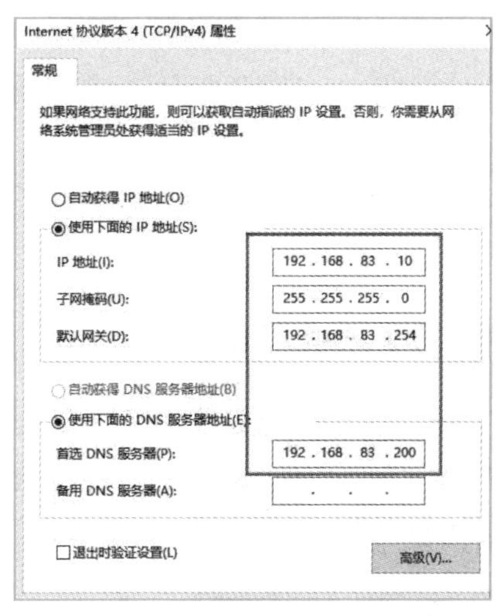

图 S6-28　设置“Window10”客户机的地址

② 使用 ping 命令，测试 Windows 10 与 Windows Server 2019 之间的通信是否正常。在 ping 之前要保证防火墙中的回显请求服务已开启，具体开启设置为：打开 Windows Server 2019 服务器中的服务器管理器，单击右上角的工具，在弹出的菜单中选择“高级安全 Windows Defender 防火墙”，打开菜单后选择文件和打印机共享，并单击鼠标右键，在显示的菜单选项中选择“启用规则”，如图 S6-29、图 S6-30 所示。

图 S6-29　找到高级安全防火墙

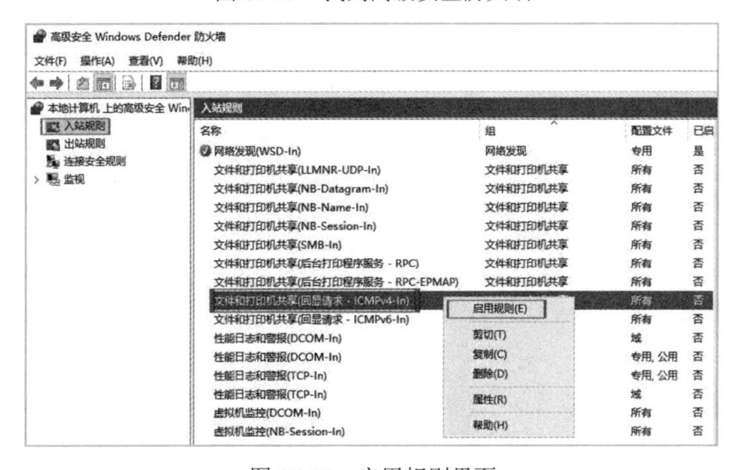

图 S6-30　启用规则界面

③ 打开 cmd 命令行输入命令 nslookup，进入 nslookup 交互环境，输入域名 dns1.wangluo.edu.cn，解析到对应的 IP 地址为 192.168.183.200，输入在 DNS 服务器中设置的其他服务器域名，都可以解析到其对应的 IP 地址，如图 S6-31 所示。

④ 输入域名 smtp.wangluo.edu.cn，按“Enter”键，显示该域名为别名。输入域名 pop3.wangluo.edu.cn 后，也得到该别名的解析结果，如图 S6-32 所示。

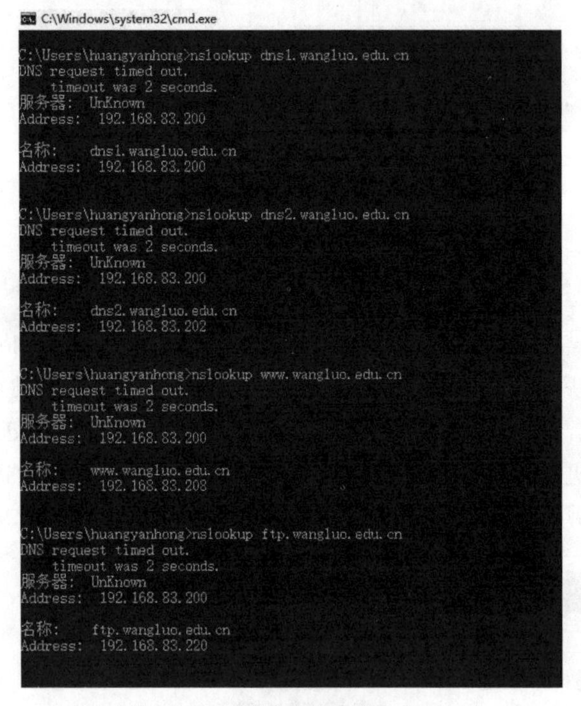

图 S6-31　通过域名解析 IP 地址

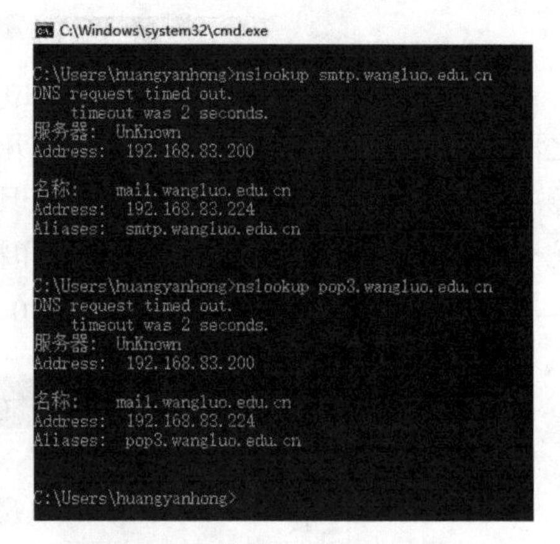

图 S6-32　显示别名的解析结果

3) DNS 反向解析

(1) 创建反向解析区。

① 打开 DNS 管理工具，在左侧的反向查找区域上单击鼠标右键，在弹出的菜单中选择“新建区域 (Z)...”，如图 S6-33 所示。进入新建区域向导欢迎界面，如图 S6-34 所示。

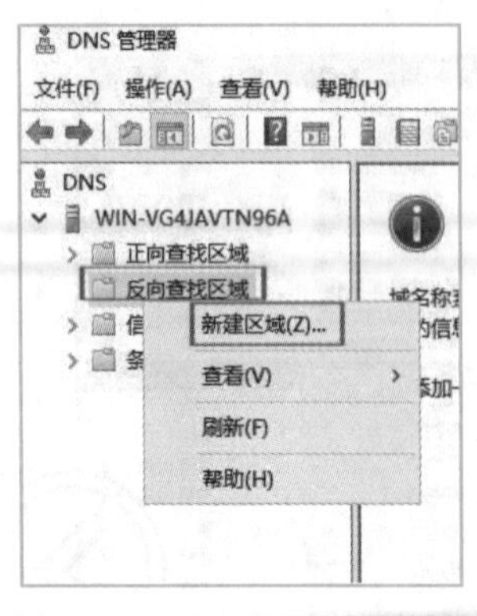

图 S6-33　选择新建区域菜单

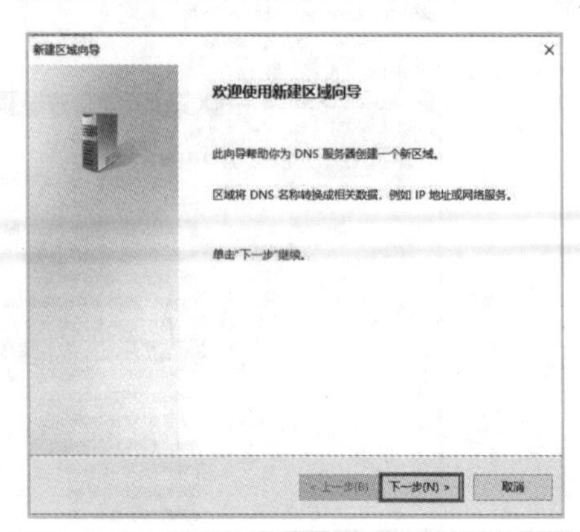

图 S6-34　新建区域向导界面

② 进入区域类型选择界面，选择区域类型为“主要区域”，如图 S6-35 所示。

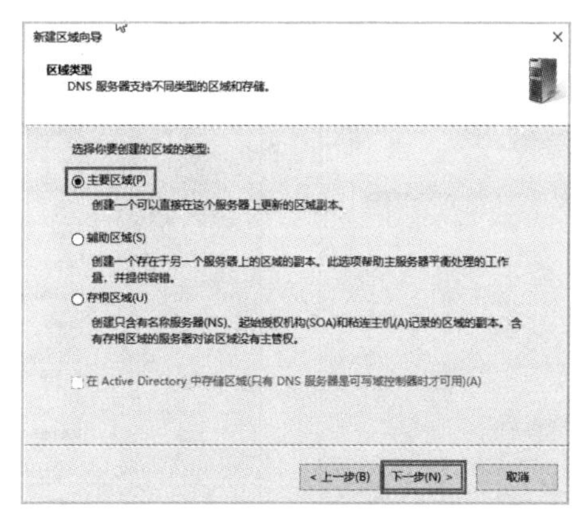

图 S6-35　选择主要区域界面

③ 进入反向查找区名称设置界面，选择系统默认的“IPv4 反向查找区域”，如图 S6-36 所示。

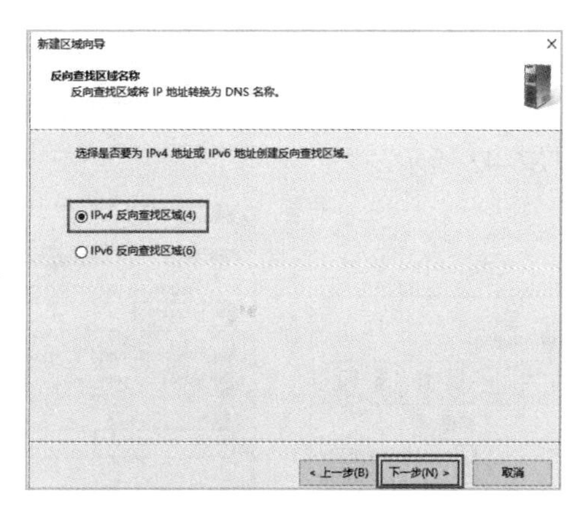

图 S6-36　选择 IPv4 反向查找区域

④ 在网络 ID 中输入 IPv4 的网络 ID 号 192.168.83，如图 S6-37 所示。进入区域文件界面，使用系统默认文件名，如图 S6-38 所示。

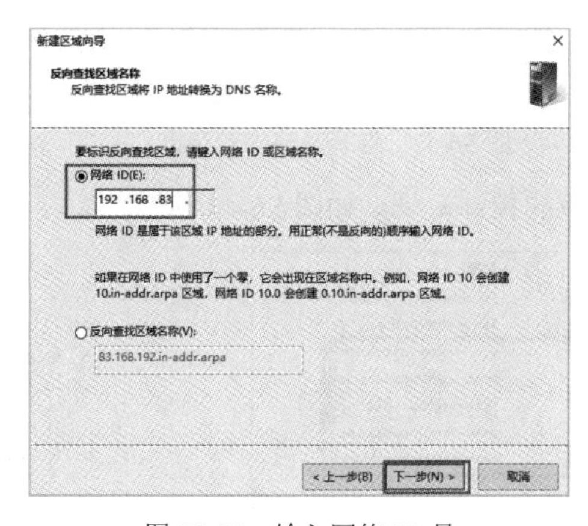

图 S6-37　输入网络 ID 号

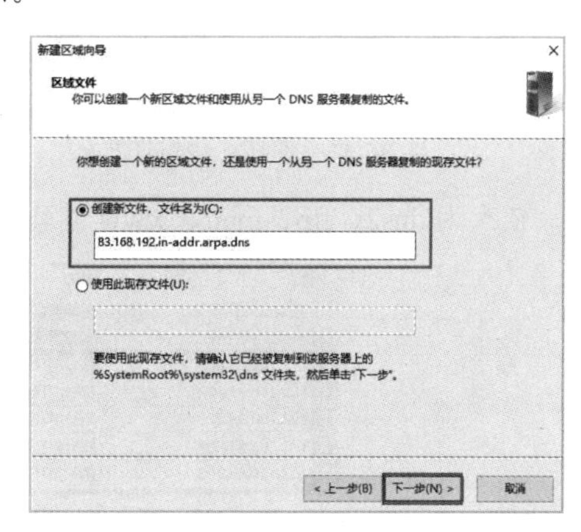

图 S6-38　创建新文件

⑤ 进入动态更新设置界面，选择“不允许动态更新 (D)”，如图 S6-39 所示。进入新建区域向导完成界面，显示了前面设置的信息，如图 S6-40 所示。

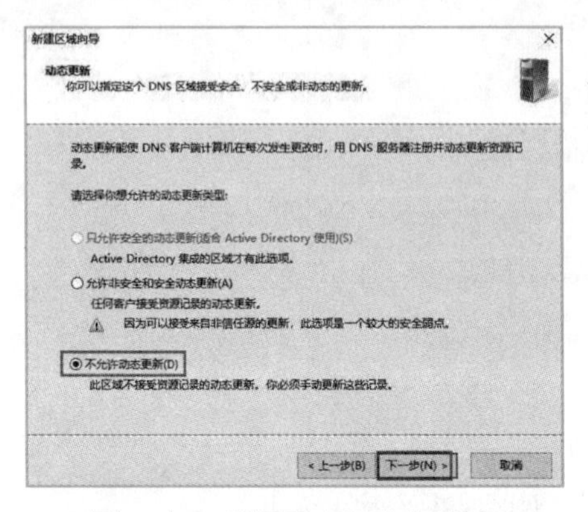

图 S6-39 设置不允许动态更新

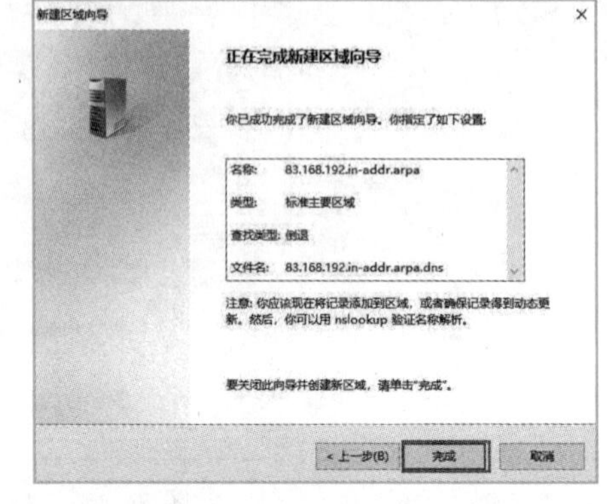

图 S6-40 完成新建区域向导界面

(2) 增加指针记录。

① 在新建的反向解析区上单击鼠标右键，在弹出的菜单中选择“新建指针 (PTR)(P)…”，如图 S6-41 所示。

② 在主机 IP 地址中输入 IP 地址 192.168.83.201，在主机名中输入本域名服务器的域名 dns1.wangluo.edu.cn，如图 S6-42 所示。

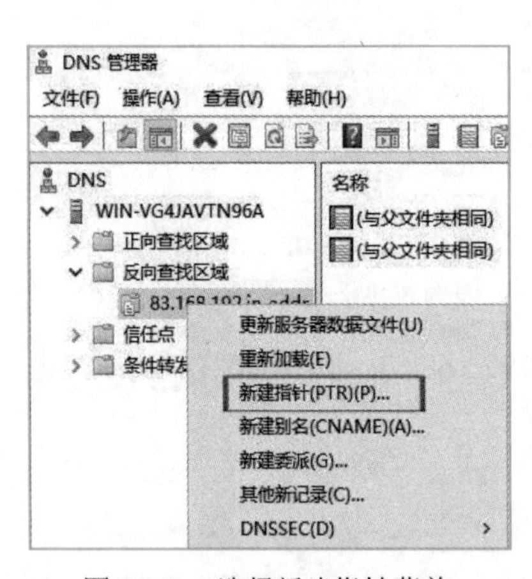

图 S6-41 选择新建指针菜单

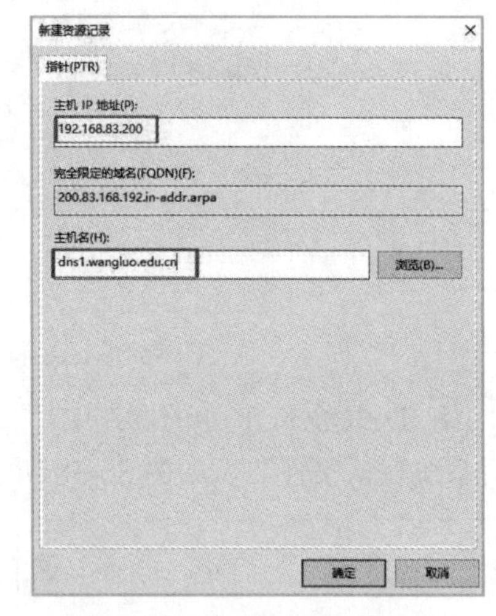

图 S6-42 选择新建指针菜单

③ 依次为 dns2、ftp、mail、www 创建对应的指针记录，如图 S6-43 所示。

名称	类型	数据
(与父文件夹相同)	起始授权机构(SOA)	[1], win-vg4javtn96a., h...
(与父文件夹相同)	名称服务器(NS)	win-vg4javtn96a.
192.168.83.200	指针(PTR)	dns1.wangluo.edu.cn
192.168.83.202	指针(PTR)	dns2.wangluo.edu.cn
192.168.83.220	指针(PTR)	ftp.wangluo.edu.cn
192.168.83.224	指针(PTR)	mail.wangluo.edu.cn
192.168.83.208	指针(PTR)	www.wangluo.edu.cn

图 S6-43 为 dns2、ftp、mail、www 创建对应的指针记录

④ 验证反向解析功能。输入命令 nslookup，进入 nslookup 命令环境，输入 IP 地址，即可得到该 IP 对应的域名，如图 S6-44 所示。

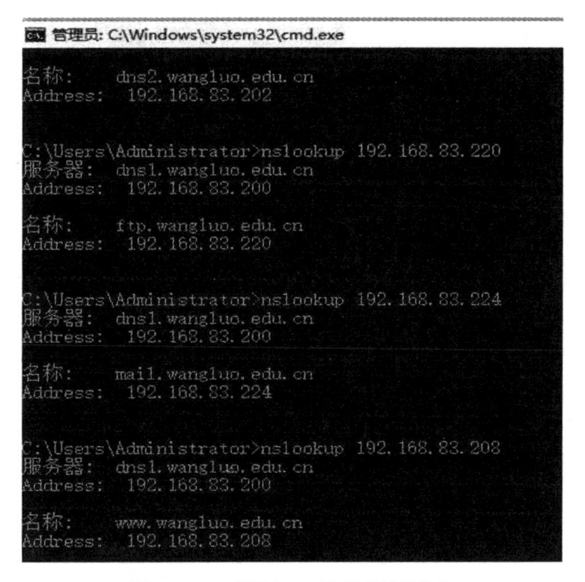

图 S6-44　通过 IP 地址解析域名

实验 7　家庭无线局域网搭建

【实验目的】

(1) 掌握无线路由器网络参数的配置。

(2) 理解无线局域网的工作过程。

【实验准备】

(1) 无线路由器：用于提供无线网络连接和路由功能。

(2) 宽带调制解调器 (Cable/DSL Modem)：用于将互联网信号转换为可供路由器使用的形式。

(3) 计算机、笔记本电脑或智能手机：用于配置无线路由器和连接到无线网络。

(4) 网络连接线 (Ethernet Cable)：用于连接无线路由器和宽带调制解调器。

【实验步骤】

(1) 将光纤的接口插到已连接电源的无线路由器的 WAN 口上，完成硬件的衔接；其次，搜索无线信号，单击“菜单”中的“控制面板”，双击打开“网络连接”，在网络连接窗口中双击打开“无线网络连接”，在“常规”选项卡中单击“查看可用网络连接”，单击“刷新网络列表”，最后单击“连接”，则完成了计算机与无线路由器的连接。在此过程中确保无线网络 TCP/IP 选项中 IP 地址选择为自动获取；再次登录路由器提供的 Web 管理界面，在地址栏中输入地址 192.168.1.1，默认输入账户密码均为 admin，如图 S7-1 所示。

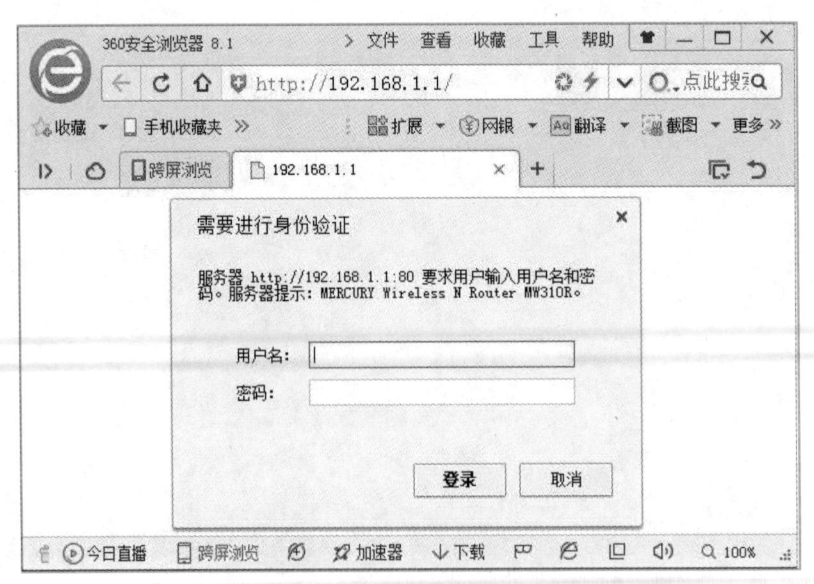

图 S7-1　路由器登录界面

(2) 单击设置向导进行设置，设置向导能够协助用户方便地进行路由器的设置，在呈现设置向导对话框中，单击“下一步”，如图S7-2所示。

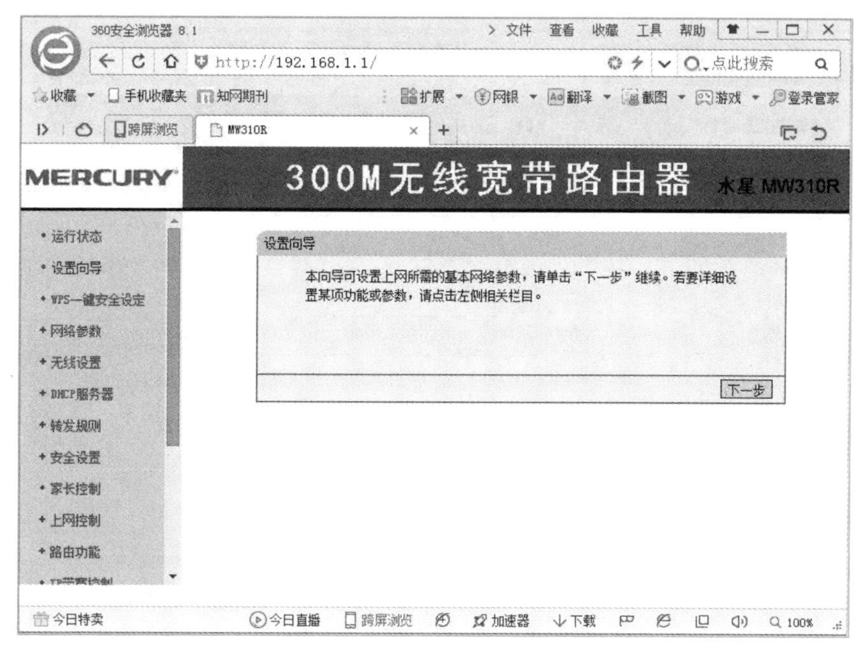

图 S7-2　路由器Web管理界面

(3) 选择网络连接方式。在呈现的设置向导——上网方式窗口中，提供了最常见的上网方式供选择，包括PPPoE(ADSL虚拟拨号)、动态IP和静态IP。由于PPPoE是最常用的上网方式，因此选中此方式，并单击“下一步”，如图S7-3所示。

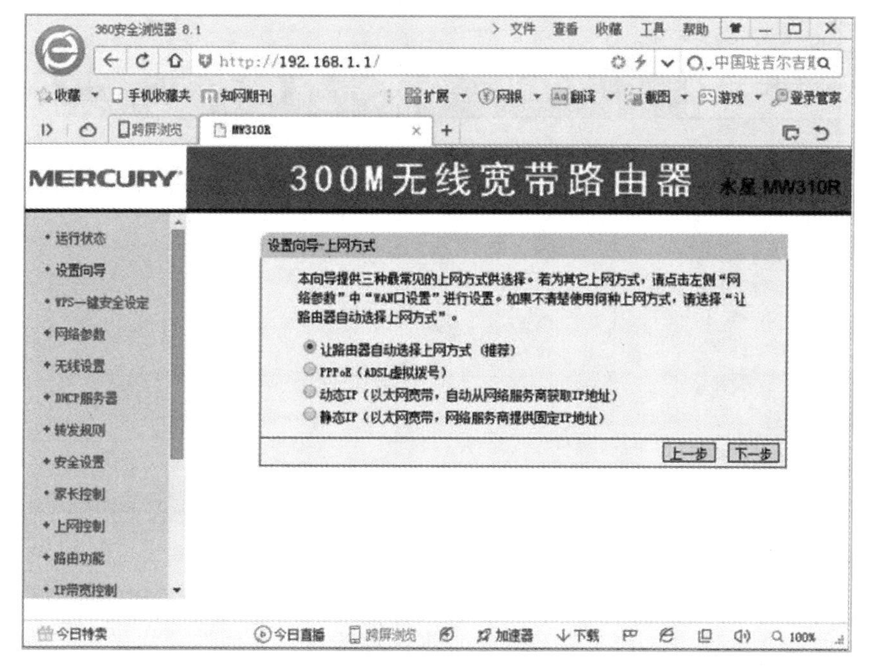

图 S7-3　设置向导 (1)

(4) 输入网络供应商提供的 ADSL 账号和密码，单击“下一步”，如图 S7-4 所示。

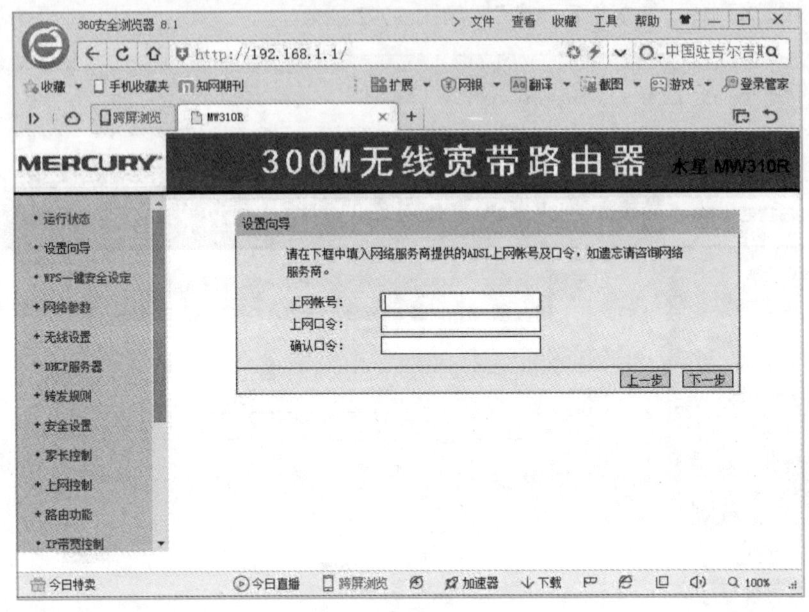

图 S7-4 设置向导 (2)

(5) 无线基本参数设置，设置网络密码能够保证网络的安全使用。在无线参数窗口中，共设置两项内容，即基本设置和无线安全设置。

① 基本设置包括无线协议、SSID、信道等，如图 S7-5 所示。

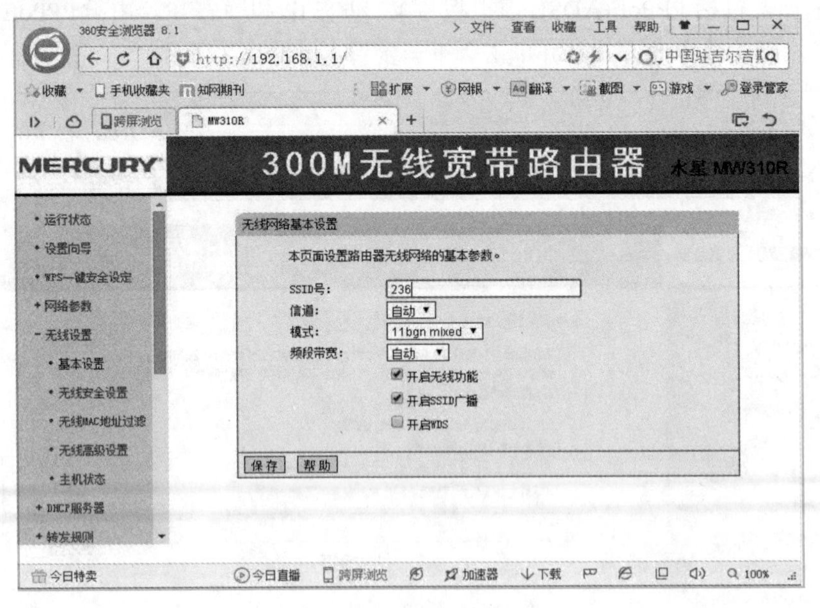

图 S7-5 无线设置 (1)

② 无线安全设置的加密方式包括 WEP、WPA/WPA2、WPA-PSK/WPA2-PSK。只需要用户设置无线安全选项中的 PSK 密码，以保证网络安全，其他选项均采用默认设置。单击“下一步”完成设置，完成无线局域网的建立，如图 S7-6 所示。

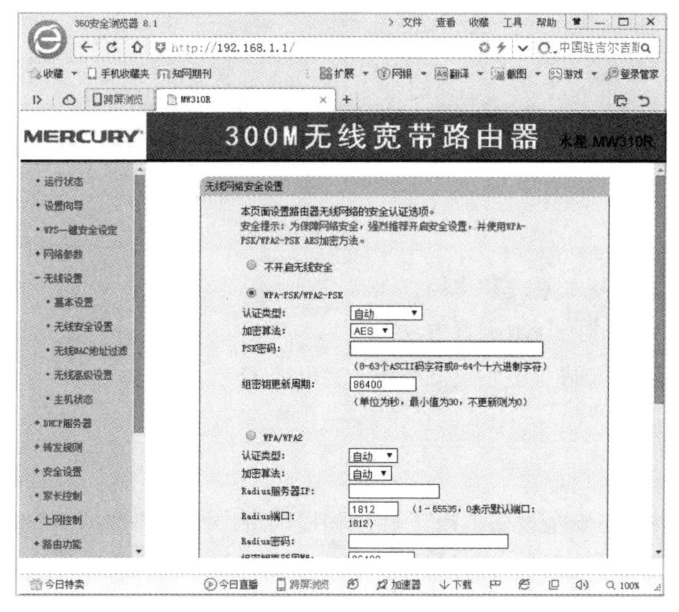

图 S7-6　无线设置 (2)

(6) 其他功用设置。在无线路由器的 Web 管理界面中，除了设置向导功能外，还有很多功能设置，如 DHCP 服务器选项和安全设置等。DHCP 服务是对等网络设置的基本，能够为任何连接无线路由器的无线设备分配 IP 地址。路由器软件提供“不启用”和“启用”两个状态，默认设置为“启用”，在用户使用时，路由器自动分配 IP 地址进行网络连接，而不需要用户做任何连接设置，这也是无线路由器的另一大优势。安全设置提供了网络防火墙，能够过滤用户特定设置的域名，具有防攻击作用，确保了本身的安全性。用户在设置无线路由器时，均可依据本人的需求进行各项设置，如图 S7-7 所示。

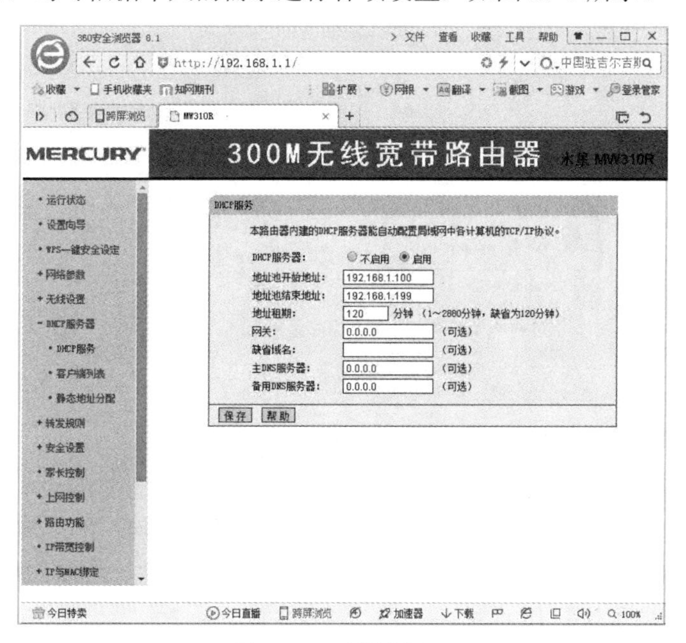

图 S7-7　无线设置 (3)

实验 8　网络安全配置

【实验目的】

(1) 了解防火墙的基本原理和作用。

(2) 学习防火墙策略的基本配置方法。

(3) 理解防火墙的入站和出站过滤机制。

【实验准备】

(1) 知识准备。

防火墙是一种网络安全设备，用于监控和控制进出网络的数据流量。其基本原理是根据预先设定的规则，对数据包进行过滤和控制，以防止未授权的访问和恶意活动。

(2) 材料准备。

操作系统：Windows 10。

防火墙：Windows Defender 防火墙。

【实验步骤】

(1) 防火墙开启和关闭。

① 单击“开始”按钮，打开 Windows 10 的控制面板，在控制面板中单击“Windows 安全中心”，如图 S8-1 所示。

② 在弹出的“安全性概览”窗口中，选择并单击“防火墙和网络保护”，确保防火墙为打开状态，如图 S8-2 所示。

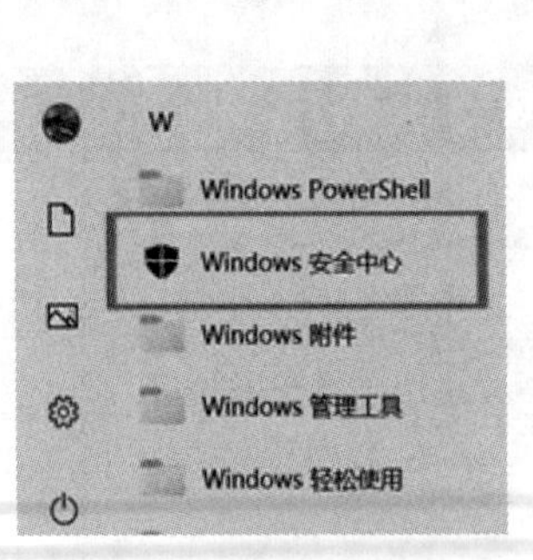

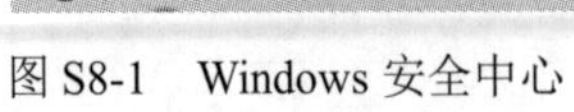
图 S8-1　Windows 安全中心

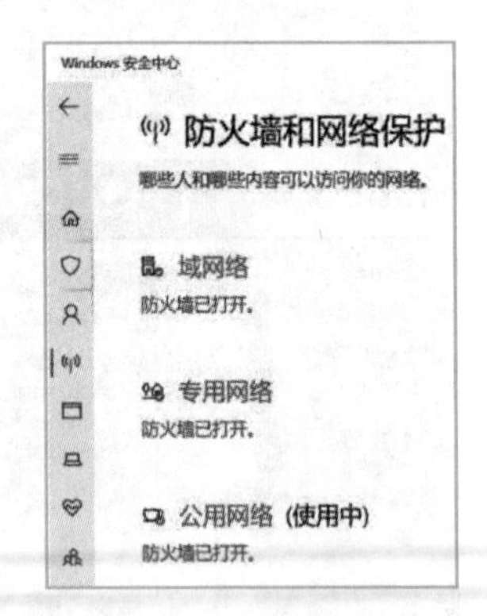

图 S8-2　确保防火墙已打开

(2) 配置防火墙禁止外部 ping 请求。

① 查看主机 IP 地址：打开命令提示符 (“Windows+R”键，然后输入“cmd”并按下“Enter”键)，在命令提示符后输入“ipconfig”并按下“Enter”键。在输出中查找“IPv4 地址”或“IPv6 地址”，即可找到 IP 地址。

② 在另一台主机上执行 ping 探测以测试连接。如果该主机能够接收到本机的 ping 回

复，那么可以继续执行下一步操作，如图 S8-3 所示。

③ 进入高级设置：在 Windows Defender 防火墙窗口中，单击左侧面板中的“高级设置”，如图 S8-4 所示。

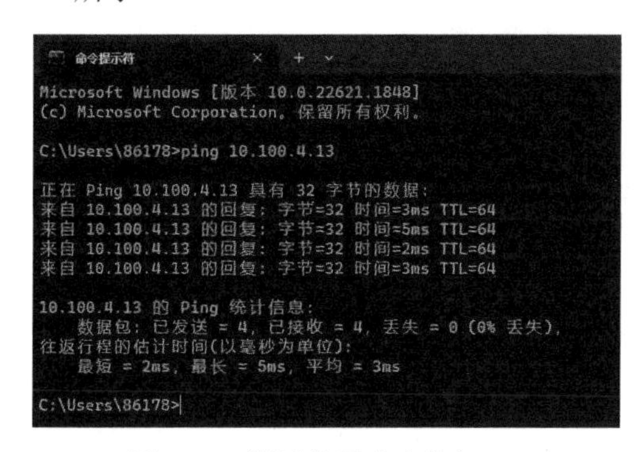

图 S8-3　测试能否响应外部 ping　　　　图 S8-4　单击“高级设置”

④ 配置规则类型：在新建入站规则向导中，选择“自定义”，然后单击“下一步”，如图 S8-5、图 S8-6 所示。

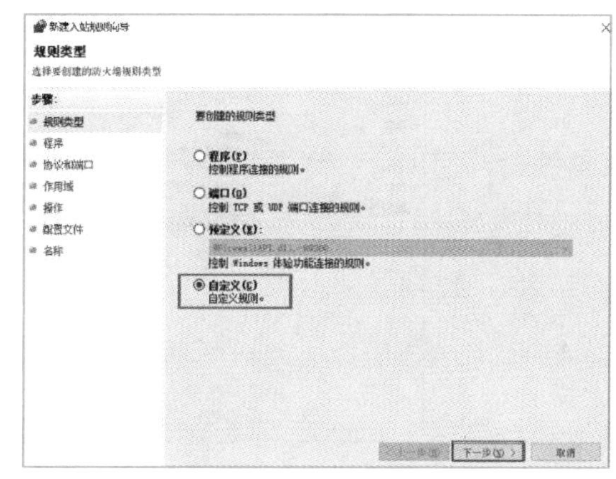

图 S8-5　新建入站规则　　　　图 S8-6　自定义规则类型

⑤ 配置协议和端口：选择“ICMPv4”，然后单击“下一步”，如图 S8-7 所示。

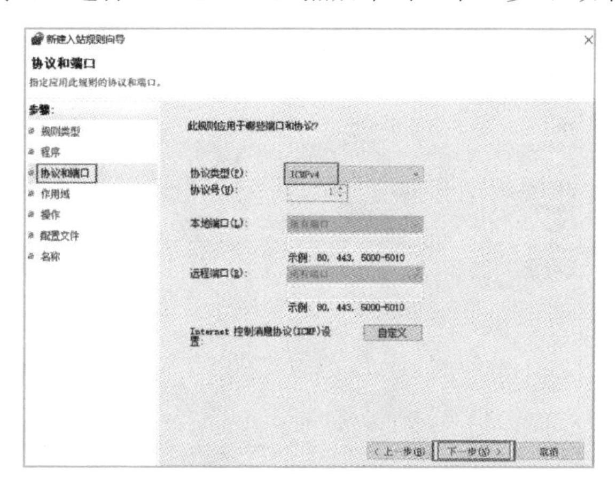

图 S8-7　选择协议类型

⑥ 配置操作：选择“阻止连接”，然后单击“下一步”，如图 S8-8 所示。

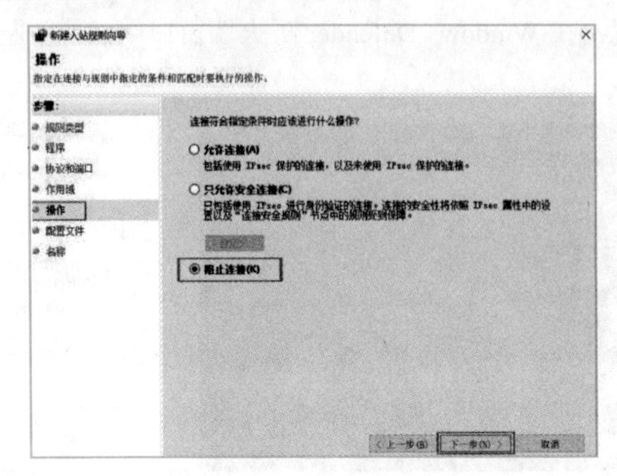

图 S8-8　选择阻止连接

⑦ 配置配置文件：选择适用的配置文件 (如公用、专用或域)，然后单击“下一步”，如图 S8-9 所示。

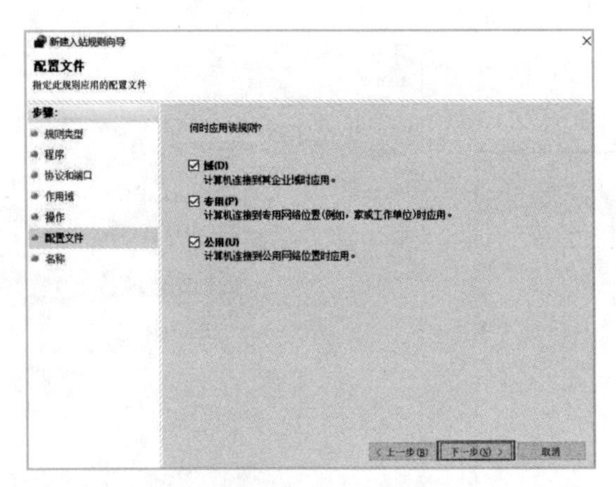

图 S8-9　选择默认配置文件

⑧ 配置规则名称：为规则指定一个名称 (如“禁止 ping 连接”)，然后单击“完成”，如图 S8-10 所示。

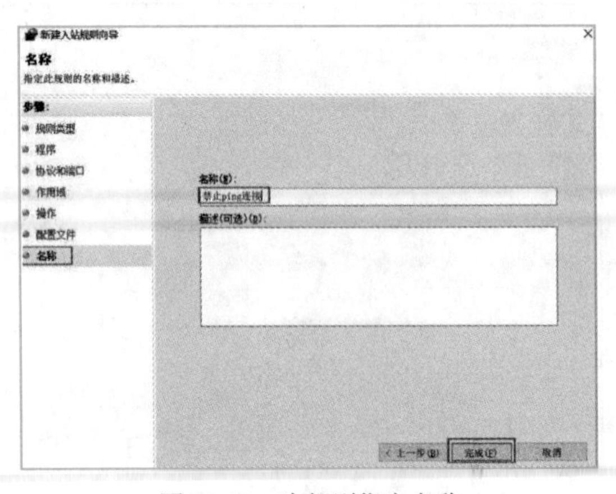

图 S8-10　为规则指定名称

⑨ 返回入站规则界面，就能看到配置好的规则名称，如图 S8-11 所示。

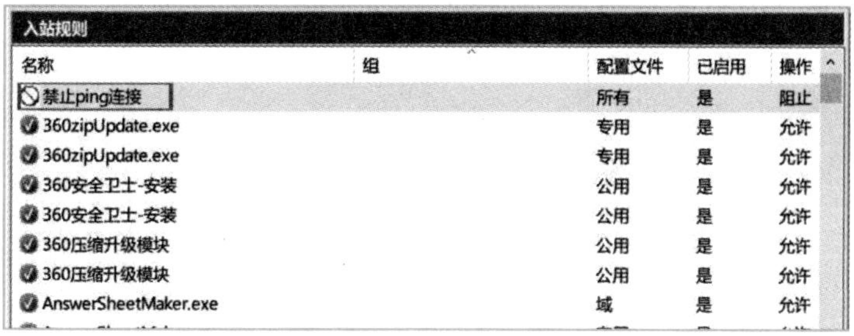

入站规则

名称	组	配置文件	已启用	操作
禁止ping连接		所有	是	阻止
360zipUpdate.exe		专用	是	允许
360zipUpdate.exe		专用	是	允许
360安全卫士-安装		公用	是	允许
360安全卫士-安装		公用	是	允许
360压缩升级模块		公用	是	允许
360压缩升级模块		公用	是	允许
AnswerSheetMaker.exe		域	是	允许

图 S8-11　配置好的规则名称

(3) 配置防火墙以阻止程序访问外部网络。

若需限制特定应用程序 (如 QQ、微信、IE 浏览器等) 主动访问网络，可通过在防火墙的出站规则中设置访问策略进行限制。

① 配置规则类型：在新建出站规则向导中选择“自定义”，然后单击“下一步”，如图 S8-12 所示。

图 S8-12　新建入站规则

② 选择规则类型：在新建出站规则向导中，选择“程序”，然后单击“下一步”，如图 S8-13 所示。

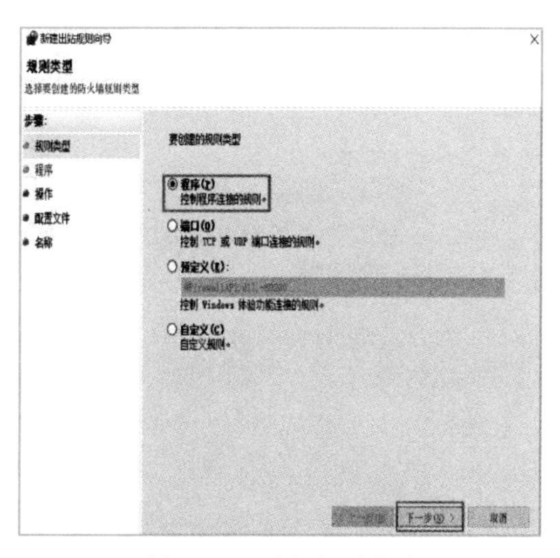

图 S8-13　选择规则类型

③ 选择程序路径：单击“浏览”按钮，找到并选择网易云音乐的可执行文件(如网易云音乐的安装目录中的“cloudmusic.exe”文件)，然后单击“下一步”，如图 S8-14、图 S8-15 所示。

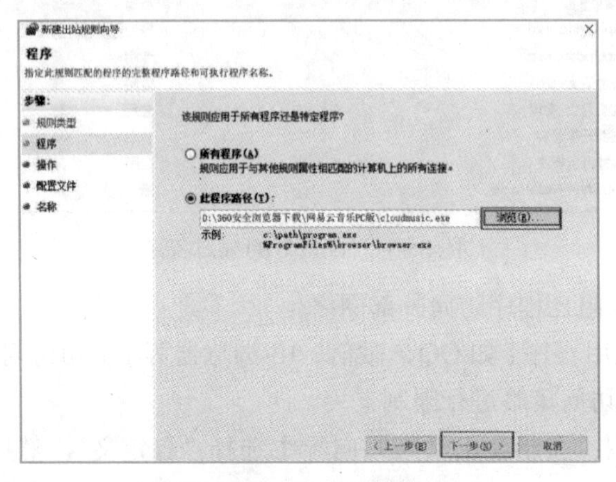

图 S8-14　选择程序路径

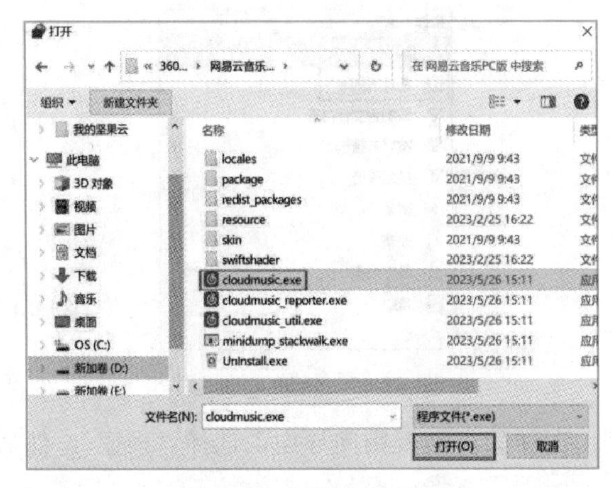

图 S8-15　确定程序路径

④ 配置操作：选择“阻止连接”，然后单击“下一步”，如图 S8-16 所示。

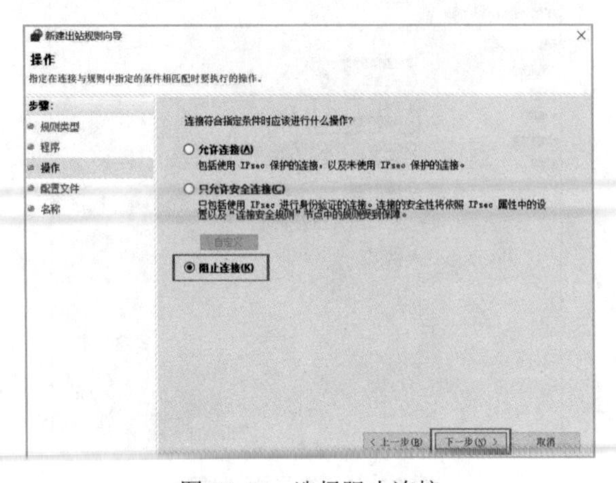

图 S8-16　选择阻止连接

⑤ 配置配置文件：选择适用的配置文件 (如公用、专用或域)，然后单击“下一步”，如图 S8-17 所示。

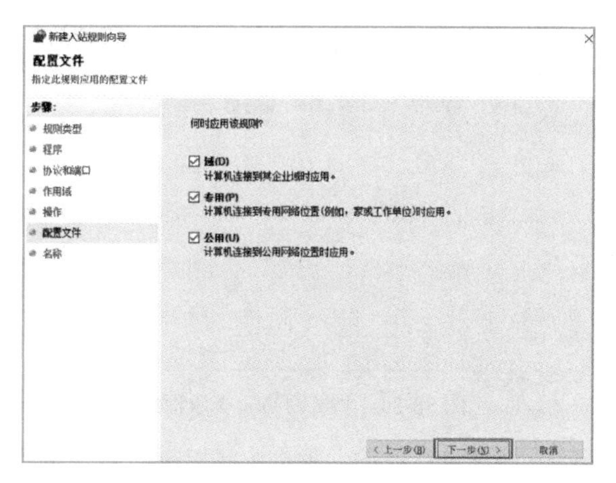

图 S8-17　选择默认配置文件

⑥ 配置规则名称：为规则指定一个名称 (如“阻止网易云音乐”)，然后单击“完成”，如图 S8-18 所示。

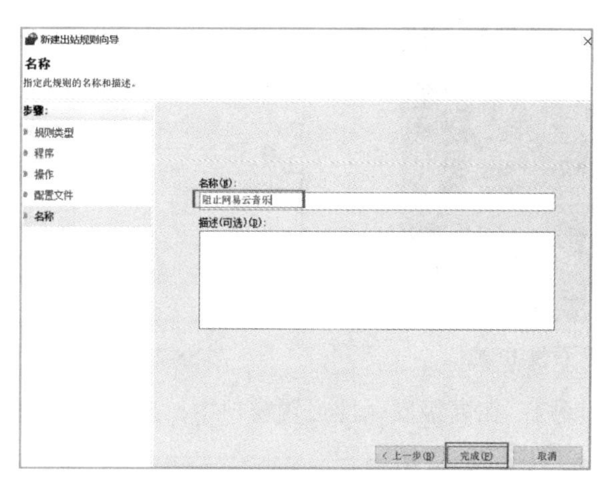

图 S8-18　为规则指定名称

⑦ 应用规则：确保新创建的规则处于启用状态，如果不是，则右键单击规则，选择“启用规则”，如图 S8-19 所示。

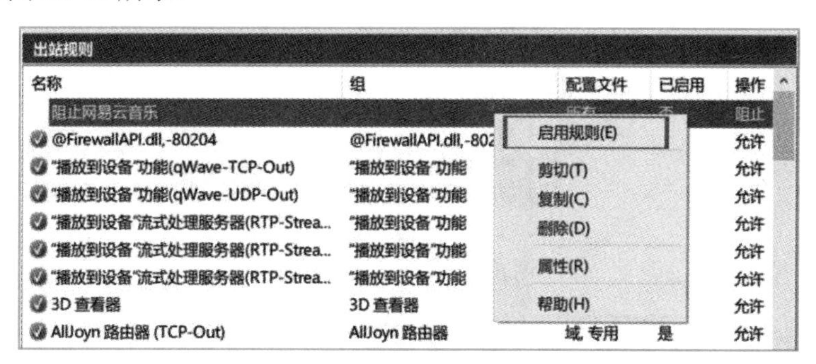

图 S8-19　启用规则

⑧ 尝试使用网易云音乐进行网络连接、播放音乐等操作。由于防火墙已经配置，防火墙将阻止网易云音乐程序与外部网络进行通信，如图 S8-20 所示。

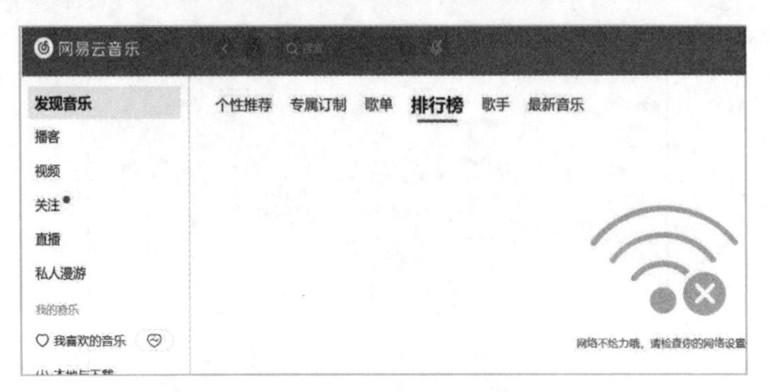

图 S8-20　测试网易云音乐程序

(4) 使用防火墙基于 IP 地址进行过滤，阻止访问指定的 IP 地址。

① 在命令提示符窗口中，输入命令“nslookup www.baidu.com”，系统将显示百度的 IP 地址。记录这个 IP 地址，作为要配置防火墙的目标，如图 S8-21、图 S8-22 所示。

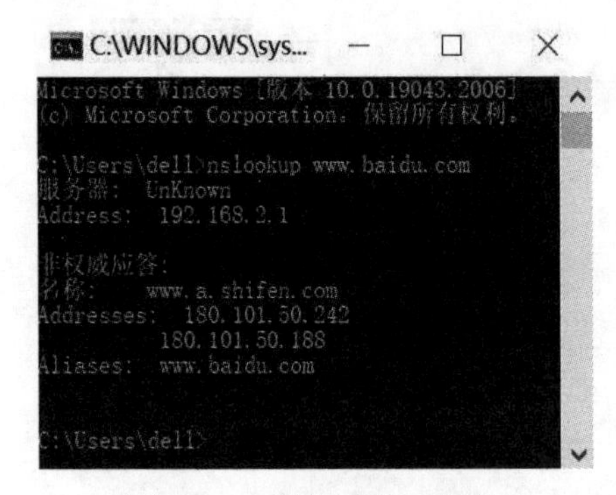

图 S8-21　解析百度 IP 地址

图 S8-22　利用百度 IP 地址访问

② 创建新的出站规则：在高级安全性设置窗口中，选择“出站规则”，然后在右侧面板中单击“新建规则”，如图 S8-23 所示。

图 S8-23　新建出站规则

③ 选择规则类型：在新建出站规则向导中，选择“自定义”，然后单击“下一步”，如图 S8-24、图 S8-25、图 S8-26 所示。

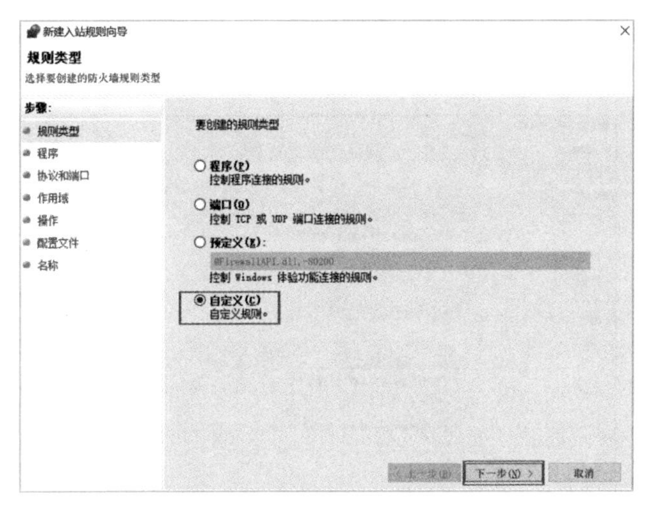

图 S8-24　选择规则类型

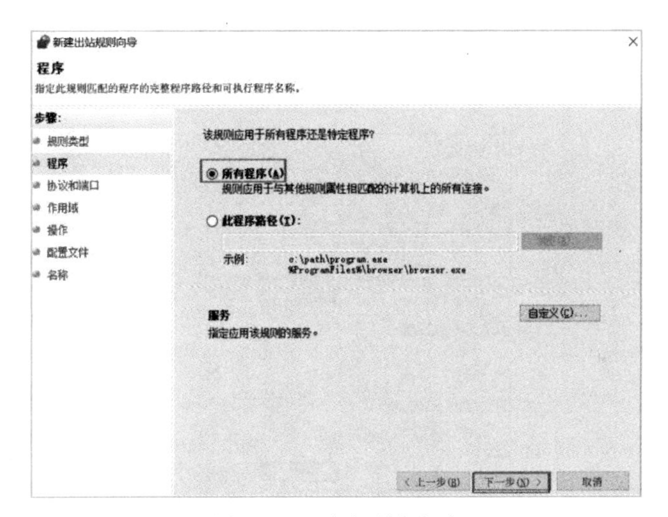

图 S8-25　选定所有程序

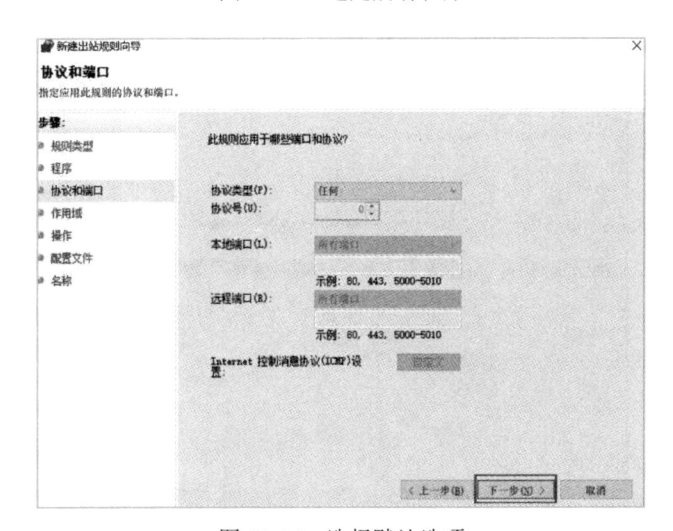

图 S8-26　选择默认选项

④ 配置规则适用范围：选择远程 IP 地址中的“下列 IP 地址”，然后单击“添加”，如图 S8-27 所示。

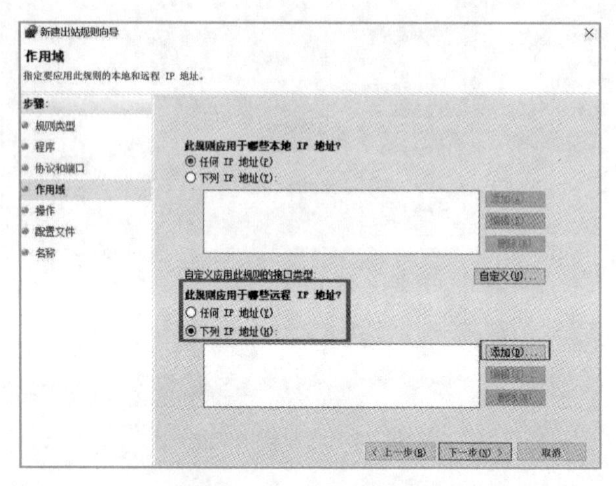

图 S8-27　添加远程 IP 地址

⑤ 输入前面解析后的百度的 IP 地址，然后单击“确定”，如图 S8-28 所示。

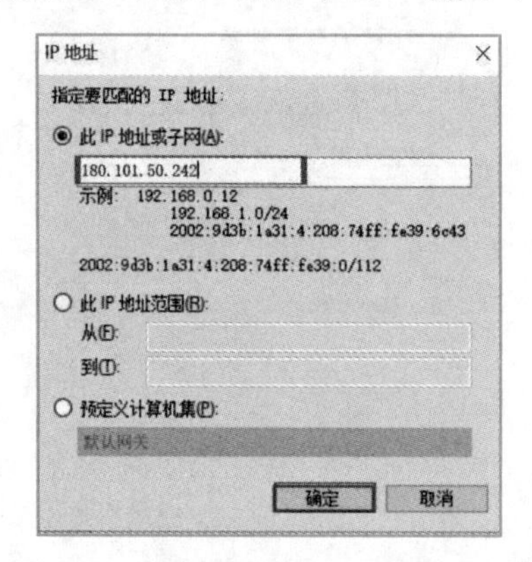

图 S8-28　输入解析后的百度 IP 地址

⑥ 配置操作：选择“阻止连接”，然后单击“下一步”，如图 S8-29 所示。

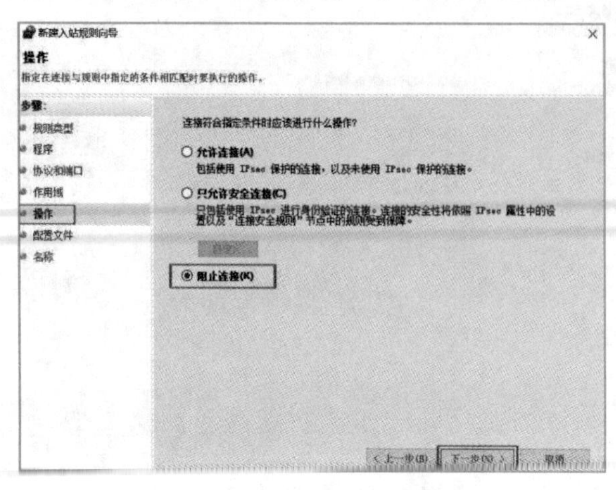

图 S8-29　选择阻止连接

⑦ 配置配置文件：选择适用的配置文件（如公用、专用或域），然后单击“下一步”，如图 S8-30 所示。

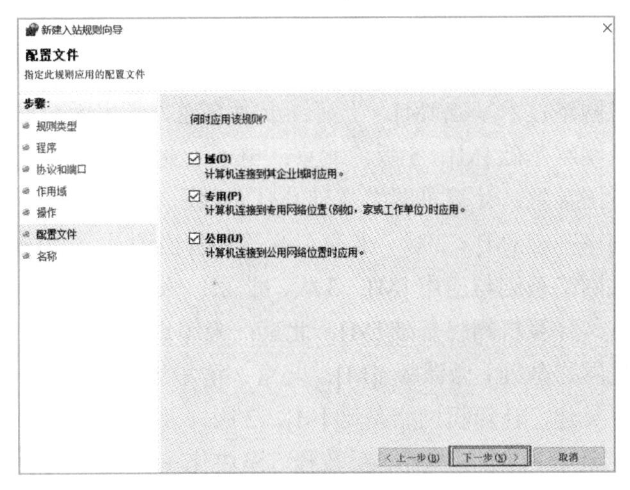

图 S8-30　选择默认选项

⑧ 配置规则名称：为规则指定一个名称（如“阻止用 IP 地址访问百度网页”），然后单击“完成”，如图 S8-31 所示。

⑨ 再次用 IP 地址访问百度，观察是否能够成功。此时防火墙应该已经阻止了对百度 IP 地址的访问，因此无法成功访问百度的网站或获取其内容，如图 S8-32 所示。

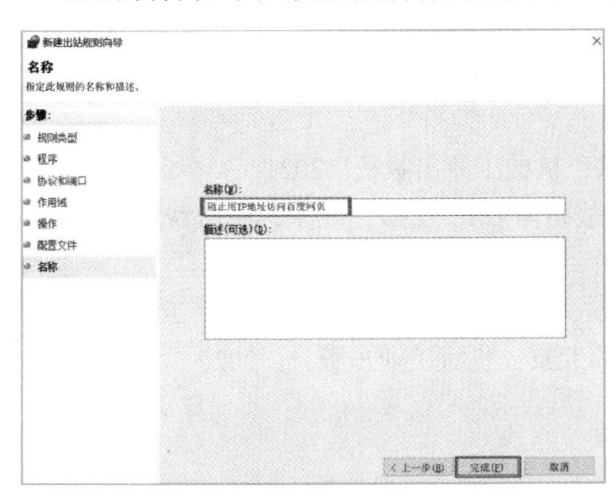

图 S8-31　为规则指定名称

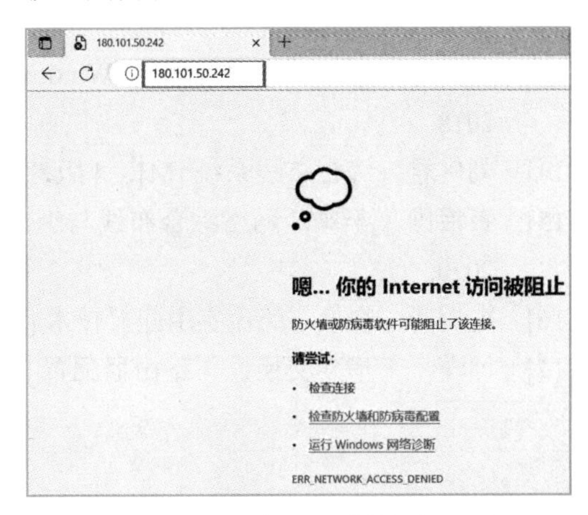

图 S8-32　再次用 IP 地址访问网页

⑩ 在 Windows 防火墙中，还有其他可自定义的配置规则供进一步验证和应用，读者可以自行探索和尝试。

参 考 文 献

[1] 盛立军．计算机网络技术基础 [M]．上海：上海交通大学出版社，2022.

[2] 李志球．计算机网络基础 [M]．5 版．北京：电子工业出版社，2020.

[3] 龚娟，栾婷婷，王昱煜．计算机网络基础 [M]．4 版．北京：人民邮电出版社，2022.

[4] 钱锋．计算机网络基础 [M]．2 版．北京：高等教育出版社，2019.

[5] 宋一兵．计算机网络基础与应用 [M]．3 版．北京：人民邮电出版社，2019.

[6] 蔡龙飞，许喜斌．计算机网络基础 [M]．北京：中国铁道出版社，2017.

[7] 黄林国．计算机网络基础 (微课版)[M]．北京：清华大学出版社，2021.

[8] 李强，尤小军，吴建．计算机网络基础 [M]．2 版．北京：高等教育出版社，2022.

[9] 唐继勇，李旭．计算机网络基础创新教程 (模块化 + 课程思政版)[M]．北京：中国水利水电出版社，2021.

[10] 危光辉．计算机网络基础 [M]．北京：机械工业出版社，2019.

[11] 黄君羡．Windows Server 2012 网络服务器配置与管理 [M]．3 版．北京：电子工业出版社，2021.

[12] 温晓军，王小磊．Windows Server 2012 网络服务器配置与管理 [M]．北京：人民邮电出版社，2020.

[13] 程文渭．服务器搭建与配置 (Windows Server 2008 R2)[M]．北京：电子工业出版社，2018.

[14] 刘化君．综合布线系统 [M]．4 版．北京：机械工业出版社，2021.

[15] 黄治国，李颖．网络综合布线与组网实战指南 [M]．2 版．北京：中国铁道出版社，2020.

[16] 曹炯清．交换与路由实用配置技术 [M]．3 版．北京：清华大学出版社，2022.

[17] 邱洋，王华．交换机与路由器配置 [M]．北京：机械工业出版社，2020.